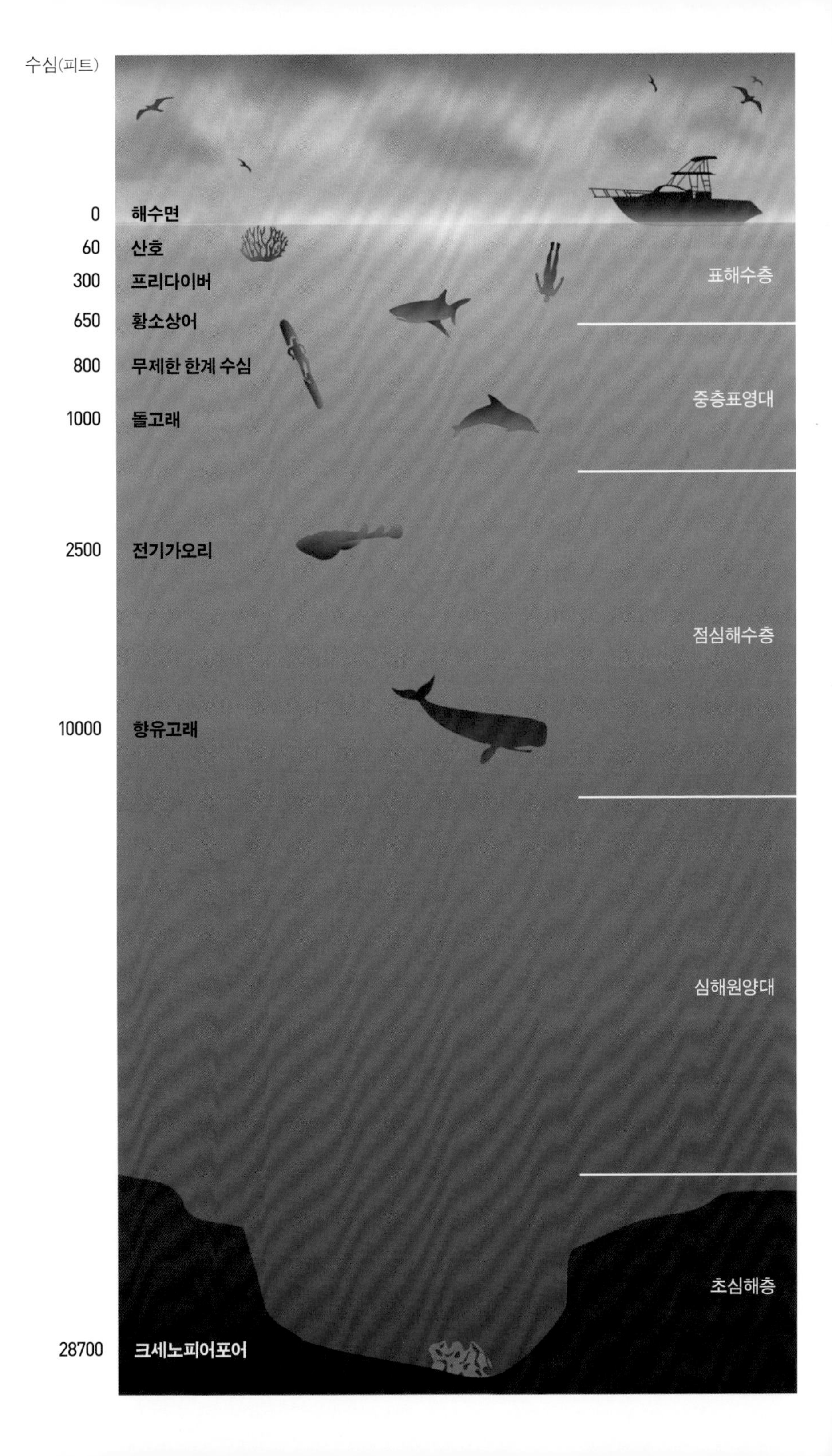
수심(피트)
0 해수면
60 산호
300 프리다이버
650 황소상어
800 무제한 한계 수심
1000 돌고래
2500 전기가오리
10000 향유고래
28700 크세노피어포어
표해수층
중층표영대
점심해수층
심해원양대
초심해층

향유고래들은 클릭음을 통해 자기들이 서식하는 심해의 세상을 '볼' 수 있다. 반향정위라는 일종의 음파 탐지 능력 때문이다. DIY 연구자인 파브리스 슈뇔러는 고래의 소리에 암호화된 언어가 포함되어 있다고 믿는다. 사진의 장비는 향유고래의 음성과 행동을 좀더 깊이 연구하기 위해 입체음향 청음기와 비디오카메라 몇 대를 이용해 슈뇔러가 직접 만든 장비다. —프레드 뷜르, Nektos.net

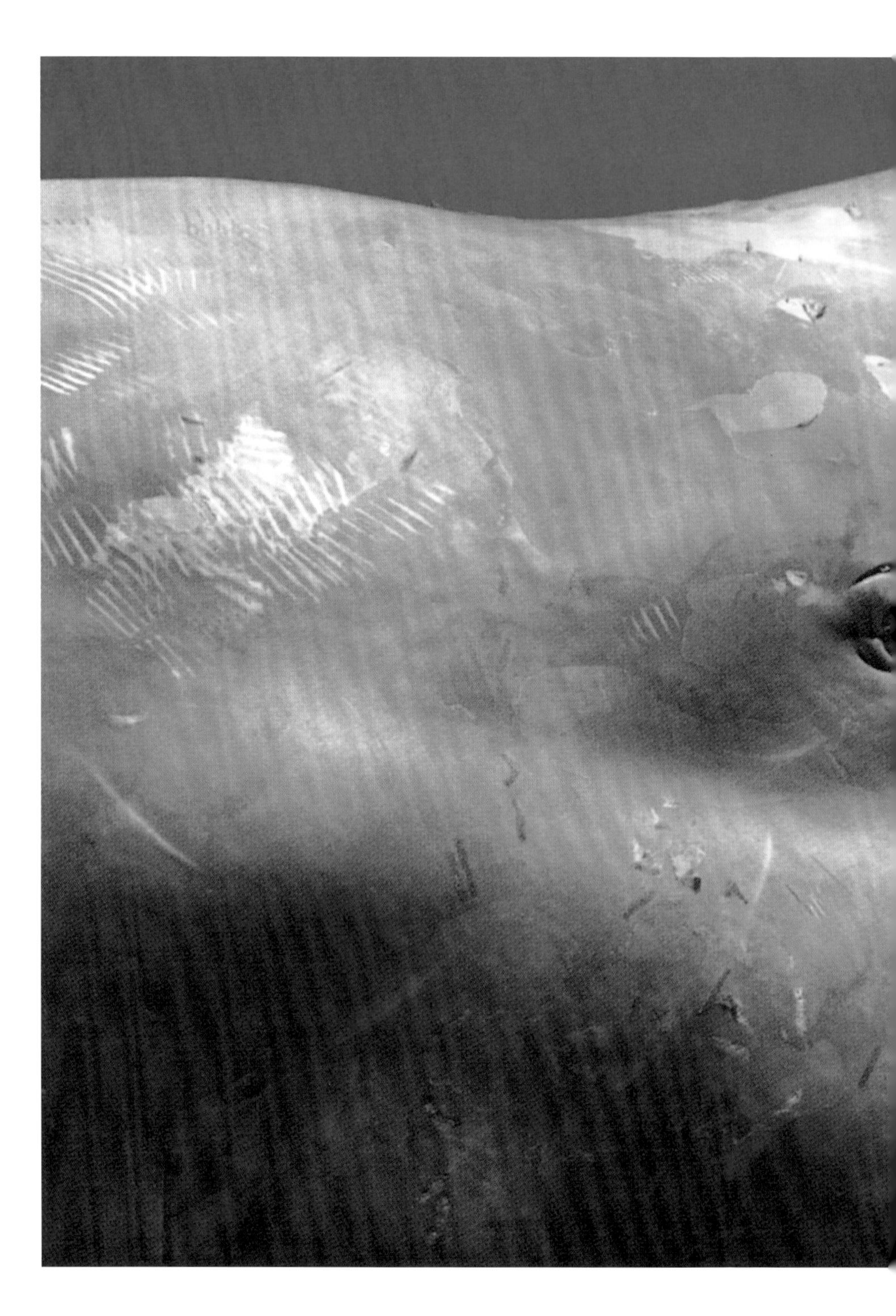

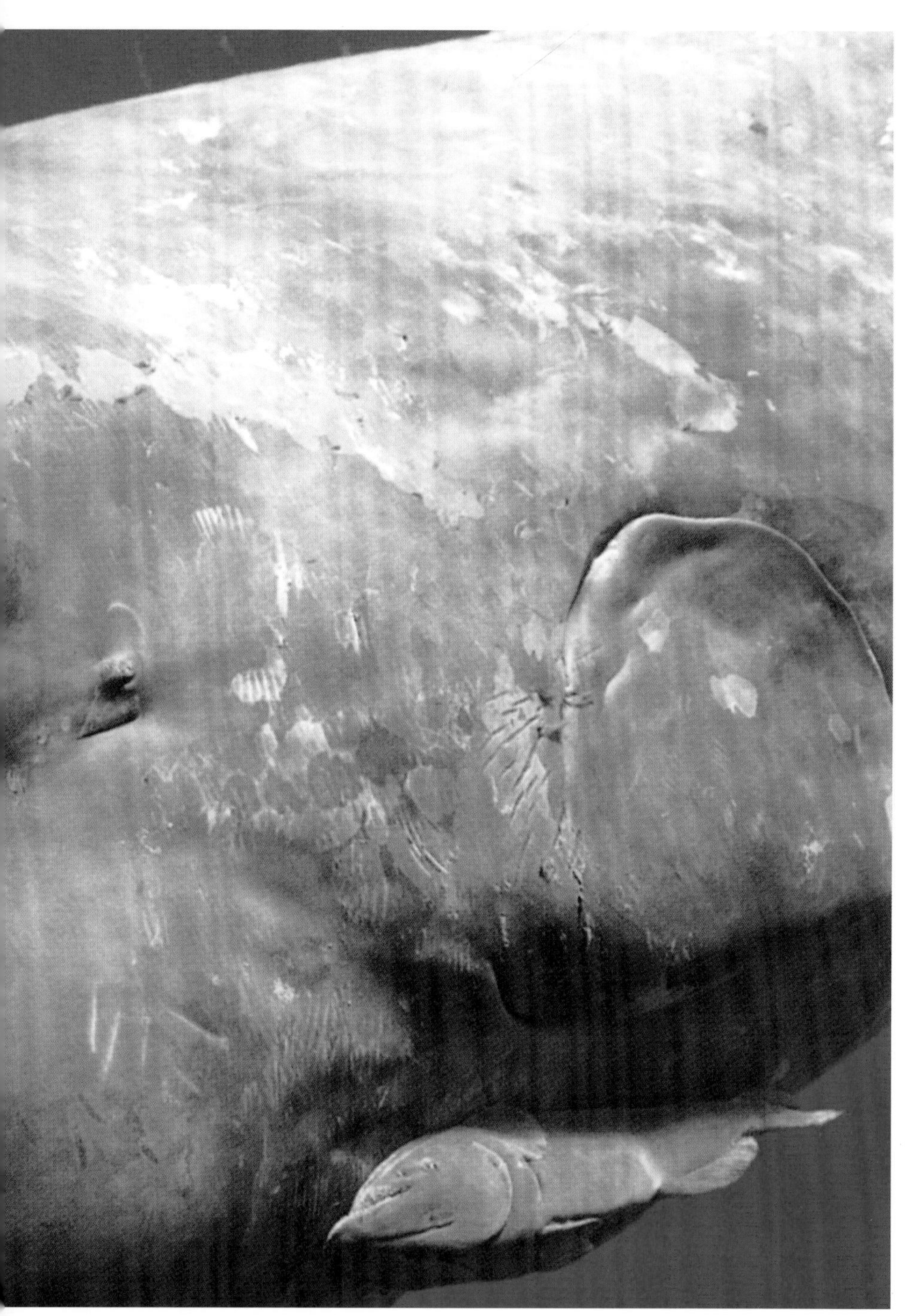

고래의 눈: 향유고래의 뇌는 우리 인간의 뇌보다 여섯 배 더 크고 여러모로 훨씬 더 복잡하다. 지금까지 지구상에 존재했다고 알려진 동물 중 가장 크다. 대부분의 고래 연구자는 향유고래들이 큰 뇌 덕분에 정교한 의사소통을 할 수 있다고 생각한다. 슈뇔러와 그의 팀은 최초로 향유고래 언어를 해독하기를 희망한다. —프레드 뷜르, Nektos.net

'우주 공간에 있는 기분': 수심 40피트 아래의 물속에서는 중력이 부력을 이긴다. 몸이 위로 떠오르지 않고 아래로 당겨진다. 프리다이빙 챔피언이자 바다 보호주의자이기도 한 한리 프린슬루가 심해 외줄타기 시범을 보이고 있다. — 안넬리 폼페, anneliepompe.com

프린슬루가 공포의 검정지느러미상어 무리 속으로 들어간다. 프리다이빙으로 상어를 연구하는 연구자들이 상어에게 '녀석들의 방식'으로 접근할 때, 다시 말해 꾸륵꾸륵 공기 방울을 뿜어내는 스쿠버 장비의 도움을 받지 않고 심해로 내려갈 때는 녀석들로부터 공격받을 위험이 거의 없다. 상어들은 호기심을 보이며 유순해지기까지 한다. —장마리 지슬랭, ghislainjm.com

'점잖은 거인': 고래상어는 이름과 달리 고래도 아니고 상어도 아니다. 세상에서 가장 큰 물고기다. 고래상어는 몸길이가 최대 12미터, 몸무게는 약 22톤까지 자랄 수 있다. 프린슬루가 플랑크톤을 먹고 있는 고래상어 옆에서 헤엄치고 있다. —장마리 지슬랭, ghislainjm.com

돌고래들은 다른 돌고래에게 접근할 때나 이따금 인간 프리다이버에게 접근할 때 자신의 성과 이름을 '말한다'. 어쩌면 돌고래들은 연구자들이 '홀로그램 커뮤니케이션'이라고 말하는 초음파 이미지를 주고받을 수 있는지도 모른다. 슈뇔러가 돌고래들의 소리를 더 선명하게 녹음하기 위해 접근하고 있다. —올리비에 보르데

돌고래와 고래에게 다가갈 때 명심할 점은 예측 가능한 동작으로 차분하게 다가가는 것이라고 슈뉠러는 말한다. 기막힌 행운이 따른다면 평상시에는 매우 수줍음을 많이 타는 (바로 이 사진 속의) 혹등고래도 장난기를 내비칠 수 있다. 가끔은 먼저 다가오기도 한다. —안 울리아

인간의 몸은 (웨이트나 잠수복 없이) 자연 그대로일 때 심해 잠수에 더없이 완벽한 부력을 갖는다. 수면 부근에서는 쉽게 떠오를 수 있는가 하면 엄청난 깊이까지 거의 힘들이지 않고 잠수할 수도 있다. 사진 왼쪽부터 수영 선수 피터 마셜, 한리 프린슬루 그리고 이 책의 저자다. —장마리 지슬랭, ghislainjm.com

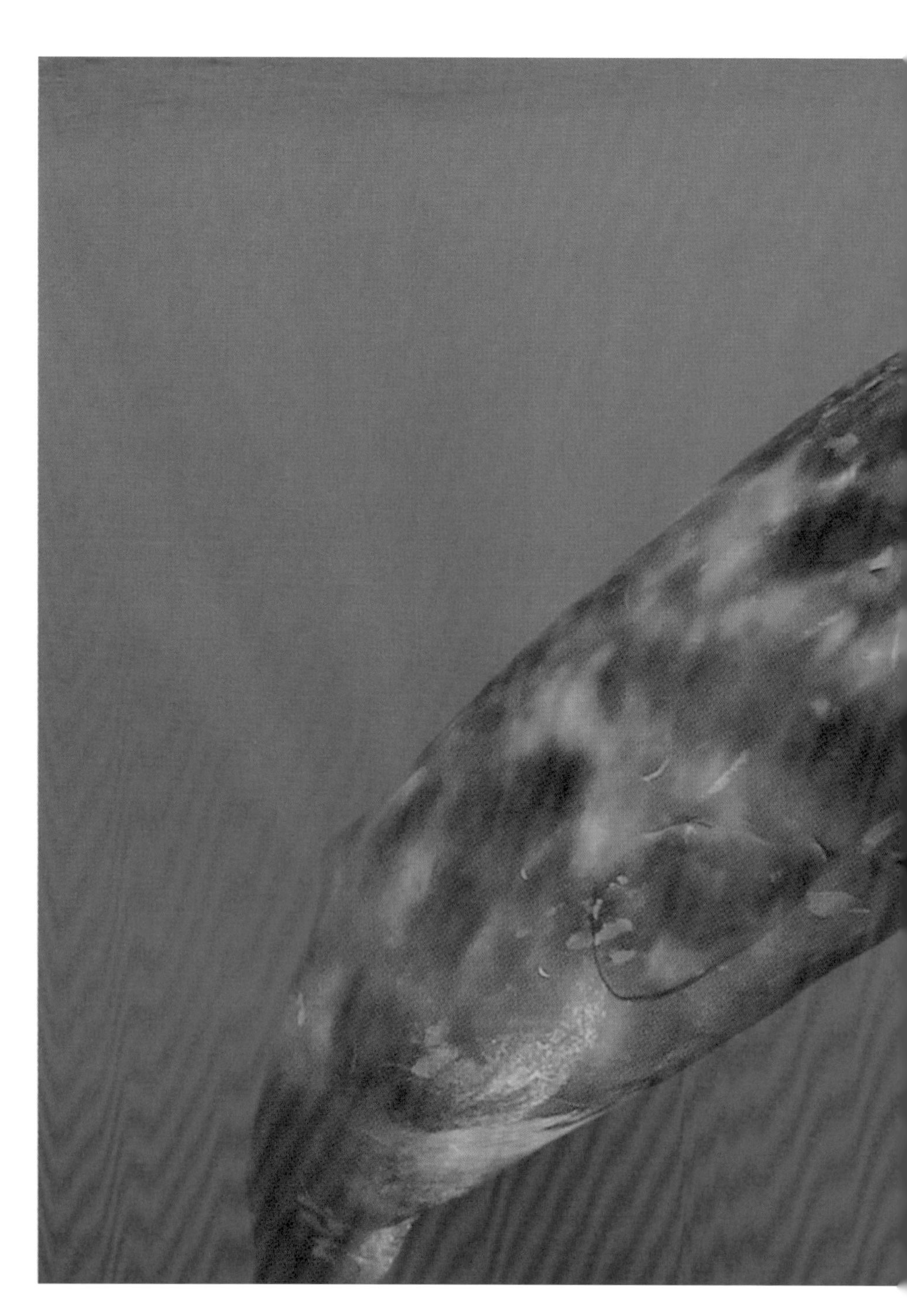

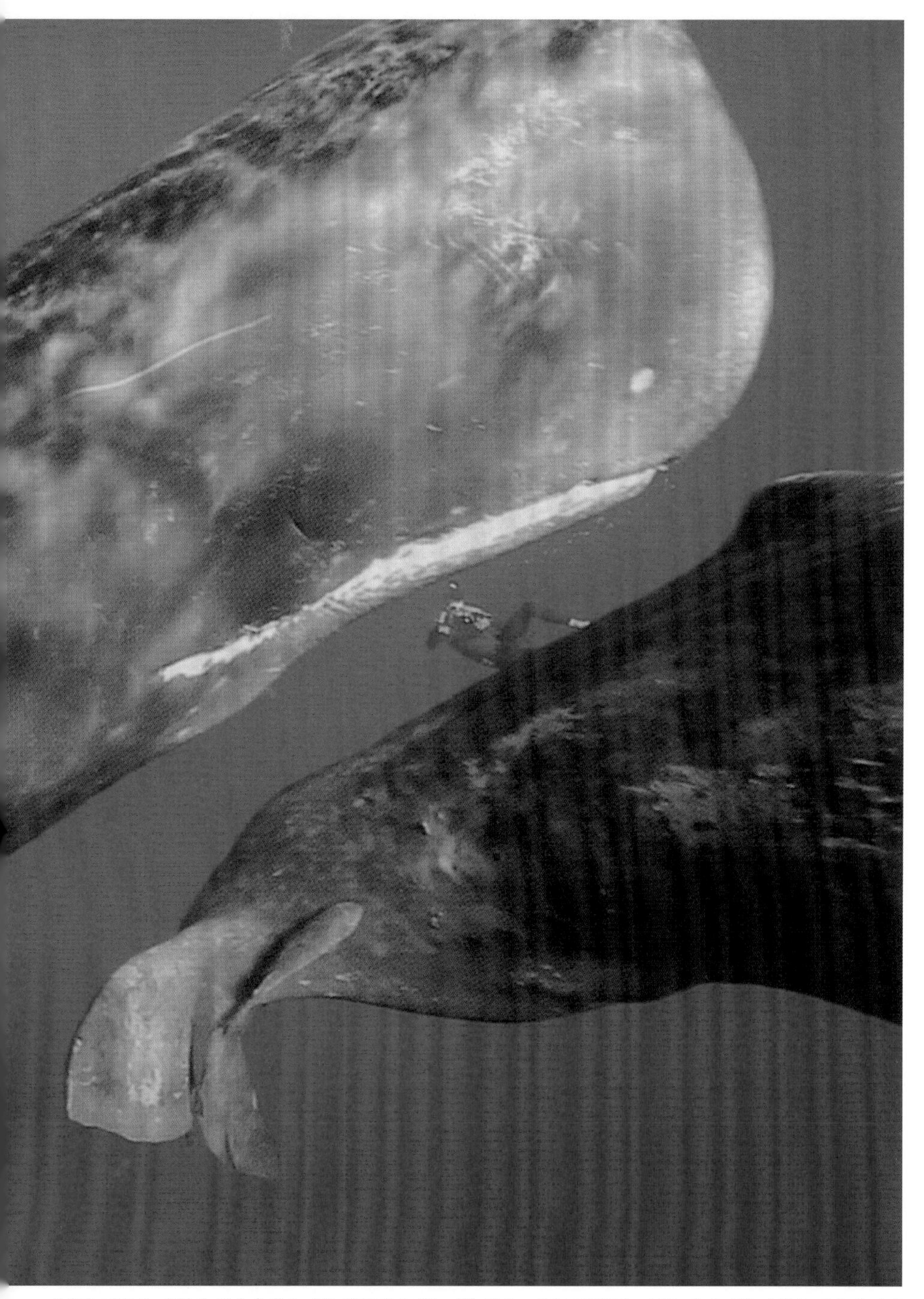

"제인 구달은 비행기 위에서 원숭이를 연구하지 않는다": 향유고래를 연구하는 스무 명 남짓한 과학자 가운데 자기들의 연구 대상과 헤엄치는 사람은 없다. 슈넬러(고래들 사이에서 카메라를 들고 있는 사람)는 그러한 연구 풍토를 어이없어한다. "향유고래의 행동이나 녀석들이 어떻게 소통하는지를 보지도 않고 어떻게 향유고래를 연구하죠?" 5년에 걸쳐 직접 몸을 바다에 담그고 프리다이빙으로 향유고래에게 접근한 슈넬러는 이전 그 누구보다 더 방대하고 선명한 오디오, 비디오 자료를 수집했다. —프레드 뷜르, Nektos.net

"세 시간 동안 함께 있었다": 한 프리다이버가 청새리상어에게 접근하는 장면을 프레드 뷜르가 찍은 것으로, 수중 사진작가들이 가장 포착하고 싶어하는 장면으로 꼽힌다. 뷜르는 "지구상에서 가장 많은 오해를 받고 있는" 이 동물들의 온순한 면에 초점을 맞추었다. 추산에 따르면 상어 지느러미 수프와 생선가루를 만들기 위해 매년 2000만 마리의 청새리상어가 살육된다. —프레드 뷜르, Nektos.net

달의 표면처럼, 수심 40피트 아래의 해저에도 여전히 중력이 작용하지만 그 힘은 현저히 줄어든다. 그곳에서 숨을 참을 수만 있다면 산책이나 요가를 할 수도 있고 수중 하이킹도 가능하다. 캐나다의 프리다이버 윌리엄 윈램이 해저를 느긋하게 걷고 있다. —프레드 뷜르, Nektos.net, williamwinram.com

깊은
바다,
프리다이버

DEEP: Freediving, Renegade Science, and What the Ocean Tells Us about Ourselves
by James Nestor

This Korean edition was published by Geulhangari Publishers in 2019 by arrangement with Houghton Mifflin Harcourt Publishing Co. through KCC(Korea Copyright Center Inc.), Seoul.

지구 가장

깊은 곳에서

만난

미지의 세계

깊은 바다, 프리다이버

제임스 네스터 지음

김학영 옮김

글항아리

차 례

일러두기

— 물의 깊이는 원문을 기준으로 피트 단위를 쓰되, 수심을 미터 단위로 판정하는 프리다이빙 경기에서는 미터를 사용했다.
— 온도는 섭씨, 압력은 프사이 단위를, 그 밖의 거리나 무게는 미터법을 준용했다.
— 원서에서 이탤릭체로 강조한 곳은 고딕체로 표시했다.

0

해수면

이곳에서 열리는 스포츠 행사를 취재하러 온 기자이니, 굳이 말하자면 난 손님인 셈이다. 세계 프리다이빙 챔피언십이라고 혹시 들어보았는지 모르겠다. 지금 나는 그리스 남부 칼라마타의 바닷가 휴양지에서 산책로가 내려다보이는 한 호텔의 궁색한 책상 앞에 앉아 있다. 거미줄처럼 금이 가 있는 벽, 닳아빠진 카펫, 액자들은 치워지고 거무스름한 자국만 남은 어두침침한 복도, 한눈에 봐도 오래된 호텔이다.

나는 『아웃사이드』라는 잡지사의 의뢰를 받고, 프리다이빙 세계에서 중요한 이정표로 손꼽히는 '2011 인디비주얼 뎁스 월드 챔피언십'이라는 이름도 거창한, 그러나 일반인에게는 그 역사가 거의 알려지지 않은 경기를 취재하러 이곳에 왔다. 일반인들이 알건 모르건, 어쨌든 이 분야에서는 가장 많은 선수가 모이는 성대한 행사다. 평생을 바닷가 근처에서 살았고 지금도 한가할 때면 늘 바다를 찾는 데다 바다와 관련된 글도 제법 썼으니, 잡지사 편집장의 눈에는 나만 한 적임자도 없었던 모양이다. 그가 미처 몰랐던 점이라면, 내가 프리다이빙의 '프'자도 알지 못한다는 사실이었다. 나로 말하자면, 프리다이빙은 해본 적도 없고 프리다이빙을 해봤다는 사람을 만난 적도 없거니와, 심지어 지금까지 프리다이빙을 하는 것을 본 적도 없다.

칼라마타에 도착한 첫날에는 프리다이빙 경기 규칙과 이 분야에서 스타로 부상하고 있는 선수들에 대한 글을 찾아 읽으면서 하루를 보냈다. 딱히 마음에 와닿는 구석은 없었다. 구글에서 검색하니 흡사 인어처럼 보이는 프리다이빙 선수들이 물속에서 수면을 향해 흐느적거리며 올라오면서 엄지손가락을 세워 사인을 보내는 사진들과 수영장 바닥에서 공기 방울들을 어지러이 뿜어내고 있는 사진들이 먼저 떴다. 내게는 그저 배드민턴이나 찰스턴 춤(1920년대 미국에서 유행한 춤 — 옮긴이)처럼, 칵테일파티에서 자랑삼아 화제에 올리거나 이메일의 한 꼭지로 언급할 것 같은 별난 취미쯤으로 보일 뿐이었다.

어쨌거나 일은 일이다. 이튿날 아침 5시 30분, 나는 칼라마타 항구로 나가 퀘벡 출신의 꾀죄죄한 행색을 한 선주에게 자초지종을 말하고 길이 8미터 남짓한 그의 요트에 올라탔다. 그 초라한 요트가 칼라마타 항구로부터 15킬로미터가량 떨어진 바다에서 열리는 경기를 관전하도록 허가받은 유일한 요트였고, 나는 경기를 취재하러 온 유일한 기자였다. 오전 8시까지 우리는 여러 척의 모터보트와 플랫폼 그리고 경기 출발선으로 쓰일 장비들과 함께 나란히 묶여 반원형의 경기장 울타리를 만들고 경기가 시작되기를 기다렸다. 첫 번째로 도착한 일단의 선수들이 한 플랫폼 주변에 수직으로 매달린 세 줄의 노란색 가이드로프 앞에 자리를 잡았다. 10, 9, 8, 7…… 카운트다운 소리가 들렸다. 드디어 경기가 시작됐다.

그다음부터 펼쳐진 장면에 나는 당황스럽다 못해 모골이 송연해지고 말았다.

윌리엄 트루브리지라는 호리호리한 뉴질랜드 선수가 숨을 한 번 들이키더니 물구나무서듯 몸을 거꾸로 세우고 맨발로 몇 차례 킥을 하면서 수정처럼 맑은 물속으로 빨려 들어가듯 헤엄쳐 갔다. 처음 10피트까지 그는 두 팔로 크게 스트로크를 하면서 내려갔다. 20피트쯤 내려갔을까? 그때부터 트루브리지는 몸의 힘을 풀고 스카이다이버의 하강 자세처럼 두 팔을 가지런히 옆에 붙인 채 깊이, 더 깊이 계속 바닷속으로 내려갔고 어느새 시야에서 사라졌다. 수면에 있는 음파탐지기 스크린에는 그가 통과하고 있는 수심을 알려주는 숫자가 깜빡였다. "30미터, 40미터, 50미터."

트루브리지는 90미터가량 이어진 가이드로프 끝까지 내려간 다음 몸을 돌려 수면으로 올라왔다. 장장 3분, 손에 땀을 쥐게 하는 시간이 흐른 후, 수면 저 아래에서 마치 자동차 헤드라이트 불빛이 안개를 가르듯 트루브리지의 호리한 형체가 윤곽을 드러냈다. 수면 위로 불쑥 머리를 내민 트루브리지는 '파' 하고 숨을 내쉬었다가 들이마시고 심판을 향해 오케이 사인을 보냈다. 그리고 다음 선수의 경기를 위해 가이드로프에서 멀찍이 벗어났다. 트루브리지는 딱 한 모금 공기로 폐를 채우고는 건물

30층 높이의 수심까지 내려갔다가 올라왔다. 스쿠버 장비나 산소줄, 구명조끼, 하다못해 오리발조차 끼지 않은 채 말이다.

수심 300피트 깊이에서는 수면보다 열 배 이상 강한 압력을 받는다. 콜라 캔을 찌그러뜨리고도 남을 압력이다. 30피트쯤 내려가면 인간의 폐는 평상시 크기의 절반으로 줄어들고, 수심 300피트에서는 야구공 두 개만 하게 쪼그라든다. 그런데 트루브리지를 포함하여 내가 첫날 지켜본 대다수의 프리다이빙 선수는 털끝 하나 다치지 않고 수면 위로 올라왔다. 누구 하나 억지로 물속으로 들어가기는커녕 아주 천연덕스럽게, 마치 원래 그곳에 속했던 존재인 양 잠수했다. 우리 모두의 고향이 그곳이라고 웅변하는 듯 말이다.

눈앞의 광경에 압도당한 나머지 나는 당장 아무라도 붙들고 말하지 않으면 안 될 것 같았다. 캘리포니아 남부에 살고 계신 어머니에게 전화를 걸었다. 어머니는 내 말을 믿지 않으셨다. "말도 안 되는 이야기를 하는구나." 어머니의 첫마디였다. 나랑 통화가 끝나자마자 어머니는 40년 가까이 스쿠버다이빙에 푹 빠져 있는 몇몇 친구에게 전화를 거셨다고 한다. 그리고 내게 다시 전화해 이렇게 말씀하셨다. "바다 밑에 산소탱크나 뭐 그 비슷한 걸 놓아뒀을 거라고 하는구나. 그리고 얘야, 기사를 쓰기 전에 좀더 정확히 알아보는 게 어떻겠니?"

가이드로프 끝에 산소탱크 따위는 없었다. 하지만 산소탱크가 있었다고 치고 그래서 트루브리지와 다른 선수들이 로프 끝에서 실제로 산소를 얼마간 마셨다고 치자. 그랬다면 수심이 얕은 곳으로 올라올 때 탱크에서 흡입한 공기가 팽창하면서 선수들의 폐는 터지고 말 것이다. 수면에 닿기도 전에 선수들의 혈액은 질소 기체로 부글부글거릴 것이다. 물론 그 결과는 사망이다. 인간의 몸이 수심 300피트에서 빠르게 상승할 때의 압력 변화를 견디려면, 인공 장비의 도움을 받지 않은 '자연' 상태여야만 한다.

'자연' 상태로 압력 차를 견디는 걸 유별나게 잘하는 사람들이 있는 모양이다.

그로부터 나흘 동안 나는 몇 명의 선수가 300피트 가까이 잠수를 시도하는 걸 더 지켜봤다. 선수들은 코피가 흘러 피범벅이 되거나 의식을 잃거나, 심지어 심장이 마비된 채로 수면 위로 올라왔다. 그러거나 말거나 경기는 계속됐다. 영문은 모르지만 어쨌든 이 스포츠는 불법이 아니다.

선수들은 보통 사람들이 — 심지어 과학자들도 — 불가능하다고 여기는 깊이까지 잠수를 시도한다. 대부분의 선수는 전신 마비가 오거나 목숨을 잃는 한이 있더라도 기꺼이 도전해볼 가치가 있다고 여긴다. 하지만 모든 선수가 그런 것은 아니다.

그나마 좀 제정신인 것처럼 보이는 프리다이빙 선수들도 있었다. 그들은 목숨을 건 대결에는 관심이 없다. 기록을 깨거나 다른 선수의 코를 납작하게 해주는 것 따위에는 신경 쓰지 않는다. 그저 바다와 가장 직접적이고 친밀하게 관계를 맺기 위해 프리다이빙을 선택했을 뿐이다. 수면 아래에서 보내는 3분 남짓한 시간 동안(몇백 피트까지 다이빙하려면 보통 그 정도의 시간이 걸린다) 인간의 몸은 형태와 기능 면에서 육상에 있을 때와 크게 달라진 게 없는 것처럼 보인다. 하지만 바다는 우리를 물리적으로, 또 정신적으로 변화시킨다.

70억 명이 거주하는 이 세상의 육지는 이미 센티미터 단위까지 정밀하게 측정되어 지도상에 그려졌고 상당 부분이 개발의 물결에 휘말려 지나치게 많이 파괴된 반면, 바다는 아직 조사나 개발의 손이 미치지 않은 미답의 불모지인 채로 남아 있다. 행성 지구에 최후로 남은 거대한 변방인 셈이다. 휴대전화도, 이메일도, 트위터도, 관능적인 엉덩이춤도 없는 곳. 그곳에서는 자동차 열쇠를 잃어버릴 일도, 테러리스트의 위협도, 생일을 까맣게 잊을 염려도, 신용카드 대금 연체이자 걱정도, 면접 보러 가다가 개똥을 밟을 일도 없다. 삶의 모든 스트레스와 소음 그리고 우리를 돌아버리게 만드는 잡무들은 수면 위의 일이다. 바다는, 지구에서 진정한 적막감을 느낄 수 있는 마지막 장소다.

어딘지 모르게 사색적인 이 프리다이버들은 자신들의 경험담을 이야기할 때면 눈빛이 아련해진다. 수행을 오래한 불교 승려나 죽음의 문턱을 넘었다가 가까스로 호흡을 되찾은 응급실 환자들의 표정과 닮았다. 모두 딴 세상에 다녀온 사람들이다. 게다가 이 다이버들은 이구동성으로 말한다. "누구에게나 열려 있습니다."

'누구에게나'라는 건 뚱뚱하든 말랐든, 크든 작든, 남자든 여자든 상관없이, 또 어떤 민족이냐를 불문하고 글자 그대로 모두를 일컫는다. 그리스에 모인 선수들은 미국의 올림픽 수영 금메달리스트 라이언 록티 같은 근육질 몸매의 슈퍼인간과는 거리가 한참 멀다. 물론 트루브리지처럼 멋진 몸을 가진 선수들도 더러 있지만, 포동포동 살찐 미국인 남자와 빼빼 마른 러시아인 여성도 있고 목이 두꺼운 독일인, 머리숱이 적은 베네수엘라인도 있었다.

프리다이빙은 내가 알고 있는 바다에서의 생존법에 철저히 위배된다. 수면을 등지고, 유일한 공기 공급원에서 멀어지며, 차갑고 고통스럽고 위험한 심해를 향해 홀린 듯 내려간다. 때로는 까무러치기도 하고 코와 입에서 피를 뿜기도 한다. 살아서 돌아오지 못할 때도 있다. 건물이나 안테나, 다리 또는 높은 지형물 위에서 낙하산을 타고 내려오는 베이스 점핑 BASE Jumping을 빼면, 프리다이빙은 지구상에서 가장 위험한 모험 스포츠다. 해마다 수십에서 수백 명의 다이빙 선수가 부상을 입거나 목숨을 잃는다. 죽기를 간절히 소망하는 스포츠로 보일 지경이다.

그런데도 샌프란시스코의 집으로 돌아온 지 며칠이 지나도록 내 머릿속에서는 프리다이빙이 떠나질 않았다.

나는 프리다이빙에 대한 본격적인 조사에 착수했다. 아울러 선수들이 보여준 것처럼 실제로 인간의 몸에 수중과 육상에 동시 적응이 가능한 반사신경이 있는지 알아보기 시작했다. 내가 발견한 사실은 — 내 어머니라면 결코 믿으려 들지도 않으실 테고, 대다수의 사람도 미심쩍어할 테지만 — 실제로 그런 반사신경이 존재할 뿐 아니라 버젓이 이름도 갖고 있다는 것이었다. 과학자들 용어로는 '포유동물 잠수 반사mammalian dive reflex'라고 하는데 조금 시적으로 표현하자면 '생명의 마스터 스위치Master Switch of Life'쯤 된다. 게다가 이런 현상을 연구한 지도 벌써 50년이나 되었다고 한다.

'생명의 마스터 스위치'라는 용어는 1963년 생리학자 퍼 숄랜더가 지었다. 구체적으로는 우리 얼굴이 물에 잠기자마자 촉발되는 다양한 생리학적 반사작용을 일컫는데, 여러 기관 중에서도 뇌와 폐, 심장에서 활발하게 일어난다. 더 깊이 잠수할수록 반사작용도 더 강력하게 일어나고, 엄청난 수압으로부터 몸속 기관들을 보호하기 위한 물리적 변화에도 박차가 가해진다. 그리고 결국에는 우리 몸을 심해 잠수에 능한 동물처럼 바꾸어놓는다. 프리다이버들은 이 스위치가 켜질 것을 예상할 수 있고 더 깊이 더 오래 잠수하기 위해 이 스위치들을 적극적으로 활용할 수도 있다.

뭇 고대 문명 역시 이 생명의 마스터 스위치를 잘 알고 있었을 뿐 아니라 이 스위치를 이용해 수 세기 동안 해면이나 진주, 산호를 비롯해 수백 피트 심해에 존재하는 해양 식량을 수확했다. 17세기에 이르러 카리브해, 중동, 인도양, 남태평양을 찾은 유럽인들은 원주민들이 숨 한 모금 들이마시고서 100피트 이상 깊은 바다로 내려가 최장 15분까지 잠수하는 걸 목격했다고 보고했다. 하지만 이런 목격담을 적은 보고서들은 대부분 수백 년 전의 것들인 데다, 각 문명이 비전秘傳으로 전수하던 잠수 기술이 무엇이었든 간에 세월이 흐르면서 모두 자취를 감춰버렸다.

나는 호기심이 발동했다. 우리가 심해 잠수처럼 중대한 능력을 쓰는 법을 잊었다면 혹시 우리가 잃어버린 다른 반사신경과 기술들도 있을까?

무려 1년 반 동안 나는 푸에르토리코에서 일본, 스리랑카와 온두라스까지 그 답을 찾아 헤매고 다녔다. 수심 100피트까지 잠수해서 식인 상어 등지느러미에 위성 수신기를 부착하는 사람들을 만났고, 수제 잠수정을 타고 수천 피트 물속으로 내려가 야광 해파리들과 교감을 나누기도 했다. 돌고래들에게 말을 걸어본 적도 있고 고래의 말을 들어본 적도 있었다. 세상에서 제일 큰 포식자와 눈을 마주 보며 헤엄도 쳐봤다. 한 연구팀과 질소에 중독된 채 수중 벙커에서 반라 상태로 흠뻑 젖어 넋이 나간 적도 있었다. 무중력 상태로 물 위를 떠다니기도 했고, 뱃멀미도 숱하게 했다. 햇볕에 화상도 입었다. 이코노미 좌석으로 수만 킬로미터를 날아다닌 덕분에 심각한 허리 통증까지 얻었다. 그러고서 찾은 답은?

대다수의 사람이 상상하는 것 이상으로 우리가 바다와 더 깊이 연루되어 있다는 사실이다. 우리는 바다의 자식이다. 우리는 모두 바닷물과 성분이 비슷한 양수 속에서 삶을 시작한다. 최초에 우리의 모습은 물고기를 닮았다. 임신 1개월 차의 인간 배아는 발이 아니라 지느러미가 먼저 발달한다. 완전한 지느러미로 발달하지 않는 것은 유전자 하나가 불발된 까닭이다. 인간 배아의 심장에는 심실이 두 개인데, 이 역시 물고기들이 공유하는 특징이다.

인간의 혈액은 놀라우리만치 바닷물과 그 화학적 구성이 비슷하다. 신생아를 물에 넣으면 반사적으로 평영으로 헤엄칠 뿐 아니라 약 40초 동안 편안하게 숨을 참을 수 있다. 숨 참기에 있어서는 웬만한 어른보다 낫다. 하지만 걸음마를 배우는 순간부터 우리는 이 능력을 잃는다.

자라면서 수륙 양용 반사신경을 발달시킨 사람들은 믿기지 않을 만큼 엄청난 깊이까지 잠수할 수도 있다. 만일 육상에서 그와 동일한 압력을 받는다면 심각한 부상을 입거나 사망에 이를 수도 있다. 하지만 바다에서라면 얘기가 달라진다. 바다는 육지와 상이한 규칙들이 지배하는 전혀 다른 세상이다. 그곳을 이해하려면 생각의 틀 자체를 바꾸어야 한다.

물속으로 깊이 들어가면 들어갈수록 더욱 기기묘묘한 일들투성이다.

수면에서 수심 수백 피트까지 구간에서는 바다와 인간의 관계가 신체적으로 드러난다. 우리의 짭짜름한 혈액, 임신 8주 차 태아의 턱 부위에 난 아가미를 닮은 틈들, 해양 포유동물과 인간이 공유하고 있는 수륙 양용 반사신경은 바다와 인간의 직접적인 관계를 보여주는 것들이다.

프리다이빙을 하면서 인간의 몸이 생존할 수 있는 한계 수심인 700피트를 지나면 인간과 바다의 관계는 감각적이 된다. 심해 잠수 동물들에게서 우리는 이 감각들을 간접적으로 볼 수 있다.

빛도 없고 싸늘한 고압의 환경에서 생존해야 하는 상어와 돌고래, 고래 같은 동물들은 헤엄치고 소통하고 보기 위해 제3의 감각들을 발달시켜왔다. 우리 역시 이 초감각적인 능력을 공유하는데, 그것은 마스터 스위치처럼 바닷속에 머물던 우리의 집단적 과거가 남긴 유물들이다. 이런 감각과 반사신경들은 우리 안에 잠재되어 있지만 평소에는 거의 발현되지 않는다. 그러나 완전히 사라진 것은 아니라서 절체절명의 상황에 빠졌을 때는 되살아나는 것처럼 보인다.

나는 이런 관계들, 즉 우리와 바다의 관계, 우리와 상당량의 DNA를 공유하는 바다 생물들의 관계에 점점 더 매료되고 있었다.

해수면 높이에서 우리는 있는 그대로의 우리다. 혈액은 심장에서 나와 여러 기관을 거쳐 손발 끝까지 흐른다. 폐는 공기를 마시고 이산화탄소를 내뱉는다. 뇌 속의 시냅스들은 초당 여덟 번 점화되고, 심장은 분당 적게는 60번, 많게는 100번까지 고동친다. 해수면 높이에서 우리는 보고 만지고 느끼고 맛보고 냄새를 맡는다. 우리 몸은 바로 여기, 해수면 높이 또는 약간 더 높은 고도에서 살도록 적응했다.

수심 60피트만 내려가도 우리는 본래 모습과 약간 달라진다. 심장박동 수는 평상시의 반으로 줄고 혈액은 사지 말단에서부터 몸의 중앙에 있는 중요한 부분들을 향해 빠르게 역행한다. 폐는 원래 크기의 3분의 1로 쪼그라든다. 감각들은 마비되고 시냅스들 사이의 신호 전달 속도가 느려지면서 뇌는 깊은 명상에 빠진 듯한 상태로 돌입한다. 대다수의 사람이 이 깊이까지 잠수할 수 있으며 몸 안에서 이런 변화를 느낄 수 있다. 간혹 더 깊이 잠수할 생각을 하는 사람들도 있다.

수심 300피트까지 내려가면 우리는 심각하게 달라진다. 이곳에서의 압력은 해수면의 열 배다. 오렌지가 뭉개질 만한 압력이다. 심장박동은 평상시의 4분의 1로 준다. 혼수상태에 빠진 사람보다 더 느리게 뛰는 셈이다. 감각들은 사라지고 뇌는 꿈꾸는 상태가 된다.

수심 600피트의 압력은 인간의 몸이 견디기 힘들 만큼— 해수면의 스물 몇 배쯤으로— 굉장히 높다. 여기까지 잠수를 시도한 프리다이버도 몇 명 안 되지만 살아서 올라온 사람은 더 적다. 인간에게는 금단의 지역인 이곳에도 동물들이 살고 있다. 보통 수심 650피트까지 잠수할 수 있다고 알려진 상어는 우리가 알지 못하는 감각들에 의지해 더 깊이 내려가기도 한다. 그중에서도 자기수용magnetoreception 감각은 용융한 상태인 지구 핵의 자기 펄스를 감지하고 그에 맞추는 기능을 한다. 연구에 따르면, 인간 역시 이런 능력을 지니고 있고 과거 수천 년 동안 대양을 항해하거나 인적 없는 사막을 건널 때 이 능력을 활용했다.

수심 800피트는 인간의 몸이 넘을 수 없는 절대적 한계로 보인다. 그런데도 오스트리아의 한 프리다이버는 전신 마비와 죽음을 무릅쓰고서라도 이 선을 넘겠다고 벼르고 있다.

1000피트 아래로 내려가면 물은 더욱더 차가워지고 빛은 거의 사라져 암흑에 가까워진다. 이곳에서 또 하나의 감각이 스위치를 켠다. 이곳의 동물들은 보는 게 아니라 소리로 환경을 인지한다. 돌고래와 몇몇 해양 포유동물은 반향정위echolocation라 불리는 감각을 이용해서 70미터

거리에 있는 쌀알 크기의 금속 알맹이를 '볼' 수 있고, 90미터가량 떨어져 있는 탁구공과 골프공을 구별할 수도 있다. 시각장애인들 중에도 음파 탐지 능력을 이용해 북적이는 도시의 거리에서 자전거를 타거나 숲에서 조깅을 하는가 하면 300미터 떨어진 건물을 감지하는 사람들이 있다. 실제로 음파 탐지 능력은 일부 시각장애인만 갖고 있는 특별한 능력이 아니다. 적절한 훈련을 받는다면 우리 모두 눈을 감고서도 볼 수 있다.

수심 2500피트 아래로 내려가면 완벽한 어둠이다. 압력은 해수면의 80배다. 이곳에서 서식하는 동물들 입장에서는 사방에 위험이 도사리고 있다. 전기가오리는 자기 몸 안에서 전기 자극을 일으켜 먹이에 치명적인 전기 충격을 가하거나 포식자로부터 스스로를 방어하도록 적응했다. 과학자들이 발견한 바에 따르면 인간의 모든 세포도 전하를 갖고 있다. 본Bön교의 전통 명상법 툼모Tum-mo를 수련한 티베트의 불교 승려들은 몸속 세포의 전하를 이용해 살벌하게 추운 겨울 동안에도 몸을 따뜻하게 유지한다. 우리 몸 세포의 전하 출력을 조절하면 열을 발생시킬 뿐 아니라 여러 만성 질환을 치료할 수 있다는 사실이 영국의 연구자들에 의해 밝혀진 바도 있다.

수심 1만 피트 아래, 가차 없이 검고 깊은 바닷속으로 내려가면 지구상의 어떤 생물보다 지능이 뛰어나고 우리 문화와 놀라우리만치 닮은 습성을 가진 향유고래를 만난다. 향유고래들은 서로 의사소통을 할 수도 있는데, 어쩌면 그들의 소통 방식은 인간의 그 어떤 언어보다 더 복잡할 가능성이 크다.

수심 2만 피트 이상 되는 가장 깊은 물은 지구상에서 가장 적막하고 황량한 환경을 품고 있다. 압력은 해수면의 600배에서 1000배쯤 되고 온도는 빙점에 가깝다. 빛도 있을 리 만무하거니와 먹잇감도 극히 적다. 하지만 생명은 여기서도 끈질기게 생존한다. 이 혹독하고 무시무시한 물속이 사실 지구상에 존재하는 모든 생명의 발생지일지도 모른다.

200만 년에 걸친 인간의 역사, 2000년간 이어진 과학적 실험들, 수백 년 전부터 시작된 심해 탐험, 해양생물학과를 졸업한 10만 명의 대학원생, 1988년 방송을 시작한 이래 지금까지 여름마다 방영되는 PBS의 특집 방송 「샤크 위크Shark Week」까지, 이 모든 노력에도 불구하고 우리가 연구한 바다는 여전히 티끌 정도에 불과하다. 물론 바닷속 깊은 곳까지 가본 사람도 있을 테지만, 과연 그 사람들이 실제로 뭔가를 보긴 했을지도 의문이다. 바다를 인간의 몸에 비유하자면, 현재까지의 바다 탐험은 몸의 작동 방식을 밝히기 위해 손가락 하나를 촬영해본 것에 불과하다. 바다의 간과 위, 혈액과 뼈, 심장은 — 바다 안에 무엇이 있는지, 바다의 구실은 무엇인지 또 그 속에서 우리 몸이 어떻게 기능하는지는 — 아직도 햇빛이 들지 않는 캄캄한 영토 안에 감춰진 채 모습을 드러내지 않고 있다.

확실하게 해두자면, 이 책은 하강 궤도로 전개된다. 수면에서 가장 검은 바다 밑까지, 한 장 한 장 더 아래로 들어갈 것이다. 나는 물리적으로 내가 할 수 있는 한 가장 깊은 곳까지 내려갈 작정이다. 내가 접근할 수 없는 깊이에 이르면 대리자를 이용할 생각인데, 인간과 뜻밖의 놀라운 공통점을 지닌 심해 잠수 동물들이 바로 그 대리자다.

지금부터 들려줄 이야기와 연구들은 바다에 대한 현재까지의 연구 내용 가운데 극히 일부인데, 그중에서도 이 미지의 영역과 인간의 관계에 중점을 둔 것들이다. 여기서 소개하는 과학자와 모험가, 스포츠맨들은 지금도 바다의 미스터리를 파헤치고 있는 수천 명의 사람 중 일부일 뿐이다.

바다를 연구하는 사람들 대부분이 프리다이버인 것은 결코 우연이 아니다. 나는 프리다이빙을 그저 스포츠의 일종으로만 볼 수 없다는 사실을 일찌감치 깨달았다. 내가 아는 한, 프리다이빙은 바닷속 가장 신비로운 동물들에게 다가가고 그들을 연구할 수 있는 빠르고 효율적인 방법이다. 가령 상어, 돌고래, 고래들은 1000피트 이상 깊이 잠수할 수 있지만, 그런 깊은 바닷속에서 그 녀석들을 연구할 방법은 없다. 소수의 과학자가 이런 심해 잠수 동물들이 먹이를 잡아먹고 숨을 쉬러 수면으로 올라올 때까지 기다렸다가 '나름의 방식'으로 접근하여 좀더 근거리에서 녀석들에 대한 연구를 시도한 것도 최근의 일이다. 스쿠버다이빙보다, 로봇보다 그리고 어떤 선원들보다 더 이들에게 가까이 다가갈 수 있는 방법은 프리다이빙이다.

"스쿠버다이빙이요? 그건 한마디로 말하면 숲을 연구한답시고 사륜구동을 타고 에어컨을 빵빵하게 켜고 창문을 꽉 닫은 채 신나는 노래를 들으면서 숲을 누비는 것과 같죠." 프리다이빙으로 바다를 연구하는 한 연구원은 내게 그렇게 말했다. "숲이라는 환경과 격리될 뿐 아니라 그 환경을 망치는 것이나 마찬가집니다. 동물들은 겁먹고 숨어버리겠죠. 연구는커녕 그 자체로 위협입니다!"

이런 연구원들의 세계로 깊이 들어가면 들어갈수록 그들이 다루는 연구 대상을 더 가까이서 만나보고 싶은 열망도 커져갔다. 급기야 나는 프리다이빙을 해보기로 마음먹었다. 프리다이빙 강습 신청서에 서명을 하고 수강생이 되었다. 그리고 직접 물속으로 내려갔다.

그리하여 이 책의 하강 궤도에는 나의 프리다이빙 훈련 과정도—마른 땅에서의 (이를테면 숨 쉬기 같은) 본능들을 극복하고 마스터 스위치를 올려 내 몸을 다이빙 머신으로 단련시킨 개인적 여정들도—포함돼 있다. 우리 자신에 대해 실로 많은 사실을 가르쳐줄 동물들에게 내가 물리적으로 최대한 가까이 다가갈 방법은 프리다이빙 말고는 없어 보였다.

하지만 프리다이빙에도 한계가 있다. 노련한 다이버들도 보통 150피트까지 내려가는 데 애를 먹는다. 평범한, 가령 나 같은 초보 프리다이버는 몇 달 동안 개고생을 해도 10여 피트의 장벽을 넘기 힘들다. 이 장벽을 넘어 수면 근처에서는 한 번도 본 적 없는 심해 잠수 동물들을 만나기 위해 나는 좀 색다른 프리다이버와 동행했다. 바다로의 접근 방식에 민주적 혁명을 일으키고 있는 이른바 해양학의 서브컬처, DIY(do-it-yourself) 해양학자들이다. 정부 기관이나 학교에서 연구하는 다른 과학자들이 연구비 지원 요청서를 작성하고 예산 삭감에 신음하는 와중에도, DIY 연구자들은 배관 부속들로 잠수정을 제작하고 아이폰으로 식인 상어들을 추적하는가 하면 파스타 체와 기다란 빗자루 그리고 시판 중인 고프로Go-Pro 카메라 몇 대를 이용해 만든 장비로 고래들의 은밀한 언어를 해독하고 있다.

사실을 말하면, 제도권 안의 학자들은 이런 연구를 수행하지 않는다. 할 수 없기 때문이다. DIY 연구자들이 하는 일은 위험하기도 하거니와 대개가 전적으로 불법이다. 대학원생들이 낡아빠진 보트를 타고 해안에서 몇 킬로미터 떨어진 바다로 나가 상어나 향유고래와 헤엄치고(참고로 말하면 향유고래는 길이가 20센티미터나 되는 이빨을 가진 지구상에서 가장 거대한 포식자다), 무허가 무보험 수제 잠수정을 타고 몇 킬로미터 심해로 들어가는 걸 허락할 대학은 없을 것이다. 하지만 학계의 이단아로 치부되는 이 연구자들은 이런 일을 숱하게 저지른다. 그것도 대개 자기들 주머니를 털어서 말이다. 그들은 이렇게 날림으로 만든 장비와 쥐꼬리만한 예산으로 바닷속 깊은 곳의 거주자들과 이 세상 그 누구보다 더 많은 시간을 보낸다.

"제인 구달이 비행기를 타고 원숭이를 연구한 건 아니잖아요." 아내가 운영하는 식당 옥상에 연구실을 차리고 프리랜서로 고래들의 의사소통을 연구하는 한 연구자는 말한다. "교실에 앉아서 바다와 바다의 동물들을 연구할 수 있다는 기대는 접어야죠. 바다를 연구하려면 바다로 들어가야 해요. 온몸을 바닷물에 담그지 않으면 안 됩니다."

그래서 나도 그렇게 했다.

-60

수심 60피트

우주정거장의 사령실이 휴스턴이라면, 지구상에서 유일한 수중 거주 시설인 아쿠아리우스Aquarius의 사령실은 키라고 주택단지의 2층짜리 청록색 집이다. 집 앞에는 콘크리트 벽돌로 받쳐놓은 우편함과 전선으로 묶은 마른 장작더미가 놓여 있었다. 흰색 자갈이 깔린 집 앞 도로에는 몇십 년은 되어 보이는 낡고 지저분한 자동차들이 빼곡히 주차되어 있었다. 위협적인 철사 울타리를 지나 나무 계단을 올라가 유리 미닫이문을 밀자 곧장 1970년대식으로 합판을 덧댄 방으로 이어졌다. 바로 오른쪽이 아쿠아리우스의 관제실이다.

원래 기숙사였던 이 방에서 아쿠아리우스를 통제하고 감독한다. 통로에는 떡갈나무 수납장들이 있고, 거실에는 닳아빠진 소파들이 어색한 각도로 놓여 있었다. 그리고 부엌에서는 햇볕에 그을린 반바지 차림의 남자들이 야구 모자를 돌려 쓴 채 전자레인지에 데운 국수를 먹고 있었다.

솔 로서, 나를 이곳 관제실로 초대한 운영 책임자다. 아쿠아리우스에서 2년째 일하고 있는 서른두 살의 로서는 검은색 폴로셔츠에 헐렁한 갈색 바지, 흰 양말에 검정 구두—보통 엔지니어들이 휴가 갈 때 입는 비공식 유니폼—차림이었다. 로서 앞에 있는 조립식 책상 위에는 컴퓨터 모니터 세 대와 빨간색 전화기, 일지 한 권이 놓여 있었다. 로서는 나와 악수를 나누고는 잠시 양해를 구했다. 호출에 응답해야 하는 모양이었다.

"연고", 치직거리는 스피커에서 여성의 목소리가 흘러나왔다.

"반복한다, 연고." 로서가 응답했다.

"연고를 바르겠다." 목소리가 말했다.

"반복한다, 연고를 바르겠다." 로서가 응답했다.

로서 정면에 있는 폐쇄회로 TV가 — 컴퓨터 모니터에 뜬 열 개의 영상 중 하나 — 무릎에 연고를 바르는 어떤 이의 손가락을 거친 영상으로 보여줬다.

"연고를 발랐다." 목소리가 말했다.

"반복한다, 연고를 발랐다." 로서가 응답했다.

로서는 스피커의 목소리와 나눈 대화를 단어 하나 빼놓지 않고 일지에 기록했다. 스피커가 조용해졌다. 로서는 화면에 뜬 영상에서 연고 마개를 닫는 여성을 지켜보았다. 잠시 후 또 다른 각도에서 촬영 중인 영상에서 작은 방을 가로질러 가 연고를 조그만 흰색 서랍에 넣는 여성의 뒷모습이 보였다. 낮은 화소로 처리된 영상은 우주에서 지구로 전송한 영상이라고 해도 믿을 것 같았다. 티셔츠와 비키니 팬츠 차림의 젊은 금발 여성이라는 점만 제외한다면 말이다. 사실 여성의 차림새만 보면 그 방은 관제실보다는 기숙사로 더 어울렸다.

"보고 끝", 여성의 목소리가 스피커를 통해 흘러나왔다.

"보고 끝." 로서도 마무리했다.

스피커 목소리의 주인공은 린지 다이그넌, 윌밍턴의 노스캐롤라이나 대학에서 온 해면학자다. 다이그넌은 이미 8일째 아쿠아리우스 안에서 생활하고 있었고, 앞으로 이틀 동안은 수면으로 올라올 예정이 없었다. 무릎에 찰과상을 입었으니 치료를 받고 따뜻한 햇볕 아래서 휴식을 취해야겠지만, 치료건 휴식이건 당분간은 엄두도 못 낸다. 아쿠아리우스 안에는 햇빛도 의사도 없다. 그렇다고 해치를 열고 수면 위로 곧장 헤엄쳐 올라왔다가는 목숨을 잃을지도 모른다. 십중팔구 피가 끓어올라 눈과 귀를 비롯한 온몸의 구멍들에서 뿜어져 나올 테니까.

과학이라는 명분으로, 다이그넌과 다섯 연구원은 수심 60피트 해저의 수압에 상응하는 고압의 환경에 몸을 맡기기로 자원했다. 1제곱인치당 36파운드(36프사이 또는 약 2.4기압)의 무게로 짓누르는 압력이다. 덕분에 이들은 감압병에 대한 걱정을 잠시 미루고 원하는 만큼 오랫동안 물속에 머물 수 있다. 다만 한 가지 조건이 있는데, 우리가 앉아 있는 해안에서 11킬로미터가량 떨어진 바다 한가운데의 아쿠아리우스로 한 번 내려간 이상 좋든 싫든 임무를 완수할 때까지 일주일하고도 사나흘을 더 거기 머물러야 한다. 또 임무를 완수하고 나면 해수면의 압력에 맞게끔 몸을 회복하고 질소 가스를 안전하게 분산시키기 위해 무려 열일곱 시간 동안 감압 처치를 받아야 한다.

조사라는 명분으로, 나는 과학자들이 무엇을 얻으려고 캠핑카 같은 이 수중 밀실에서 열흘을 지내는지 확인하기 위해 이곳에 왔다. 그리고 또 한 가지, 아직 프리다이빙을 하지 못하는 내가 물속을 실감나게 조사하기 위해서는 이것이 가장 최선의 방법이었다.

몇 년 전, 아쿠아리우스를 방문했던 한 의사는 다이그넌을 포함한 다른 수중 탐사대원들이 갑자기 밀실공포증에 걸려 감압 과정 없이 수면 위로 무단이탈을 할 경우에 어떤 일이 벌어지는지를 확실하게 증명해보였다고 한다. 그 의사는 아쿠아리우스로 내려가 긴 임무를 막 마친 탐사대원의 혈액을 채혈하여 작은 시약병에 담아 수면 위로 올라왔다. 수면 가까이 올라오자 의사가 들고 있던 시약병에서 혈액이 끓기 시작하더니 순식간에 시약병의 고무마개를 날려버리면서 폭발한 것이다.

"머릿속에서 무슨 일이 일어날지 상상이 되시죠." 책상 아래서 검은색 구두를 신은 발로 바닥을 쿵 구르며 로서가 말했다. 그 이야기를 듣는데 문득 영화 「캐리Carrie」에서 시시 스페이섹이 피를 뒤집어쓴 장면이 떠올랐다.•

피가 끓어오를 수 있는 위험은 물속의 강철 컨테이너에서 생활하면서 겪을 수 있는 여러 불편한 일 가운데 하나일 뿐이다. 에어컨을 세게 틀어놓아도 그 안에서는 건조함이란 걸 느낄 수 없다. 아쿠아리우스 수중 탐

• 압력이 갑자기 낮아질 경우 혈류에서 질소가 분리되면서 거품을 일으키기 때문에 발생하는 감압병 혹은 잠수병은 항상 즉각적으로 일어나지는 않는다. 돼지를 비롯한 다른 동물들을 대상으로 한 연구에서는 잠수했다가 수면으로 올라온 지 30여 분이 지나서야 질소 중독의 정도가 치명적인 수준에 이르렀다. 처음에는 몸의 큰 관절들, 이를테면 팔꿈치와 무릎, 발목과 같은 부위에서 진통이 시작된다. 피부에 반점이 생기면서 가렵기 시작하고, 사지가 마비되면서 폐에 화상을 입은 것 같은 고통이 느껴진다. 심할 경우 사망에 이른다.

사대원들이 대개 반라의 차림인 것도 그리고 다이그넌이 무릎에 난 작은 상처에도 연고를 바른 것도 다 습기 때문이다. 습도가 70에서 100도를 오락가락할 정도로 축축한 환경에서는 감염이 걷잡을 수 없이 번지기 마련이다. 사상균 감염도 그렇고 귓병도 그렇다. 끊임없이 마른기침을 하는 다이버들도 있다.

2007년, 29세의 호주인 로이드 고드슨은 수심 12피트밖에 안 되는 얕은 물속에 바이오서브Biosub라고 이름을 붙인 자급자족형 밀실을 설치하고 그 안에서 한 달을 살아보기로 했다. 결국 그를 물 밖으로 끌어낸 것은 외로움이 아닌 습기였다. 밀실에서 생활한 지 며칠 만에 바이오서브 내부의 습도는 100퍼센트에 이르렀다. 천정에서는 물이 계속 뚝뚝 떨어졌고 옷들은 흠뻑 젖어 곰팡이가 피기 시작했다. 고드슨은 현기증을 느끼기 시작했고 곧이어 의식이 혼미해졌다. 극심한 공포와 피해망상이 몰려왔다. 바이오서브에서 고드슨은 2주를 채 버티지 못했다. 아쿠아리우스의 탐사대원들은 그와 비슷한 환경에서 최장 17일까지 버틴다. 2014년 프랑스의 유명한 해양 탐험가의 손자인 파비앵 쿠스토는 아쿠아리우스에서 31일을 버티는 미션을 계획했다.(자크 쿠스토의 손자인 파비앵 쿠스토는 2014년 6월 1일부터 7월 2일까지 아쿠아리우스에서 생활하는 미션에 도전하여 성공했다. '미션 31'이라고 명명된 이 임무는 단계적 가압으로 인체를 수중 생활에 적응시키는 포화잠수Saturation Diving를 통해 이루어졌으며, 파비앵은 조부인 자크 쿠스토가 1963년에 성공한 30일 수중 생활 기록을 깬 최초의 인물이 되었다. — 옮긴이)

아쿠아리우스 내부의 습기 따위에 주눅 들지 않을 자신이 있다고? 그렇다면 압력은 어떨까? 112톤의 물이 항시 아쿠아리우스를 짓누르고 있다. 수심 약 60피트 아래에서 물이 새어 들어오지 못하게 하려면 내부 압력이 아주 높아야 한다. 그 압력은 해수면 압력의 2.5배에 이른다. 아쿠아리우스의 거주자는 해발 1만3000피트 높이의 산꼭대기에 있는 것과 정반대의 기분을 느낀다. 취사도구도 뜨거운 물과 전자레인지가 전부라서 진공포장된 캠핑용 식량으로만 버텨야 한다. 몇 해 전에 지원팀이 밀폐 용기에 레몬 머랭 파이를 담아 수중 탐사대원들에게 갖다준 적이 있었다. 탐사대원들이 용기 뚜껑을 열자마자 레몬 머랭 파이는 흰색과 노란색이 섞인 찐득하고 얇은 종잇장처럼 납작해져버렸다.

로서는 잠잘 준비를 하는 수중 탐사 대원들을 영상으로 지켜보았다. (영상을 보면서 그는 일지에 대원들이 잠자리에 들 준비를 하고 있다고 기록했다.) 대원 한 사람이 뒷벽에 붙은 장치 앞으로 가 산소 농도를 점검했다. (로서는 한 탐사대원이 뒷벽으로 가 산소 농도를 점검한다고 기록했다.) 그러고 나서도 로서는 20여 분 동안 모니터에서 눈을 떼지 않았다.

아쿠아리우스는 24시간 모니터링 된다. 방마다 장착된 마이크는 모든 대화를 녹음한다. 이동과 움직임 등 일거수일투족이 일지에 기록된다. 컴퓨터는 공기의 압력, 온도, 습도, 이산화탄소와 산소 농도까지 몇 초에 한 번씩 점검한다. 각종 밸브도 시간별로 점검된다. 아무리 극미해도 일단 균열이 발생하면 도미노 효과를 일으켜 대원들의 거주 공간으로 물이 새어 들어올 수 있고, 순식간에 탐사대원들을 익사시킬 수 있기 때문이다. 이런 사태를 방지하기 위해 로서를 포함해 여러 관리자가 존재한다. 지금까지는 별 탈 없이 임무를 잘 수행하고 있다.

지난 20년 동안 아쿠아리우스는 115건 이상의 임무를 수행했고, 그 과정에서 사망자는 단 한 명뿐이었다. 사망 원인도 산소흡입기 오작동 때문이었지 아쿠아리우스 자체의 문제는 아니었다.

하지만 아쿠아리우스의 탐사대원들은 저마다 아슬아슬한 위기 상황을 겪어봤다. 1994년 태풍이 불었을 때는 발전기에 불이 붙는 바람에 전 대원이 모두 황급히 감압 과정을 거친 후 4.5미터 높이의 파도 속으로 대피해야 했다. 그로부터 4년 후 시속 112킬로미터의 강풍과 함께 폭풍이 몰아닥쳤을 때는 아쿠아리우스가 기부에서 떨어져 나와 거의 파괴되다시피 망가지기도 했다. 2005년에는 파도가 어찌나 거칠었던지 270톤이나 되는 아쿠아리우스가 해저에서 3미터 넘게 휩쓸려 가기도 했다.

딱딱한 2단 침대, 납작해진 포테이토칩, 반라의 옷차림, 축축한 의자, 항상 위험이 도사리고 있는 비좁은 공간이지만, 건물 6층 높이와 맞먹는 바다 아래 세상, 즉 투광층에 자유롭게 접근할 수 있다면 대원들에게 이런 불편들은 아무것도 아니다.

수백 피트 아래 바닷속 생물은 육상의 생물들과 무척 닮았다. 차이라면 육상보다 바다에 생물이 훨씬 더 많다는 점이다. 바다는 지표면의 71퍼센트를 차지하고 있으며, 바다에는 현재까지 알려진 생물의 약 50퍼센트가 서식하고 있다. 우주를 통틀어 지금까지 알려진 어떤 장소보다도 거대한 생물 서식지인 셈이다.

얕은 물, 달리 말해 태양 빛이 통과할 수 있는 투광층까지의 깊이는 환경에 따라 다르다. 강어귀 근처 만의 탁한 물에서 빛은 고작 40여 피트 아래까지만 투과된다. 반면에 맑은 열대의 바다에서는 600피트까지도 투과된다.

빛이 있는 곳에는 생명도 있다. 투광층은 바다에서 광합성이 가능할 만큼 충분한 빛이 존재하는 유일한 구간이다. 비록 전체 대양의 2퍼센트에 불과하지만 알려진 해양 생물의 90퍼센트가 투광층에 서식한다. 어류, 바다표범, 각종 갑각류를 비롯한 대부분의 해양 생물이 투광층을 자기 집으로 여긴다. 해양 생물량의 98퍼센트를 차지하고 투광층 말고는 어디서도 서식할 수 없는 해양 조류들은 해양 생물뿐 아니라 모든 육상 생물에게도 없어서는 안 될 존재다. 지구 산소의 70퍼센트가 바로 이 해양 조류들에게서 나오기 때문이다. 해양 조류가 없다면 우리는 숨도 쉬지 못한다.

해양 조류가 엄청난 양의 산소를 어떻게 생산하는지, 또 기후 변화가 이들에게 어떤 영향을 미치는지 아직은 아무도 모른다. 아쿠아리우스의 수중 탐사대원들이 밝히려고 하는 비밀 중 하나가 이것이다. 또한 탐사대원들은 '텔레파시를 이용한' 산호의 의사소통에 감춰진 비밀처럼 신비롭고 불가사의한 바다의 많은 수수께끼를 풀기 위해 노력하고 있다.

동일한 종種의 산호들은 매년 같은 날, 같은 시간, 보통은 분 단위까지 맞추어 일제히 산란한다. 심지어 수천 킬로미터 떨어진 곳에서도 완벽하게 같은 시점에 갑자기 산란을 시작한다. 해마다 날짜와 시간은 다르지만, 그 이유도 오직 산호들만이 알고 있다. 더욱더 신기한 점은 한 종의 산호가 한 시간가량 산란하는 동안 다른 종은 산란을 하지 않는다는 것이다. 다른 주, 다른 날짜에 혹은 다른 시간대를 선택해서 또 한 종이 마찬가지로 동시에 산란을 시작한다. 동시 산란에 거리는 아무런 영향을 미치지 않는 것처럼 보인다. 만일 산호 한 덩어리를 런던으로 가져와 물에 담가 놓는다고 해도, 이 산호 덩어리는 전 세계 바다에 서식하는 동종의 산호가 산란하는 때를 정확히 맞추어 산란할 것이다.

동시 산란은 산호의 생존에 매우 긴요하다. 산호 군락이 번성하려면 계속 넓게 퍼져나가야 하고, 건강하고 튼튼한 상태를 유지하기 위해서는 이웃한 군락과 유전자 풀gene pool을 나누며 번식해야 한다. 산호의 정자와 난자는 수중으로 배출되고 30분 안에 수정되어야 한다. 더 지체되었다가는 정자와 난자 모두 뿔뿔이 흩어지거나 죽어버린다. 연구자들이 밝혀낸 바에 따르면, 동시 산란에 15분만 지각해도 해당 산호 군락의 생존 가능성은 현저히 떨어진다.

산호는 지구상에서 가장 거대한 생체 구조이고, 바다 밑 세상의 45만 3200제곱킬로미터를 덮고 있으며, 상상을 초월할 만큼 정교한 방식으로 서로 소통할 수 있다. 그럼에도 산호는 지구상에서 가장 원시적인 동물로 여겨진다. 어쨌든 산호에게는 눈도 귀도 뇌도 없으니까.[1]

산호에게는 남은 시간이 별로 없다. 전 세계의 산호 군락이 기록적인 속도로 멸종을 향해 치닫고 있다. 호주 그레이트배리어리프를 따라 번성했던 산호 군락은 이미 50퍼센트가 사멸했다. 자메이카를 비롯한 카리브해 연안 지역의 산호 군락도 90퍼센트 이상이 사라졌다. 원인은 불분명하지만 과학자들은 환경오염과 지구가열에 그 책임이 있다고 생각한다. 앞으로 50년 안에 산호는 완전히 멸종해버릴지도 모른다. 그와 함께 자연계의 불가해한 수수께끼 중 하나도 자취를 감춰버리게 될 것이다.

아쿠아리우스의 탐사대원, 특히 산호 전문 연구자들에게 연구는 곧 시간과의 전쟁이다.(그리고 몇 달 뒤에 나는 또 다른 시간과의 전쟁을 벌이고 있는 사람들을 만났다.)

아리스토텔레스가 커다란 종 모양의 단지를 거꾸로 엎어놓고 그 안에 사람을 집어넣은 다음, 물속에 담그는 장치를 궁리한 이래로 인간은 투광층이라 불리는 얕은 물속을 탐험하기 위해 온갖 규모의 다양한 장치를 꾸준히 만들어왔다. 이런 장치들 중 대부분은 그 안에 들어간 사람들을 죽이거나 불구로 만들었다. 어떤 면에서 물속 탐험의 역사는 더 깊이 내려가고자 했던 사람들의 피와 뼈에 빚진 여정인 셈이다.

1500년대에 레오나르도 다빈치는 돼지가죽으로 만든 잠수복을 스케치했다. 가슴께에 공기 주머니가 달려 있고 허리춤에는 오줌을 받아내는 병이 달려 있었다.(실제로 제작되지는 않았다.) 몇 년 후 이탈리아의 또 다른 발명가는 유리로 만든 양동이를 머리에 쓰고 수심 20피트까지 잠수할 수 있다고 주장했다.(이 유리 양동이는 시험 단계에서 실패했다.) 1690년대에 에드먼드 핼리라는 영국의 한 학자는 커다란 나무통에 사람을 넣고 물속에 담근 다음 포도주통으로 공기를 배달하면 어떻겠느냐는 의견을 냈다.(핼리는 이 아이디어를 시도도 못 해봤다.) 훗날 자신의 이름을 딴 혜성을 갖게 된 천문학자가 바로 이 사람이다.

현재 아쿠아리우스가 위치한 수심까지 인간을 내려보낸 최초의 잠수장비는 1715년경에 존 레스브리지가 발명했다. 존 레스브리지는 슬하에 열일곱 명의 자녀를 두고 잉글랜드 데번에서 양모를 팔던 상인이었다. 그가 만든 장비는 머리 쪽에 유리창을 내고 양쪽 암홀에 가죽으로 소매를 댄 1.8미터짜리 떡갈나무 원통이었다. 공기는 꼭대기에 달린 호스로 공급된다. 전체적으로는 매우 원시적이고 어설프게 보였지만, 이 장비를 착용하고 레스브리지는 수심 70피트까지 한 번에 30분씩 잠수하는 데 성공했다. 그가 남긴 기록에 따르면 "끔찍하게 힘들었지만" 어쨌든.

반세기 후에는 브루클린의 기계 제작자였던 찰스 콘더트가 한결 더 민첩하고 '안전'하게 바다 밑을 탐사할 수 있는 장비를 선보였다. 세계 최초의 자급식 수중 호흡 장비Self-Contained Underwater Breathing Apparatus, 줄여서 스쿠버SCUBA가 탄생한 것이다. 등에는 1.2미터 길이의 구리 튜브가 달려 있고, 산탄총 총신으로 만든 펌프로 잠수부의 얼굴에 쓴 고무 마스크 안에 공기를 주입하도록 설계되었다. 숨을 쉬고 싶을 때 총신을 펌프질하기만 하면 신선한 공기를 공급받을 수 있었다. 1882년 콘더트는 뉴욕 시의 이스트강에서 이 장비를 처음으로 선보였고 최초로 스쿠버다이빙에 성공한 다이버가 되었다. 그리고 바로 그날 오후, 수심 20피트에서 구리 튜브가 끊어지는 바람에 콘더트는 세계 최초의 스쿠버다이빙 사망자로 이름을 남겼다.

그 후로도 여러 발명품이 줄을 이었다. 영국에서는 존 딘이라는 사람이 고무 슈트에 소방관 헬멧을 부착해서 최초로 대량 생산이 가능한 잠수복을 제작했다. 갑판 위에서 펌프질을 하면 헬멧 뒤통수에 연결된 호스를 통해 공기가 공급되도록 설계된 이 슈트 덕분에 다이버는 '최초'로 수심 약 80피트 깊이에서도 한 시간가량 머물 수 있었다. 딘의 헬멧은 엄청난 성공을 거두었지만 안전은 장담할 수 없었다. 슈트 안으로 공급된 압축 공기는 잠수하는 동안 언제라도 압력이 급격하게 변할 수 있었기 때문이다. 헬멧이나 공기 튜브에 균열이 생기거나 터지기라도 하면 압력이 역전되어 슈트 내부는 진공 상태가 된다. 그러면 다이버의 몸은 안에서 밖으로 '압착'되면서 콧구멍과 눈, 귀에서 피가 뿜어져 나온다. 게다가 압착의 수준도 일정하지 않았다. 너무 강력하게 압착되면 다이버의 살점이 떨어져 나올 수도 있었다. 어떤 다이버는 너무 많은 살점이 폭발하듯 터져서 헬멧 속에 남은 피투성이 살점들 말고는 매장할 유해조차 찾을 수 없었다고 한다.

바닷속으로 더 깊이 내려갈수록 결과는 더 기괴하고 끔찍했다. 1840년대에는 교량이나 부두의 수중 하부구조를 건설할 때 인부들이 케이슨caisson 혹은 잠함潛函이라고 불리는 장비를 이용했다. 물이 새어 들어오지 못하게 하려면 잠함 내부에는 수면에서부터 압축된 공기를 가득 채워 넣어야 했다. 케이슨 안에서 며칠씩 작업을 한 인부들은 대개 피부에 발진이 생기거나 반점들이 나타났고 호흡 곤란, 발작, 심할 경우에는 끔찍한 관절통을 호소하기도 했다. 그런 후에는 사망으로 이어졌다.

이런 일련의 증상들은 케이슨 인부들이 무릎과 팔꿈치 같은 관절에서 느낀 극도의 고통을 일컬어 케이슨병이라고 알려지게 되었다. 조금 더 일반적으로는 잠함병이라고 부른다. 과학자들이 나중에 밝힌 바에 따르면, 케이슨병의 원흉은 인부들이 케이슨 내부의 고압 공기 속에서 작업하다가 수면으로 올라와 정상적인 기압에 노출되었을 때 몸 안에서 끓어올라 관절 부위에 집중적으로 쌓인 '질소' 기체였다.

공학자들이 해저 탐험가들에게 상해를 입히는 원인이 깊은 물이 아니라는 사실을 깨닫기까지는 그 후로도 40년이 더 걸렸다. 해저 탐험가들을 위협하는 주범은 다름 아닌 잠수 장비였다. 얄궂게도, 서양에서 다이버들이 조립 슈트에 조심스럽게 몸을 집어넣고 수심 60피트 남짓 잠수했다가 얼굴이 안팎으로 빨리거나 터져 형체도 없이 뭉개지고, 건설 인부들이 케이슨병을 앓는 동안 3200킬로미터 남쪽의 페르시아에서는 칼한 자루 달랑 든 진주잡이들이 숨 한 번 들이켜고 두 배나 더 깊은 물속으로 곧추 내려가 진주를 캐오는 일이 부지기수로 벌어지고 있었다. 진주잡이들은 수천 년 동안 대대로 관절통은커녕 호흡 곤란 따위도 느끼지 않으면서 이 깊은 수심까지 잠수를 해오고 있었다.

그러다가 마침내 서양의 공학자들도 물속의 괴력으로부터 신체를 보호할 수 있는 정교한 시스템을 개발했다. 수심에 따라 압력이 얼마나 달라지는지, 산소가 어떻게 중독을 일으키는지도 밝혀냈다. 레스브리지와 딘의 원시적인 발명품들은 압축 공기로 무장한 슈트, 잠수함, 스쿠버다이빙 감압표의 발명으로 이어졌다.

1960년, 미 해군 대위였던 돈 월시와 스위스의 공학자 자크 피카르는 트리에스테Trieste라 불리는 강철 잠수정을 타고 가장 깊은 해저 세상으로 알려진 태평양 마리아나 해구에서 수중 약 10킬로미터까지 내려가는데 성공했다. 그로부터 2년 후, 인간의 수중 생활이 가능해졌다.

최초의 수중 주택은 자크 쿠스토가 제작한 것으로, 마르세유 해안에서 조금 떨어진 수심 33피트 해저에 설치되었다. 콘셸프Conshelf라 불리는 이 주택은 폴크스바겐 버스의 객실만 한 크기에 난방이나 건조 장치도 없었다. "위험이 클수록 그 한계를 넘어 도전한다." 콘셸프의 선장 쿠스토의 말이다. 사실 위험이 얼마나 컸던지 쿠스토는 자기 대신 부하 두 명을 수중 밀실에서 지내게 했다. 그의 부하들은 콘셸프에서 일주일을 버텼다.

1년 뒤 쿠스토는 방이 다섯 개(거실, 샤워실, 침실 세 개)나 되는 한층 더 호화로운 수중 주택을 제작하여 수단 연안의 해저에 설치할 계획을 세웠다. 그의 해양 탐사 과정을 녹화한 기록은 나중에 「태양이 비치지 않는 세계A World Without Sun」라는 다큐멘터리로 탄생하여 쿠스토에게 오스카상을 안겨줬다. 이 기록영화에서 탐사대원들은 낮이면 총천연색의 바다 정원을 유영하며 보냈고, 밤에는 담배를 피우면서 와인을 마시거나 더할 나위 없이 완벽한 프랑스식 만찬을 즐기면서 TV를 시청했다. 그들이 수중 주택에서 보낸 시간은 무려 한 달이었다. 탐사대원들의 불만은 오로지 "곁에 있어줄" 여인들이 없다는 점뿐이었다.•

1960년대 후반까지 전 세계에서 50기가 넘는 수중 거주 시설이 제작에 들어갔고 설계 단계에 돌입한 수중 거주 시설은 더 많았다. 호주, 일본, 독일, 캐나다, 이탈리아가 바다 밑 세상으로 사람을 내려보내고 있었다. 쿠스토는 미래의 인류는 수중 마을에서 탄생하고 "[수중 환경에 적응하여] 아무런 외과적 수술이나 처치 없이도 물속에서 숨 쉬고 생활하게 될 것이다. 그때부터 우리는 '인어man-fish'를 창조하게 될 것"이라고 예언했다. 해수면 아래 세상을 차지하기 위한 경쟁에 드디어 불꽃이 점화되는 듯 보였다.

그러나 경쟁의 불꽃은 금세 시들해졌다. 불과 몇 년 만에 수중 거주 시설들은 몇 기를 제외하고 모두 폐기되었다. 수중 거주가 생각했던 것보다 훨씬 더 위험하며 엄청난 비용을 요구한다는 사실이 드러났기 때문

• 1960년대 중반에 이를 즈음 해저는 그야말로 노다지였고, 심해 탐사 임무는 날이 갈수록 기상천외하고 위험천만해졌다. 프랑스에 뒤지지 않기 위해 미 해군은 1965년에 머큐리 7의 우주비행사였던 스콧 카펜터를 63제곱미터짜리 강철 튜브 안에 넣고 캘리포니아 라호이아 앞바다에서 수심 203피트까지 잠수시켰다. 카펜터는 실랩 2SEALAB II라 불리는 이 강철 튜브 안에서 해군의 훈련된 돌고래 터피가 전해주는 보급품으로 생활하면서 장비들을 점검하고 헬륨이 주성분인 혼합 가스를 쉭쉭거리며 한 달을 버텼다.(이 호흡 장비가 제대로 작동하지 않았다면 카펜터는 발작이나 멀미에 시달렸거나 폐에 영구적인 손상을 입었을지도 모른다. 최악의 상황도 피할 수 없었을 것이다.) 실랩 2는 성공을 거두었지만 한 가지 헬륨 부작용이 있었다. 잠수 후에 감압실에서 헬륨가스를 흡입하고 지휘관에게 보고를 하는 동안 카펜터는 고성으로 변조된 목소리를 낼 수밖에 없었다. 임무 완수를 축하하기 위해 전화를 건 린든 존슨 대통령과 카펜터가 고성으로 꽥꽥거리면서 나눈 진지한 대화는 전설이 되었다.

이다. 짠 바닷물은 금속 구조물을 갉아먹었고 폭풍은 해저에 박아놓은 기반들을 뜯어냈으며 탐사자들은 감압병과 감염의 공포에 끊임없이 시달려야 했다.

바야흐로 때는 우주 시대였다. 인간이 달 표면에 착륙하고 지구 궤도에 정거장을 짓는 마당에 차갑고 축축한 상자에 갇혀 물속에서 몇 주씩, 대중에게 자랑스레 모습을 드러내기는커녕 바깥세상을 볼 수도 없는 환경에서 생활하는 것은 무의미해 보였다. 게다가 그 깊은 곳에서 수행하는 미생물과 산소 중독에 관한 연구에 관심을 갖는 육지 주민도 얼마 되지 않았다. 과학자들이 인간이 가장 깊은 해저까지 잠수할 수 있고 수중 거주가 가능하다는 사실을 증명했다고 치자, 그래서 뭐 어쩌라고?

오늘날 거의 모든 해양 연구는 보트 갑판에서 내려보낸 로봇들이 조사한 결과를 갑판 위에서 분석하는 식으로 진행된다. 인간은 바다의 화학 성분과 온도와 해저 지형에 대해 더 많이 알게 되었지만, 바다와의 물리적, 심리적 거리는 점점 더 멀어졌다.

대다수의 해양학자는, 적어도 내가 초기에 인터뷰했던 학자들은 결코 몸을 적시지 않는다. 연구자들이 한 번에 열흘씩 물에 흠뻑 젖은 채로 지내야 하는 마지막 바다 실험실, 아쿠아리우스도 곧 폐쇄될 예정이었다.

나는 해양 탐구의 전설이 될 이 마지막 실험실이 해저에서 녹슬어 폐기 처분되기 전에 내 눈으로 직접 보고 싶었다. 해양 탐구의 이단아들과 한 해를 동고동락하러 가기 전, 먼저 정식 인가를 받은 전문가들이 어떻게 바다를 연구하는지 확인하고 싶었다.

키라고에서 11킬로미터 떨어진, 거친 파도가 넘실대는 바다. 나는 이제 곧 수심 60피트 아래 아쿠아리우스를 향해 내 첫 번째 스쿠버다이빙을 시도하려고 한다. 나를 이곳까지 데려다준 모터보트 선장에게 엄지를 세워 신호를 보낸 다음 마우스피스를 입에 물고 머리를 처박았다. 20, 30, 40, 50피트, 마치 폭포를 거꾸로 뒤집어놓은 것처럼 바다 밑바닥에서 뿜어져 나오는 기포의 흐름을 주시하며 아래로 내려갔다. 아쿠아리우스 소속의 안전 잠수요원이 물거품에 둘러싸인 채, 내게 가까이 오라고 손짓했다. 힘껏 킥을 해서 요원이 있는 쪽으로 다가가 머리를 숙이고 들어갔다. 몇 초 만에 아쿠아리우스 후면에 있는 물이 반쯤 찬 개구부에 들어섰다.

"슈트를 벗으십시오." 철제 계단 꼭대기에서 한 남자의 목소리가 들렸다. 남자는 허리에 두르라면서 내게 수건을 건넸다. "아쿠아리우스에 오신 것을 환영합니다."

남자의 이름은 브래드 피드로, 나의 아쿠아리우스 여행 가이드다. 아쿠아리우스에서는 일단 바닥에 물이 고이면 아무리 적은 양이라도 마르는 데 며칠 혹은 몇 주가 걸리기 때문에 모든 방문객은 개구부에서 스쿠버 장비들과 젖은 슈트를 벗어야 한다. 나는 수건을 두른 채 피드로를 따라 통제실로 들어갔다. 확성기에서 크게 증폭된 목소리들이 터져 나오고 고압의 공기가 강철 벽에 부딪혀 울린다. 몇 걸음 걸어가자 남자 두 명과 여자 두 명이 부엌 식탁에 옹기종기 둘러 앉아 있는 모습이 보였다. 윌밍턴의 노스캐롤라이나대학에서 해양생물학을 전공하고 있는 대학원생들로, 열흘 동안 해면과 산호를 연구하는 임무를 이제 막 마친 참이었다. 식탁 한가운데에는 반쯤 먹은 오레오 과자 봉지가 납작해진 채 놓여 있었다. “며칠이 1년처럼 느껴질 거예요.” 얼굴이 창백한 한 남자가 말했다. 그는 해면 군집의 성장을 연구하는 스티븐 맥머리라고 자신을 소개한 뒤, 인스턴트 국수가 담긴 스티로폼 컵에 숟가락을 담그고 아래쪽에 난 창으로 바다 밑바닥을 바라보았다.

“여기서는 어떤 것도 마른 적이 없어요.” 스티븐 맞은편에 앉아 있는 존 햄머가 말했다. “단 한순간도요.” 비늘돔을 연구하는 햄머는 자기 손을 내려다보면서 웃으며 말했다. 햄머 옆에 앉아 있는 대원은 잉가 콘티저페다. 헝클어진 그녀의 곱슬곱슬한 머리카락이 마치 젖은 회반죽처럼 머리에 찰싹 들러붙어 있었다. “수압이 얼마나 요상한 재주를 부리는지 곧 피부로 느끼실 거예요.” 잉가가 키득거리면서 말했다.

탐사대원들 모두 웃음을 터뜨렸다. 그러더니 어느 순간 일제히 조용해졌다. 다시 깔깔거리며 웃더니 언제 그랬냐는 듯 갑자기 또 조용해졌다. 이 아래에 있는 사람들 모두 약간 정신이 나간 걸로밖에는 보이지 않았다. 밀실공포증에 걸렸을 거라는 내 예상은 보기 좋게 빗나간 것 같았다. 밀실공포증이라고 보기에 탐사대원들은 지나치게 쾌활했다. 솔직히 그들은 만취한 것처럼 보였다.

내가 알기로 36프사이 정도의 압력에 몸이 장시간 노출되면 약한 정신착란을 일으킬 수 있다. 고압에서는 혈류에 용해되는 질소의 양이 늘어나고 결과적으로 흔히 웃음가스라고 불리는 산화질소를 마신 것과 같은 효과가 나타나기 때문이다. 혈류에 질소의 양이 많으면 많을수록 수중 탐사대원들의 기분도 더 엉망진창이 된다. 열흘간의 임무를 마칠 때쯤이면 너나 할 것 없이 모두 마약파티에서 흥건히 취한 것 같은 기분을 느낀다.

바로 전날 관제실 영상에서 무릎에 연고를 바르던 탐사대원 린지 다이그넌은 유난히 더 몽롱해 보였다. "여기서 오래 머물다보면 이 공간도 점점 더 넓어 보여요." 다이그넌이 헤벌쭉한 미소를 지으며 말했다. "지금 제 눈엔 세 배쯤 넓어진 것처럼 보여요. 처음엔 스쿨버스만 했죠. 한데 지금은 훨씬 더 넓어졌어요!"

행복감에 도취된 듯한 대원들의 몽롱한 기분이 내게는 이 눅눅하고 비좁고 위험한 공간에서 살아남기 위한 중요한 대응 전략처럼 보였다. 곰팡내 나는 수건, 금속마다 슨 녹, 질식할 것 같은 습기는 이곳의 삶에서 부정할 수 없는 중대한 사실이다. 두 눈에서 피를 뿜어낼 각오가 없다면 위로 올라갈 수도, 집으로 돌아갈 수도 없다. 설상가상으로 해수면에서 이는 파도의 골과 마루에 맞춰 아쿠아리우스 내부 압력이 30여 초 간격으로 변하기 때문에 귓속에서 공기를 부풀려 부비강의 공기압을 고르게 유지하지 않으면 안 된다.

아쿠아리우스 관광은 여기서 끝이 아니었다. 피드로는 세 걸음 동쪽에 있는, 나란히 설치된 3단 침대가 전부인 침실로 나를 안내하고 다시 부엌으로 돌아왔다. 이것으로 아쿠아리우스 관광이 끝났다고 피드로가 말했다. 더 이상 보여줄 게 없다는 뜻이다.

화장실을 못 본 것 같아서 피드로에게 혹시 화장실을 지나쳤느냐고 물었다.

"보통은 그냥 뒤쪽에 나가서 볼일을 봅니다." 조금 전에 헤엄쳐 들어온 개구부 쪽을 가리키면서 피드로가 말했다. 아쿠아리우스에서는 현관문이 곧 화장실 문이었다.

수중 거주 시설에서 가장 난감하기로 악명 높은 일은 바로 배설이다.

끊임없이 변하는 공기압으로 인해 하수관 내부가 진공 상태가 될 수 있기 때문이다. 초창기에 제작된 수중 주택들의 경우, 화장실이 폭발하여 격실 사방으로 오물이 튀곤 했다. 그때보다는 많이 개선되었다고 하지만 아쿠아리우스의 화장실 역시 너무 작고 프라이버시를 거의 보장해주지 않기 때문에 탐사대원들은 대개 뒤쪽으로 나가 물속에서 해결하길 선호한다. 물론 그 방법에도 나름대로 문제는 있다. 인간 '먹잇감'을 탐내는 바다 동물들 때문이다. 한 남자 대원은 볼일을 마치고 개구부에 하반신을 담그고 보니 굶주린 물고기에게 엉덩이를 뜯겨 피를 흘리고 있었다고 한다.

피드로가 개구부 쪽으로 돌아가자고 나를 불렀다. 36프사이에서 혈류 속의 질소 농도가 위험한 수준에 이르는 데는 보통 90분이 걸리지만, 더 빨리 높아지는 경우도 있다. 방문객의 안전을 위해서 아쿠아리우스에서는 체류 시간을 승선 후 최대 30분으로 제한해놓았다. 나의 제한 시간이 다 된 것이다.

나는 다시 잠수복을 입고 철벅거리며 해치를 열고 자욱한 푸른 물속으로 발을 차고 나갔다. 스쿠버 조절기에서 끊임없이 나는 꾸르륵 소리는 내 주변의 모든 것을 겁주어 쫓아버린다. 낙엽 청소기를 등에 매달고 들새를 관찰하러 나갔던 일이 떠올랐다. 잠수복, 탱크, 몸을 휘감은 튜브들은 나를 지켜주다 못해 물속에 있다는 기분조차 느끼지 못하도록 나를 고립시켰다.

아쿠아리우스 안에서 지내는 것도 이와 비슷하다. 물론 이 수중 주택 덕분에 연구자들은 값으로 매길 수 없을 만큼 귀중한 연구를 장시간 수행할 수 있지만, 튜브처럼 생긴 강철통 안에 앉아서 창문과 비디오 스크린으로 바다를 살피는 일은 절망스러울 만큼 바다와 격리되는 일이다. 건물 6층 높이만큼 깊은 바닷속에 설치된 고무 강철 튜브 안에 있을 때보다 차라리 파도를 타고 서핑을 할 때, 나는 바다나 그 안의 생물들과 더 가깝게 연결된 기분을 느꼈다.

모터보트로 돌아온 나는 스쿠버 장비들을 벗고 선장실로 들어갔다. 아쿠아리우스 지원 팀이 음식과 보급품 상자를 수중 탐사대원들에게 전달해주고 돌아올 때까지 기다리기로 했다.

아쿠아리우스에서 일한 지 20년이 넘는 강인하고 보기 좋게 볕에 그을린 얼굴의 오토 루텐 선장은 내게 생수를 한 병 건네고는 그동안 자신이 직업상 겪었던 아슬아슬한 순간들, 이를테면 공해상에서의 구조, 폭발 사고들, 긴급 상황에서 급부상해야 했던 순간들에 대해 들려줬다.

"여기야말로 진짜 황량한 서부였죠." 그는 말을 이었다. "무슨 말인가 하면, 그 많은 보급품을 스쿠버 장비 없이 맨몸으로 배달했다는 겁니다." 그의 설명에 따르면 스쿠버다이빙은 장비를 착용하는 데 시간이 오래 걸릴 뿐 아니라 혈류 속 질소 농도가 높아질 위험 때문에 잠수도 몇 번 못한다. 그래서 루텐과 동료들은 수영복에 핀과 잠수 마스크만 끼고 프리다이빙으로 보급품을 전달한다.

부피가 크고 밀폐된 컨테이너를 바다 밑까지 운반하고 돌아오는 데 걸리는 시간은 1분이 족히 넘는다. 나는 루텐에게 혹시 아쿠아리우스에서 수면으로 올라오기 전에 숨을 쉬느냐고 물었다. 루텐은 큰 소리로 웃으면서 그랬다가는 고압의 공기가 숨통을 끊어놓을 수도 있다고 대답했다.

산소통과 웨이트 벨트, 공기 조절기와 부력 조정용 장치 등 모든 장비를 포기한 대신 루텐과 그의 동료들은 첨단 장비로 무장한 다이버들보다 더 깊이, 더 많이 그리고 네 배나 더 빠른 속도로 잠수한다.

나는 루텐에게 또 물었다. 그렇게 깊이 내려가기 위해 무슨 특수 훈련을 받았느냐고.

"훈련은 무슨! 아주 간단해요. 그냥 숨 한 번 쉬고 내려가면 됩니다."

-300

수심 300피트

1949년, 다부진 체격의 이탈리아 공군 대위 라이몬도 부케르는 카프리섬의 호수에서 목숨을 건 묘기를 시도했다. 부케르는 호수 한가운데로 배를 타고 나가 숨 한 번 들이마시고 수심 100피트, 약 30미터 아래의 호수 바닥까지 잠수해 들어간 것이다. 호수 아래에는 잠수 장비를 착용한 다이버가 대기하고 있을 예정이었고, 부케르는 그 다이버에게 상자 하나를 건네준 다음 수면으로 돌아와야 했다. 성공하면 5만 리라의 상금을 차지할 수 있지만, 만에 하나 실패하면 곧바로 익사할 터였다.

과학자들은 보일의 법칙을 들이대며 부케르에게 목숨을 잃을 수 있다고 경고했다. 1660년대에 영국계 아일랜드 물리학자 로버트 보일이 다양한 압력하에서 기체의 행동을 예측하고 공식화한 이 법칙에 따르면, 수심 100피트의 수압은 부케르의 폐를 짜부라질 때까지 쥐어짤 게 뻔했다. 법칙이야 어찌됐든 부케르는 잠수해서 상자를 전달했고, 만면에 미소를 지으며 수면으로 올라왔다. 물론 그의 폐도 온전했다. 상금도 상금이었지만 그보다 더 중요한 사실은 그가 과학자들이 틀렸다는 점을 명백히 입증했다는 것이다. 3세기 동안 과학의 복음으로 통하던 보일의 법칙이 물속에서는 통하지 않는 것처럼 보였다.

부케르의 잠수 이후로, 오늘날의 관점에서 보면 대개가 몹시 잔인하고 기괴해 보이는 비슷한 실험들이 세상 여기저기서 실시되었는데, 실험 결과들은 물이 어쩌면 인간과 동물에게 수명 연장 효과를 가져다줄 수도 있다는 결론을 암시하는 듯했다.[1]

이처럼 논쟁의 여지가 다분한 일련의 연구들에 불을 붙인 것은 1894년 샤를 리셰가 오리 몇 마리의 목에 끈을 묶고 실시했던 실험이었다. 리셰는 먼저 오리들을 두 집단으로 나누고 한 집단의 목을 숨 쉴 수 없을 때까지 끈으로 조른 후 오리들이 죽기까지 걸리는 시간을 쟀다. 그런 다음 나머지 한 집단의 오리들에게도 같은 조건의 실험을 하되, 이번에는 물속에서 실시했다. 야외에서 목이 졸린 오리들은 7분 만에 죽은 반면, 물속에서 목이 졸린 오리들은 23분이나 버텼다. 두 집단 모두 같은 방식으로 산소 공급이 중단되었는데 물속의 오리들이 세 배나 더 오래 생존했으니, 실로 당황스러운 결과였다.

리셰는 생각했다. 혹시 물이 오리의 미주신경에 영향을 미친 게 아닐까? 숨뇌에서 시작되어 가슴까지 이어진 미주신경은 오리뿐 아니라 인간의 신체에서도 심장박동을 느리게 하는 역할을 한다. 리셰는 심장박동이 느려지면 산소 소비가 감소되고 그 결과 생존 시간이 길어질 수 있다고 정리했다. 참고로 말하면 리셰는 이후에 과민 반응에 대한 연구로 노벨상을 받는다.

리셰는 아트로핀이라는 경련 완화제를 오리에게 주사하여 자신의 가설을 다시 검증하기로 한다. 아트로핀은 미주신경을 방해하여 심장박동을 빠르게 하는 약물이다. 리셰는 아트로핀을 주사한 오리 집단과 주사하지 않은 오리 집단의 목을 매달아 죽는 데 걸리는 시간을 측정했다. 두 집단 모두 6분 만에 죽었다.

자, 이제 리셰에게 남은 실험은 아트로핀을 주사한 오리들을 물속에서 목을 매달아 얼마 만에 죽는지 알아보는 것이다. 아트로핀을 맞고 물속에서 목이 매달린 오리들은 12분 이상, 즉 야외에서 아트로핀을 맞고 목이 매달린 오리들보다 두 배나 더 오래 생존했다. 아트로핀이 미주신경을 차단하여 심장박동 수를 줄일 수 없는 상태에서조차 물은 '여전히' 오리에게 생명 연장이라는 미스터리한 효과를 냈던 것이다. 게다가 아트로핀을 맞고 물속에서 목을 매단 지 12분 뒤에 그중 한 마리를 꺼내 끈을 풀고 심폐소생 처치를 했더니, (맙소사!) 오리가 살아났다.

폐의 크기, 혈액의 양, 심지어 미주신경도 리셰의 실험 결과를 속 시원히 설명해주지 못했다. 오리들의 생명을 연장해준 것은 '물'밖에 없었다. 리셰는 물이 인간에게도 동일한 효과를 내는지 궁금해졌다.

스웨덴에서 태어나 미국에서 활동하던 생리학자 퍼 숄랜더가 1962년에 리셰의 의문을 풀어줬다. 숄랜더는 자원자를 모집했다. 심장박동을 측정하기 위해 자원자들 몸 곳곳에 전극을 연결하고 주삿바늘을 꽂아 채혈을 했다. 이전에 숄랜더는 웨델바다표범들의 생물학적 기능이 깊은 물속에서 오히려 더 강화되는 현상을 관찰한 적이 있었다. 그의 기록을 보면 웨델바다표범들은 더 오래 더 깊이 잠수하면 할수록 오히려 산소를 더 많이 얻는 것 같았다. 숄랜더는 물이 인간에게도 비슷한 효과를 촉발하는지 밝혀내고 싶었다.

숄랜더는 (좀더 적극적인) 자원자들을 대형 수조에서 잠수하게 한 다음 심장박동 변화를 감시했다. 오리에게 그랬던 것처럼, 물은 즉각적으로 자원자들의 심장박동을 늦추기 시작했다.

이번에는 자원자들에게 숨을 참고 수조 아래로 잠수하여 바닥에 설치된 운동 기구들에 몸을 묶은 채로 짧고 강렬한 체조를 해보라고 주문했다. 운동 강도와 상관없이 모든 자원자의 심장박동 수는 계속해서 떨어졌다.

이것은 단순히 놀라운 게 아니라 대단히 중요한 발견이었다. 지상에서 운동은 심장을 굉장히 빨리 뛰게 만든다. 물속에서 자원자들의 심장박동이 느려졌다는 것은 산소 소비가 그만큼 줄었다는 의미다. 그 결과 자원자들은 물속에 더 오래 머물 수 있었다. 이 실험은 부케르의 잠수뿐 아니라 불행한 오리들이 물속에서 세 배 더 오래 생존한 이유도 어느 정도 설명해줬다. 물은 동물의 심장을 느리게 뛰게 하는 모종의 힘을 지니고 있었던 것이다.

숄랜더가 주목한 것은 이 발견만이 아니었다. 물속에 있는 동안 자원자들 몸 안의 혈액은 팔다리에서 중요한 기관들 쪽으로 거꾸로 흐르기 시작했다. 수십 년 전 심해 잠수 바다표범들에게서 발견된 것과 같은 현상을 목격한 것이다.[2] 비교적 덜 중요한 신체 부위에서 중요한 곳으로 혈액의 흐름을 역전시킴으로써 바다표범들은 뇌나 심장 같은 중요한 기관들에 산소를 더 오래 공급했고, 잠수 시간도 더 늘릴 수 있었다. 잠수는 인체에서도 유사한 기제를 촉발했다.

이처럼 혈류의 방향이 바뀌는 현상을 '말초혈관 수축'이라고 한다. 부케르가 보일의 법칙을 깨고 폐가 오그라드는 고통 없이 수심 100피트 아래까지 잠수할 수 있었던 것도 이 현상으로 설명된다. 그 정도 깊은 물속에서 실제로 혈액은 외부에서 가해지는 압력을 상쇄하기 위해 기관의 세포벽들을 통과한다. 수심 300피트, 즉 오늘날 프리다이버들이 자주 내려가곤 하는 깊이까지 내려가면 폐의 혈관들은 혈액을 가득 끌어모아 수축에 대응한다. 더 깊이 내려갈수록 말초혈관 수축 정도도 점점 더 세진다.

이런 생리학적 변신 앞에서 보일의 법칙은 그냥 꼬리를 내리는 정도가 아니라 아예 쓸모가 없어지는 것처럼 보였다.

숄랜더는 단순히 얼굴을 물에 담그기만 해도 생명을 연장하는 (그리고 생명을 구하는) 반사신경이 활성화된다는 사실을 발견했다. 이 반사신경을 활성화하기 위해 손이나 발을 물에 담가본 연구들도 있었지만 소용없었다. 어떤 연구자는 고압실에 자원자를 집어넣고 압력만으로도 이 반사신경들이 활성화되는지 관찰했지만, 천만의 말씀이었다. 오로지 물만이, 그것도 주변 공기보다 차가운 물만이 생명 연장 반사신경의 스위치를 올렸다.

우리가 정신을 차리기 위해 얼굴에 찬물을 끼얹는 습관도 따지고 보면 전혀 근거 없는 낭설이 아니다. 얼굴에 찬물을 끼얹기만 해도 우리 몸 안에서는 '물리적인' 변화가 일어난다.

숄랜더는 인간의 몸 안에서 지금까지 발견된 어떤 변화와도 비교할 수 없는 가장 극단적인 변화가 일어난다는 사실을 입증한 것이다. 그는 이 변화를 일컬어 '생명의 마스터 스위치'라고 불렀다.

오늘날 프리다이빙 선수들은 바로 이 생명의 마스터 스위치를 이용해 과학자들이 예상한 한계를 넘어 더 깊이 더 오래 잠수한다.

2011년 9월 17일, 나는 생명의 마스터 스위치 전문가들이, 정확히는 세계 최정상급 프리다이버 100여 명이 우리의 수륙 양용 본능의 절대적 한계를 증명하는 현장을 지켜보기 위해 그리스 칼라마타로 날아갔다.

오전 7시, 인디비주얼 뎁스 월드 챔피언십 개회식이 시작됐다. 칼라마타 항구가 내려다보이는 번잡한 산책로 한가운데 설치된 커다란 무대 위에서는 31개 국가에서 모인 선수와 코치, 지원 팀이 저마다 국기를 흔들면서 국가를 열창하고 있었다. 40명으로 구성된 악단이 재즈풍으로 편곡한 영화 「록키」의 주제곡을 연주하는 동안 무대 뒤편 9미터짜리 대형 스크린에는 수심 300피트까지 수직으로 잠수해 들어가는 프리다이버들의 모습을 편집한 영상이 흐른다. 좀 조잡하긴 했지만, 올림픽 개회식 비슷하게 구색을 맞추려고 애쓴 티가 역력했다.

프리다이빙 경기는 비교적 신종 스포츠로서, 최초의 공식적인 프리다이빙 경기로 간주되는, 카프리섬에서 라이몬도 부케르가 수심 100피트 잠수에 성공한 일 이래로 거의 해마다 신기록이 쏟아지고 있다. 현재 수중 숨 참기 세계 신기록은 프랑스의 스테판 미프쉬드가 보유한 11분 35초다. 오스트리아 출신의 프리다이버 헤르베르트 니치는 2007년에 무제한 잠수 세계 신기록을 차지하기 위해 웨이트 슬레드를 장착하고 수심 700피트까지 내려간 전력이 있다.

조직적으로 진행되는 공식 프리다이빙 경기에서는 아직까지 사망자가 없지만, 경기장 밖에서는 이미 많은 다이버가 사망했다. 프리다이빙이 세계에서 두 번째로 위험한 모험 스포츠로 꼽히는 이유이기도 하다. 실제로 프리다이빙 사망자 수는 정확한 집계를 내기 어렵다. 보고되지 않은 사망자도 있지만, 무엇보다 단순히 프리다이빙 때문에 사망한 건지 아니면 해저 사냥(작살 낚시) 같은 레포츠의 일환으로 프리다이빙을 했다가 사망한 건지 과학자들도 구별하기가 어렵기 때문이다. 하지만 프리다이빙과 관련된 전 세계 사망자를 집계한 어느 기록에 따르면, 2005년 21명에서 2008년에는 60명으로 3년 동안 세 배가 증가했다. 미국만 보더라도 활발하게 활동하는 프리다이버 1만 명 가운데 매년 20명이 사망하는 것으로 집계된다. 500명당 한 명꼴로 목숨을 잃는 셈이다.(베이스 점핑의 경우 매년 60명당 1명의 사망자가 발생하고, 소방관의 경우 4만5000명당 1명이 사망한다. 산악 등반에서는 100만 명당 1명이 목숨을 잃는다.)

2011년에는 월드 챔피언십이 개최되기 불과 석 달 전에 두 다이버가 사망하면서 이 스포츠의 위험성이 다시 한번 도마에 올랐다. 아랍에미리트에서 첫 번째로 창설된 프리다이빙 클럽의 창립 멤버였던 40세 아델 아부 할리카가 그리스 산토리니에서 수심 230피트 프리다이빙에 도전했다가 익사하는 사고가 발생했다. 그의 시신은 끝내 발견되지 않았다. 그로부터 한 달 후, 세계 기록 보유자이기도 했던 벨기에 출신의 파트리크 뮈지뮈가 브뤼셀의 한 수영장에서 훈련 도중에 익사했다.

프리다이빙 선수들은 이런 식의 사망 사고가 단독으로 잠수를 시도하거나 사람이 아닌 장비를 과신한 부주의에서 비롯된 인재라고 주장한다. 어느 쪽이든 위험한 것은 사실이다. "프리다이빙 경기는 안전한 스포츠입니다. 처음부터 끝까지 철저하게 관리되고 통제되는 스포츠죠." 개회식에 앞서 만난 세계 기록 보유자 윌리엄 트루브리지가 내게 한 말이다. "그런 스포츠가 아니었다면 저는 시작도 안 했을 겁니다." 그는 특히 지난 12년 동안 3만9000여 명의 프리다이버가 경기에 참가했지만 사망 사고가 단 한 건도 없었다는 점을 강조했다. 트루브리지를 포함한 다른 프리다이빙 선수들은 프리다이빙이 위험한 스포츠라는 오명을 벗고 대중적이고 공식적인 스포츠로 인정받기를 바란다. 트루브리지는 언젠가 올림픽에서 프리다이빙 경기를 보게 되기를 희망한다고도 말했다. 이곳 그리스에서 열린 2011년 월드 챔피언십의 개회식을 화려하고 힘찬 음악과 급조한 감동적인 영상들로 시작한 것도 그런 바람의 연장선일지 모른다.

갑자기 무대 위 조명이 꺼지고 스크린에 흐르던 영상도 사라졌다. 스피커 시스템도 일순간에 조용해진다. 잠시 후 스트로브 조명이 켜지더니, 전자 베이스드럼을 규칙적으로 두드리는 소리가 스피커에서 터져 나온다. 곧이어 녹음된 박수 소리와 함께 퀸의 노래 「어나더 원 바이츠 더 더스트Another One Bites the Dust」의 베이스드럼 리프를 거의 그대로 옮긴 듯한 음악이 쾅쾅 울려 퍼진다. 머리 위 하늘에서 폭죽이 터지자마자 선수들이 일제히 환호성을 지르고 국기를 흔들면서 춤을 춘다.

프리다이빙 월드 챔피언십의 막이 올랐다.

프리다이빙 경기가 주류 스포츠로 자리 잡기를 바라는 소망을 이루기 위해서는 우선 한 가지 골치 아픈 문제부터 해결해야 한다. 경기를 관람하기가 거의 불가능하다는 점이다. 프리다이빙 경기장은 물속이다. 그곳에는 경기 장면을 실시간으로 지상에 쏘아줄 비디오 장치조차 없다.

선수들의 연기를 가까이서 보기 위해서는 엄청난 장비를 운송할 시스템도 갖추어야 한다. 현재 프리다이빙 경기는 여러 척의 보트와 플랫폼, 그리고 공기탱크로 둘러싸인 약 37제곱미터 남짓한, 영화 「워터월드」의 세트장을 훔쳐다놓은 것 같은 공간에서 이루어진다. 경기장으로 가기 위해 나는 칼라마타 해안 산책로를 걸어서 야니스 조굴리스라는 퀘백 사람의 보트에 올라탔다. 경기장까지 접근이 허락된 유일한 보트였다. 조굴리스는 내게 경기장까지 가려면 한 시간 정도 걸릴 거라고 말했다. 오늘 열리는 경기의 복잡한 규칙들을 좀더 자세히 훑어볼 시간이 생긴 셈이다.

공식적인 경기는 잠수하기 전날 밤, 선수 각자가 심판들에게 목표 수심을 비공개로 알리는 데서부터 시작된다. 자신이 잠수할 수심을 적기 전에 다른 선수들의 목표 수심을 추측해야 한다는 점에서, 이 과정은 카드 게임에서 자신이 딸 예상 점수를 부르는 것과 본질적으로 비슷하다. "포커를 하는 것과 비슷하죠. 자기가 들고 있는 패만이 아니라 다른 선수들의 패도 읽어야 하니까요." 트루브리지도 그렇게 말했다. 경기에서 이기려면 경쟁자보다 더 깊은 수심을 적어내고 성공하든지, 아니면 경쟁자가 무리한 목표를 시도했다가 실패하든지, 둘 중 하나다.

프리다이빙 경기에서는 다이빙하는 동안은 물론이고 직후까지 몇 가지 기술적 요건 중 하나라도 충족하지 못하면 점수를 잃는다. 수면까지 올라오기 전에 의식을 잃는 경우, 즉 블랙아웃이 발생했을 때는 바로 실격 처리된다. 경기 도중에는 흔치 않지만, (내가 듣기로) 블랙아웃은 매우 빈번하게 일어난다. 그래서 다이빙을 감시하는 구조요원들과 음파탐지기로 다이버들을 추적하는 선상 지원팀이 항시 대기할 뿐 아니라 다이버가 코스를 벗어나 표류하며 치명적인 사고로 이어지지 않도록 발목에 밧줄을 묶어두는 등 여러 겹의 안전 조치를 취한다.

본 경기가 시작되기 전에 경기 진행요원들은 미리 흰색 벨크로로 감싼 플레이트를 각 선수의 목표 수심 지점에 매달아둔다. 공식 카운트다운이 끝남과 동시에 잠수를 시작한 선수는 가이드로프를 따라 플레이트가 매달린 곳까지 내려간 다음 플레이트에 부착된 여러 개의 티켓 중 하나를 떼어 수면으로 올라온다. 수심 약 60피트 지점에선 의식을 잃은 선수들을 구조하기 위해 구조 다이버들이 대기하고 있다. 만일 선수가 이보다 더 깊은 곳에서 의식을 잃는다면 음파탐지기가 찾아낼 것이다. 선수의 동작이 일정 시간 동안 감지되지 않으면 발목에 묶은 안전 로프를 당겨 봉제 인형처럼 늘어진 몸을 수면으로 끌어올린다.

성공리에 잠수를 마치고 수면 위로 올라온 다이버들은 소위 수면 프로토콜surface protocol이라고 불리는 일련의 절차를 통과해야 한다. 다이버의 의식 일관성과 운동 기능이 온전한지 평가하는 절차로서, 다른 건 다 제쳐두고 일단 마스크를 벗고 심판을 향해 신속하게 오케이 사인을 보내면서 "괜찮아요"라고 말하면 된다. 이 과정까지 무사히 마친 선수에게는 흰색 인증 카드를 수여한다.

"프리다이빙이 안전하고 측정 및 비교가 가능한 스포츠인 이유는 규칙들 때문입니다." 1996년부터 월드 챔피언십 경기를 감독하고 있는 국제 프리다이빙 협회International Association for the Development of Apnea, AIDA의 대변인 칼라 수 핸슨은 말한다.('Apnea'는 그리스어로 '무호흡'을 의미한다.) "경기가 진행되는 내내 다이버들은 철저한 관리 감독을 받게 됩니다. 그걸 확실하게 보장하기 위해 규칙이 있는 거죠. 관리 감독은 프리다이빙 경기의 전부라고 할 수 있습니다."

감독과 관리를 받는 한, 흠씬 두들겨 맞는 종합격투기 선수처럼 얼굴이 피투성이가 되어도 문제없다. "심판들은 얼굴 상태를 보지 않습니다. 피요? 상관없어요. 규칙을 준수하는 한, 피는 문제가 안 됩니다."

한 시간이 지나 조굴리스는 경기장 테두리를 이루고 있는 선단에 보트를 댔다. 저 멀리 해안에서부터 흰 선을 그으며 모터보트 한 대가 다가왔다. 1조에 속한 선수들을 태우고 온 것이다. 경기장에 배치된 소형 선단과 선수 수송용 모터보트는 공간이 제한되어 있기 때문에 심판 몇 명과 선수들 그리고 코치들과 진행요원 몇 명만 경기를 관전할 수 있다. 팬들이 들어올 자리는 없다. 운 좋게도 나는 선수들이 임시 로커룸으로 쓸 조굴리스의 보트에 자리를 마련할 수 있었다.

1조 선수들이 수모가 달린 잠수복을 입고 곤충의 눈을 닮은 고글을 쓰고 등장했다. 선수들은 감상에 젖은 듯 크고 투명한 눈동자로 바다를 응시하면서 보트 위에서 천천히 몸을 풀었다. 수달처럼 바다로 차례차례 미끄러져 들어간 선수들이 반혼수상태에 빠진 것처럼 편안한 자세로 물 위에 드러눕자 각자의 코치들이 선단에서 늘어뜨린 가이드로프 앞으로 선수들의 몸을 천천히 떠밀어 옮겼다. 경기 시작에 앞서 심판 한 명이 사전 경고 사항을 읽었다. 드디어 1조 선수들이 바닷속으로 하강을 시작했다.

프리다이빙에도 여러 종목이 있다. 오늘 열리는 경기는 핀 없는 고정 웨이트Constant Weight without Fins, CNF로서, 선수 자신의 폐와 몸 그리고 일정 중량의 웨이트를 이용해 잠수하는 종목이다. 웨이트를 착용할 경우에는 수면으로 올라올 때도 반드시 갖고 올라와야 한다. 핀 없이 가이드로프만을 이용해 잠수하고 그 깊이를 겨루는 프리 이머전Free Immersion, FIM에서 수영장에서 단순히 숨 오래 참는 기록을 겨루는 스태틱 앱니아Static Apnea, STA에 이르기까지, 프리다이빙의 여섯 종목 중에서도 CNF는 가장 순수한 잠수로 꼽힌다. 현재 CNF 챔피언은 2010년 12월에 331피트로 기존의 세계 신기록을 깬 트루브리지다. 오늘 그가 도전할 수심은 305피트. 챔피언인 그에게는 다소 온건한 수심이지만 어쨌든 이번 경기 일정에서는 가장 깊다. 트루브리지가 도착하기 전에 열두 명의 선수들이 경기를 치렀다.

10부터 1까지 공식 카운트다운이 끝나자마자 "수면 위치로!"라는 구호가 울려 퍼지고, 1에서부터 다시 숫자를 세기 시작한다. "하나, 둘, 셋, 넷, 다섯……" 숫자를 읽는 소리에 맞춰 선수들은 각자 언제 마지막 숨을 들이켜고 잠수를 시작해야 하는지 가늠한다. 3번 라인에서 잠수를 준비하던 다이버는 일본에서 온 기타하마 준코라는 여자 선수였는데 30을 세는 소리를 듣고서야 물속으로 머리를 박고 하강을 시작했다. 선수의 몸이 가라앉기 시작하자 모니터링 요원이 몇 초마다 선수가 지나고 있는 수심을 읽어준다.

2분쯤 지났을 때 수면에 있던 심판이 "블랙아웃"이라고 외쳤다. 구조 다이버들이 가이드로프를 따라 내려가 30초 만에 기타하마의 몸을 끌고 올라왔다. 기타하마의 얼굴은 창백하고 푸르스름했다. 입은 벌어져 있고 머리는 죽은 새처럼 뒤로 꺾여 있었다. 잠수 마스크 안으로, 넓어진 그녀의 동공이 태양을 바라보고 있는 게 보였다. 기타하마는 숨을 쉬지 않았다.

"뺨을 때려!" 기타하마 옆으로 헤엄쳐온 사내가 외쳤다. 또 한 사람이 그녀의 머리를 뒤에서 떠받쳐 턱을 물 밖으로 들어올리면서 외쳤다. "호흡!" 보트 갑판에서는 누군가가 산소를 가져오라고 소리쳤다. "호흡!" 사내가 또 소리쳤다. 하지만 기타하마의 몸은 미동도 없다. 숨도 쉬지 않았다.

심장이 터질 것처럼 긴박하게 몇 초가 지났다. 잠시 후 쿨럭거리는 소리와 함께 기타하마의 어깨가 출렁이면서 경련을 일으켰다. 그녀의 입술이 파르르 떨렸다. 의식이 돌아오자 기타하마의 얼굴에도 혈색이 돌았다. "헤엄치고 있었는데……" 기타하마는 그제야 웃으면서 입을 열었다. "어느 순간 내가 꿈을 꾸고 있더라고요!" 두 사람이 산소탱크가 있는 구명보트 쪽으로 천천히 물 위에 뜬 기타하마의 몸을 떠밀었다. 그녀가 몸을 회복하고 있는 동안, 다음 선수가 3번 라인에 자리를 잡고서 더 깊이 잠수하기 위해 호흡을 가다듬었다.

한편, 다른 라인에서는 또 한 명의 선수가 마지막 호흡을 들이쉬고 200피트 아래를 향해 잠수했다. 잠수한 지 3분쯤 지나자 수면으로 올라왔다. "호흡!" 선수의 코치가 소리쳤다. 선수는 쿨럭쿨럭 숨을 토해내고 희미하게 웃으면서 호흡을 시작했다. 얼굴은 새하얗게 질려 있었다. 고글을 벗는 그의 손에 경련이 일더니 심하게 떨렸다. 산소 부족으로 근육의 힘이 다 풀린 그는 초점 없는 눈으로 광대 같은 미소를 지은 채 한동안 수면에 떠 있었다.

뒤쪽에서 또 다른 선수가 떠올랐다. "호흡! 호흡!" 구조 다이버가 외쳤다. 역시 얼굴은 새파랗고 호흡은 없었다. "호흡!" 누군가 또 다급하게 외쳤다. 마침내 선수가 기침을 뱉으면서 머리를 가볍게 흔들었다. 그러더니 돌고래처럼 색색거리는 소리를 내면서 숨을 쉬었다.

그 후로도 30여 분 동안 몇 명의 선수가 비슷한 장면을 연출하면서 오갔다. 나는 보트 위에서 아랫배에 잔뜩 힘이 들어간 채로, 대체 이 상황을 어떻게 이해해야 할지 의아해하며 경기를 지켜봤다. 물론 경기 도중에 심장마비나 블랙아웃 또는 익사를 당할 위험을 느낀 선수들은 기권 신호를 보낼 수 있다. 하지만 나는 프리다이빙 경기가 꾸준히 개최되는 이유는 관할 지방정부들이 경기장의 실제 상황을 전혀 모르기 때문이 아닐까 하는 의심을 떨칠 수 없었다.

드디어 순서가 된 트루브리지가 선글라스와 헤드폰을 끼고 등장했다. 떡 벌어진 상체에 매달린 그의 두 팔이 거미 발 같다는 생각이 들었다. 9미터가량 떨어진 곳에서도 그의 커다란 흉곽이 크게 부푸는 게 보였다. 명상에 얼마나 깊이 잠겼는지 물에 들어갈 때는 반쯤 잠든 것처럼 보였다. 그는 발목에 안전 로프를 묶고 잠수할 준비를 시작했다.

"수면 위치로!"라는 심판의 선언이 있고 몇 초 후 트루브리지는 물구나무서듯 물속으로 잠수해 맨발로 킥을 하면서 빠르게 하강했다. "20미터" 수심을 읽는 소리가 들렸다. 맑고 투명한 물속으로 트루브리지가 두 팔을 가지런히 몸통에 붙인 채 전혀 힘들이지 않고 스르르 가라앉는 게 보였다. 빨려 들어가듯 깊이 내려가더니 그의 모습은 어느 새 사라졌다. 아름다우면서도 섬뜩했다. 트루브리지를 따라서 나도 숨을 참아보려고 했지만 30초 만에 포기하고 말았다.

트루브리지는 수심 100피트, 150피트 그리고 200피트를 차례로 통과했다. 잠수한 지 거의 2분. 음파탐지기를 지켜보던 심판이 "터치다운!"을 선언했다. 트루브리지가 수심 305피트를 찍은 것이다. 그러고서 그가 수면으로 올라오는 과정 내내 심판은 그를 모니터링했다. 심장이 오그라들 것처럼 고통스러운 3분 30초가 지나서야 수면 아래로 트루브리지의 형체가 보이기 시작했다. 몇 차례 스트로크를 하더니 수면으로 가뿐하게 올라와 숨을 토해냈다. 트루브리지는 고글을 벗고 오케이 사인을 보낸 후, 분명한 뉴질랜드 억양으로 말했다. "아이 엠 오케이." 어쩐지 좀 싱겁게 끝났다는 표정이었다.

그다음 이틀은 휴식이었다. 아크티 타이게토스 호텔 안마당은 여러 나라 말로 웅성거리는 소리가 가득했다. 안마당의 테라스용 테이블마다 선수들이 각자의 팀원들과 둘러앉아 생수를 홀짝이면서 전략을 짜거나 걱정하고 있을 가족들에게 이메일을 보내고 있었다. 이곳에 모인 사람들은 대부분이 남자고, 30세가 넘었으며 역시 대부분 몸매가 호리호리했다. 키가 작은 사람도 있고 통통하게 살찐 사람도 더러 보였다. 많은 선수가 머리를 빡빡 밀고 소매 없는 티셔츠와 헐렁한 반바지 차림에 대부분 테바 샌들을 신고 있었다. 아무리 봐도 극한 스포츠 선수들로는 보이지 않았다.

간신히 그늘 아래에 있는 빈 테이블을 하나 발견했다. 오늘은 그 전날 조굴리스의 보트에서 만난 남아프리카 출신의 국가 신기록 보유자 한리 프린슬루를 인터뷰하기로 했다. 프린슬루 역시 세계 기록에 도전하기 위해 지난 3개월간 이집트에서 훈련을 받았다. 그런데 그만 경기 일주일 전에 후두를 다치는 바람에 대회를 포기할 수밖에 없었다고 한다. 그녀는 한때 동료였고 친구인 선수들을 격려하는 차원에서 이번 대회에 코치로 참여했다. 프린슬루는 프리다이빙이라는 스포츠에 대해서 내가 묻는 질문들에 귀찮은 내색 없이 조목조목 대답해줬다. 그러더니 어느 순간부터 질문만 하지 말고 아예 프리다이빙을 배워보라고 나를 끈질기게 설득하기 시작했다.

지금까지는 프리다이빙을 머릿속에 떠올리기만 해도 밀실공포증 같은 게 느껴졌다. 트루브리지 같은 챔피언들의 우아하고 경이로운 다이빙을 제외하면, 대부분의 다이빙 시도는 어딘가 서툴고 몹시 위험해 보였다. 경기 첫날에만 일곱 명의 선수가 수면에 도달하기 전에 의식을 잃었다. 구조 다이버들이 찾아서 끌어내지 않았다면 지금쯤 바다 밑바닥에 송장이 되어 누워 있을 것이다. 인간의 몸은 내가 상상하는 것 이상으로 깊이 잠수할 수 있는 탁월한 능력을 지닌 게 분명하지만, 그렇다고 이곳에 모인 다이버들이 시도하는 수심까지 아무나 내려갈 수 있다는 의미는 결코 아니다. 심지어 이곳에 모인 선수들도 그야말로 간발의 차로 부상을 입거나 혹은 더 끔찍한 최악의 상황에 처할 수도 있다.

프린슬루의 주장에 따르면, 프리다이빙은 무조건 경쟁자보다 깊이 내려가서 우승하는 것만이 목적인 스포츠가 아니다. "고요함이에요." 온몸으로 명상을 하는 기분, 프리다이빙은 다른 어느 곳에서도 느낄 수 없는 고요함을 선사한다고, 보트 위에서 처음 만났을 때 프린슬루는 내게 말했다. 물론 그런 기분을 느끼기 위해 수심 300피트까지 억지로 내려갈 필요는 없다고도 했다. 가장 놀라운 변화는 수심 40피트에서 찾아온다고 그녀는 설명했다. 그쯤 내려가면 부력과 중력의 힘이 역전된다고 한다. 다시 말해 몸을 위로 떠미는 물의 부력은 약해지고 한없이 아래로 끌어당기는 중력은 세지기 시작한다는 것이다.

이 지점이 바로 '심해의 문'이다. 모든 것이 역전되는 이 심해의 문은 누구에게나, 심지어 나에게도 열려 있다. 그걸 확인하고 싶다면 우선 입문자들을 위한 초급반 강습을 받아보라고 프린슬루는 내게 권했다. 육상에서 숨을 참는 연습 위주로 진행되는 이 강습이 프리다이빙의 첫 단계란다. 나의 숨 참기 최고 기록은 50초 정도인데, 프린슬루는 두 시간만 연습하면 기록을 두 배로 늘릴 수 있다고 호기롭게 장담했다.

"안녕하세요!" 수영장 가장자리의 휴게 탁자에 앉아 있는 내게 다가오며 프린슬루가 큰 소리로 인사했다. 서른네 살, 보기 좋게 그을린 피부, 탄탄한 몸매, 짙은 갈색의 긴 머리, 그녀는 지금까지 내가 본 프리다이버들과 달리 정말 타고난 운동선수처럼 보였다. 프린슬루는 남아프리카공화국의 수도 프리토리아의 한 농장에서 자랐다. 여름이면 언니와 강에서 헤엄치며 '인어의 비밀스런 언어'로 대화를 나누곤 했다고 농담처럼 말하는 그녀가 프리다이빙을 알게 된 건 20대에 스웨덴에서 살 때였다. 지금은 케이프타운에서 비영리 환경보호 프로그램 '아이 엠 워터I AM WATER'를 운영하고 있으며, 틈틈이 대중을 위한 강연도 하고 요가와 프리다이빙을 가르치기도 한다.

우리는 메시니아만이 내려다보이는 지붕이 있는 테라스 바닥에 요가 매트를 펼쳤다. 강습은 가슴 부위의 근육을 풀어주는 기본 자세로부터 시작됐다. "가슴 안에 갇혀 있지 않다면, 폐는 얼마든지 크게 부풀릴 수 있을 만큼 유연해요." 이렇게 말한 다음 그녀는 가슴을 크게 부풀리면서 숨을 마셨다가 다시 내쉬었다. 폐의 팽창을 가로막는 것은 늑골과 가슴 그리고 등을 감싸고 있는 근육 조직이다. 스트레칭과 호흡 훈련을 받은 프리다이버들의 폐 용량은 보통 사람보다 75퍼센트 이상 더 크다. 프리다이빙을 시작하기 위해 꼭 이 정도까지 폐 용량을 키워야 하는 것은 아니지만, 가스탱크가 클수록 연비가 좋은 것처럼 폐 용량이 크면 클수록 더 깊이 내려가서 더 오래 머물 수 있다. 2009년에 숨 참기 세계 신기록을 달성한 스테판 미프쉬드의 폐 용량은 10.5리터였다. 평범한 성인 남성의 폐 용량이 6리터라는 점을 감안하면 엄청난 용량이다. 프린슬루는 폐에 공기를 6리터까지 채울 수 있다고 한다. 평범한 여성의 폐 용량은 4.2리터다.

다음으로 프린슬루가 내게 가르친 인간-프레첼 자세는 폐를 열어주기 위한 자세다. 스트레칭을 하는 동안 그녀는 물속에서 압력이 어떤 작용을 하며 우리 폐와 몸에 어떤 영향을 미치는지를 설명해줬다.

물속으로 더 깊이 내려갈수록 압력은 증가하고 공기는 줄어든다. 바닷물의 밀도는 공기보다 800배 높기 때문에, 가령 수면에서 10피트 아래로 잠수할 때는 해발 1만 피트에서 지상으로 내려올 때와 비슷한 변화가 일어난다. 해수면 높이에서 공기가 담긴 신축성 있는 물체, 이를테면 야구공이나 플라스틱 탄산수 병 또는 인간의 폐와 같은 물체는 수심 10미터에서 부피가 절반으로 줄어들고, 20미터에서는 3분의 1로, 30미터에서는 4분의 1로 줄어든다.

그렇게 쪼그라들었던 야구공이나 탄산수병 또는 한 쌍의 폐가 수면으로 올라오면 내부의 공기가 급속히 팽창하면서 원래의 부피로 회복된다. 프리다이버에게는 이 순간이 지옥이다. 특히 가슴 부위의 통증은 이루 말할 수가 없다. 프린슬루가 지금 내게 가르치고 있는 호흡과 스트레칭은 가슴 근육을 유연하게 만들어주기 위한 훈련이다. 언젠가 내가 정말 프리다이빙을 시작한다면 이런 극적인 부피 변화에 더 잘 적응해서 불의의 사고를 당하지 않도록 말이다.

그다음에는 책상 다리를 하고 서로 마주보고 앉아서 폐의 세 부분을 이용해 숨 쉬는 연습을 했다. 세 부분이란 복부와 흉골 그리고 쇄골 바로 아래에 있는 흉곽 상부를 말한다. 프린슬루의 설명에 따르면 우리 대부분은 평생 흉곽 윗부분으로만 숨을 쉰다. 폐의 한 부분만 이용한다는 뜻이다. 산소를 더 많이 저장하여 더 오래 잠수하려면 폐 전체를 이용해 호흡하는 법을 배워야 한다.

프린슬루는 복부와 흉골 그리고 흉곽 상부로 각각 20초씩 숨을 불어넣어보라고 했다. 처음에는 구역질이 날 것처럼 불쾌하더니 몇 분이 지나자 적응이 되었다. 잠시 후 프린슬루는 스톱워치를 꺼내더니 얼마나 오래 숨을 참을 수 있는지 시간을 재보자고 했다. 드디어 올 것이 온 것이다. 나는 매트에 누워 세 개의 공간에 한껏 공기를 채운 다음 숨을 참기 시작했다. 프린슬루가 스톱워치를 눌렀다.

30초 정도 지난 것 같은 기분이 들었다. 불쾌감은 극에 달했고 머리가 욱신거렸다. 수심 100피트쯤 내려가면 바로 이런 기분이 들 것 같다고 생각하니 갑자기 섬뜩해졌다. 그러자마자 공황감이 몰아쳤다. 몇 초가 지나기도 전에 내 몸은 경련을 일으키기 시작했다. 평정을 유지하려고 애썼지만 뜻대로 되지 않았다. 프린슬루가 스톱워치를 멈추고는 내게 천천히 숨을 내쉬었다가 마시라고 말했다. 나는 머리를 흔들면서 일어나 앉았다. 실패한 것 같았다.

"괜찮은데요." 프린슬루가 말했다. "첫 번째 시도였는데도 시간이 두 배 이상 길어졌어요." 그녀는 내게 스톱워치를 보여줬다. 내가 숨을 참은 시간은 무려 1분하고도 50초였다.

프린슬루에게 몸에 경련이 일어나는 이유를 물었다. 그녀의 설명에 따르면, 우리 몸은 극단적인 숨 참기에 대해 세 단계로 반응한다. 경련은 그 첫 번째 단계다. "산소 결핍 때문이 아니라 이산화탄소가 쌓이기 때문이에요." 그녀는 이어서 설명하기를 "이런 반응은 몇 분 안에 '반드시' 숨을 쉬지 않으면 안 된다고 우리 몸이 보내는 경고랍니다." 두 번째는 비장이 혈류 속으로 산소가 풍부한 신선한 혈액을 15퍼센트 정도 더 흘려보내는 단계다. 보통은 우리 몸이 극단적인 쇼크에 빠졌을 때 일어나는 현상인데, 이때는 혈압이 현저히 낮아지고 심장박동이 빨라지면서 장기들의 기능이 멈춘다. 극한의 한계까지 숨을 참는 동안에도 바로 이 현상이 일어난다. 프리다이버는 비장이 신선한 혈액을 운반하기 시작할 때를 예측하고 그 순간을 감지할 수 있다. 그리고 이 현상을 잠수를 위한 일종의 터보 엔진으로 활용한다.

세 번째 단계는 블랙아웃, 즉 의식 상실이다. 산소가 충분치 않다는 걸 뇌가 스스로 감지하고 그 기능을 멈추는 단계다. 에너지를 아끼기 위해 전기 스위치를 내리는 것과 비슷하다. 우리 체중에서 차지하는 비중은 2퍼센트에 불과하지만 뇌는 우리 몸속에 있는 산소를 무려 20퍼센트나 소비한다. 입이나 목에 물이 차 있을 때는 또 다른 자동 방어 라인이 가동된다. 폐로 물이 들어가지 못하도록 후두가 저절로 닫히는 것이다. 프리다이버들은 언제 경련이 시작되는지, 언제 비장이 열리는지, 또 정확히 언제 수면으로 방향을 돌려야 블랙아웃을 피할 수 있는지 훈련을 통해 배우고 익힌다. 이런 기제를 잘 이해하고 존중하는 프리다이버는 목숨을 잃지 않는다.

"우리가 이 놀라운 방어 전략들을 갖고 태어난 데는 다 이유가 있습니다." 프린슬루는 이어서 그 이유를 말했다. "우리는 원래 물속에 있어야 하는 존재이기 때문이에요!" 그녀는 내게 또 다른 요가 자세를 가르치면서 말했다. "그러니까, 당신은 이걸 해야 할 운명이라고요!"

마지막으로 한 번 더 숨 참기 기록을 재기 위해 반듯이 드러누웠다. 마시고, 뱉고, 크게 들이 쉰 다음 호흡 정지. 프린슬루가 스톱워치를 눌렀다. 나는 두 눈을 감았다.

20초 정도 지났을까? 내 몸은 조금씩 경련을 일으키기 시작했다. 경련이 자연스러운 거라고 생각하며 마음을 가다듬었다. 집중하고 긴장을 풀고 비장의 문이 열릴 때까지 기다리자고 다짐했다. 기다리는 건 쉽지 않았다. 가슴이 짓눌리는 기분이 들기 시작했다. 심장이 어찌나 세게 방망이질 치는지 손과 다리 심지어 사타구니에서도 박동이 느껴졌다. 극도의 고통이 찾아왔다.

"포기하지 마세요. 당신은 훨씬 더 오래 견딜 수 있어요. 첫 번째 단계에 들어선 것뿐이에요." 프린슬루가 나를 안심시켰다. 견뎌보자. 10초 정도 더 지난 것 같다는 생각이 들 때쯤 위가 쪼그라들고 목구멍이 뻣뻣해지기 시작했다. 밀실공포증이 엄습했다. "조금만 더…… 조금 더." 프린슬루의 차분한 목소리가 들렸다. 곧이어 몸이 감전된 것 같은 기분이 들기 시작했다. 물 밖으로 나온 물고기 마냥 내 몸은 매트 위에서 요동쳤다. "지금이에요. 비장이 산소가 가득한 신선한 혈액으로 당신의 몸을 채우기 시작했어요." 프린슬루의 목소리가 들리고 잠시 후, 내 몸이 그녀의 말을 이해하기 시작했다. 요동치던 몸이 차분해졌다. 감은 눈의 어둠은 왠지 더 껌껌해지는 것 같았고, 끊임없이 들리던 수영장 특유의 잡음도 점점 더 희미해졌다. 내 몸이 물 위에 둥둥 떠 있는 기분이 들었다.

"호흡!" 프린슬루의 말이 떨어지자마자 나는 숨을 내쉬고, 마시고, 다시 내쉬었다. 현기증이 나고 눈꺼풀이 퍼덕거려서 초점을 맞추기 어려웠지만, 기분은 좋았다. "당신이 얼마나 오래 숨을 참은 것 같아요?" 프린슬루가 물었다. 나는 어깨를 으쓱거리며 대충 1분 정도 숨을 참은 것 같다고 말했다. 그녀가 밝게 미소를 지었다. 이번 강습에서 나는 숨 참기 기록을 두 배만 늘린 게 아니었다. 세 배! 스톱워치가 보여준 숫자는 3분하고도 10초였다.

어쩌면 인간은 프리다이빙을 하려고 태어났는지도 모른다고 프린슬루는 주장했지만, 그렇다고 그게 쉽다는 의미는 아니다. 오랫동안 숨을 참은 채 한계점까지 스스로를 밀어붙여야 하고 절대로 기절해서도 안 된다. 지금 나는 3분 이상 숨을 참을 수는 있지만, 아직은 수심 10피트까지도 잠수하지 못한다. 프리다이빙의 실체를 목격한 이상 고작 수십 피트라도 솔직히 잠수할 엄두가 안 난다.

그런데도 내 마음속에서는 저 아래 세상을 보고야 말겠다는 결심이 굳어지고 있었다.

수심 300피트는 투광층의 중간 지점이다. 머리 위로 태양이 이글거리는 투명한 바다에서도 수심 300피트의 가시도는 수면에서 보는 것의 5퍼센트에 불과하다. 물은 변치 않는 회색빛 안개처럼 자욱하게 보인다. 인공조명이 없다면 어떤 방향으로든 시계視界가 50피트, 약 15미터를 넘지 않는다. 빛의 산란도 심하기 때문에 동서남북, 위아래 구분도 안 된다.

빛이 희박하다 보니 그곳에는 얕고 밝은 수심보다 생물도 적다. 이곳의 생물들은 바로 그 희박한 빛에 적응하지 않으면 안 된다. 어류는 더 잘 보기 위해 커다란 눈을 진화시켰고 상어는 먹잇감을 찾기 위해 전자기 감각들을 발달시켰다. 오징어, 미생물, 박테리아는 생물발광bioluminescence이라는 화학적 과정을 이용해서 스스로 빛을 내도록 진화했다.

이 깊이까지 내려가는 것은 어렵기도 하거니와 종종 위험이 따른다. 스쿠버다이버라면 혼합 가스를 호흡하면서 수심 300피트까지 내려갈 수 있지만, 그러기 위해서는 몇 년에 걸친 훈련을 받아야 할 뿐 아니라 장비 면에서 보더라도 거의 악몽 수준이다. 위험은 하강할 때보다 상승할 때 한층 더 커진다.(굳이 비교하자면 그렇다는 말이지 하강도 확실히 위험하긴 하다.) 스쿠버다이버가 수심 200피트에서 표준적인 압축 공기를 마시면서 한 시간 잠수하고 상승할 경우, 혈액에 축적된 질소 기체의 치명적인 농도를 낮추기 위해서는 10시간에 걸쳐 서서히 상승해야 한다. 압축 공기를 호흡하면서 곧바로 300피트를 상승했다가는 백발백중 목숨을 잃는다.

수심 300피트 잠수에 대해 단기간에 내가 취할 수 있는 가장 안전하고 확실한 방법은 윌리엄 트루브리지의 이야기를 들어보는 것이다. 수심 300피트를 수시로 드나드는 다이버이니까 말이다. 트루브리지를 포함하여, 맨몸 이외에 다른 어떤 장비도 이용하지 않고 이 깊은 물속에 들어가는 프리다이버들은 스쿠버다이버들보다 신체적으로 더 유리하다. 이들은 감압병을 걱정하지 않는다. 그들이 마시는 마지막 한 번의 호흡 안에 혈액을 부글거리게 할 만큼 질소가 많지 않다는 점으로는 그 이유를 다 설명할 수 없다. 물론 이 정도 양의 질소는 수면으로 올라오는 즉시 혈류 시스템에서 제거된다. 하지만 그것 말고도 프리다이버들이 믿는 또 다른 기능이 있다. 바로 마스터 스위치다.

2007년에서 2010년 사이에 트루브리지는 CNF와 FIM 종목에서 (거의 대부분 자신이 세운) 열네 개의 세계 신기록을 갈아치웠다. 현재 그는 핀 미착용과 핀 도움 프리다이빙에서 자타공인 세계 최고다. 따라서 수심 300피트 잠수에 관해서라면 세상 누구보다 풍부한 경험담을 들려줄 사람이다.

"프리다이빙은 육체와의 싸움 못지않게 치열한 정신과의 싸움입니다." 트루브리지의 말이다. 프린슬루에게 처음으로 프리다이빙 강습을 받은 이튿날 나는 트루브리지와 메시니안베이 호텔의 수영장 가장자리에 앉아 대화를 나누었다. 짧게 깎은 머리, 낡은 티셔츠에 스포츠용 선글라스를 낀 트루브리지는 겉보기에는 이곳에 모인 여느 프리다이버들과 다르지 않다. 그에게서는 소프트웨어 엔지니어들이 풍기는 과묵하면서도 괴짜 같은 분위기가 느껴졌다.

대다수의 다이빙 선수와 마찬가지로 트루브리지도 잠수할 때는 눈을 감는다. 눈을 뜨는 때는 가이드로프 끝에 매달린 플레이트에 닿는 순간뿐이다. 그게 다다. 두 눈을 감은 채 잠수함으로써 뇌가 시각 정보를 처리하는 데 에너지와 산소를 소비하지 않도록 예방해야 하기 때문이다.

그러한 연유에서 트루브리지는 수심 300피트 물속 세상이 어떤지 설명할 수는 없지만, 그 아래에 내려가는 게 어떤 '느낌'인지는 확실하게 묘사할 수 있다고 말했다. 트루브리지가 의자 깊숙이 등을 기대고서 심호흡을 한 후 이야기를 시작하자 내 위장은 또다시 뻣뻣해지기 시작했다.

수심 30피트 부근에서는 아직 공기가 가득 차 있는 폐의 부력이 몸을 수면으로 떠오르게 하기 때문에 헤엄쳐서 아래로 내려가야 한다. 이때 압력평형을 유지하려면 중이의 관으로 공기를 불어넣어야 하는데, 비행기가 고도를 획득할 때보다 훨씬 더 불쾌한 기분이 든다. 중이가 완벽하게 압력평형을 유지하지 못한 상태로 계속 잠수하면 고막에 심각한 손상을 입을 수 있다.

내려갔다 올라오기까지 아직도 570피트나 남았다.

30피트 지점을 통과하면 몸이 느끼는 압력은 두 배가 되고 폐가 쪼그라들기 시작한다. 갑자기 몸이 깃털처럼 가볍게 느껴지고 무중력 상태에 떠 있는 것 같은 기분이 드는데 이 상태를 일컬어 중성 부력이라고 한다. 이때부터 신기한 일이 벌어진다. 잠수를 하긴 하는데 이번에는 바다가 몸을 끌어당기기 시작한다. 스카이다이버처럼 두 팔을 가지런히 몸에 붙이고 편안한 자세로 있으면 자연스럽게 몸이 더 깊이 내려간다.

수심 100피트에서 압력은 네 배가 된다. 가까스로 수면이 보이긴 하지만, 수면에서부터 눈을 감았으니 어쨌든 보이지 않는다. 심해의 물이 단단히 몸을 조일 때를 대비해 피부는 차츰 차가워진다.

조금 더 내려가 수심 150피트가 되면 혈액 속의 이산화탄소와 질소의 농도가 높아지면서 뇌는 꿈꾸는 상태로 접어든다. 잠깐 동안 자신이 어디에 있는지 왜 거기 있는지 잊어버릴 수도 있다.

수심 250피트에서 압력은 폐를 주먹만 하게 오그라뜨릴 만큼 극도로 높아진다. 심장박동은 산소를 아끼기 위해 평상시의 절반 수준으로 느려진다. 기록된 바에 따르면 이 수심에서 프리다이버의 심장박동은 1분당 14회까지 떨어진다. 1분당 7회로 기록된 프리다이버들도 있다. 의료진이나 과학자들에 의해 객관적으로 확인된 기록은 아니지만, 기록이 정확하다면 이 프리다이버들은 의식이 있는 상태에서 인간이 유지할 수 있는 심장박동 수의 최저치를 보여준 셈이다. 생리학자들은 이처럼 느린 심장박동 상태에서 인간이 의식을 유지하기는 어렵다고 설명한다. 그러나 여전히 많은 프리다이버의 경험은 바닷속 깊은 곳에서 인간은 느린 심장박동으로도 의식을 잃지 않는다고 웅변하고 있다.

수심 300피트, 이제 진짜 마스터 스위치가 켜진다. 몸속 기관들과 혈관들의 벽이 압력 조절 밸브처럼 작동하면서 흉강胸腔으로 혈액과 물을 자유롭게 드나들게 만든다. 흉곽은 원래 크기의 반으로 오그라든다. 1996년에 개최된 무제한 잠수 대회에서 쿠바의 프리다이버 프란시스코 페레라스로드리게스는 자신의 목표 수심인 436피트까지 잠수했는데, 물 밖에서 50인치에 이르던 그의 흉곽 둘레는 20인치까지 줄어들었다.

수심 300피트에서는 질소에 의한 환각 효과[3]가 워낙 강력해서 주변을 아무리 둘러봐도 자신이 어디에 있고 무엇을 하는지 그리고 이 어두운 곳에 왜 왔는지조차 기억하지 못할 수 있다. 사실 이런 환각은 일상이다. 한 여성 다이버는 내게 말하기를, 아주 깊이 잠수한 동안 자신이 물속에 있다는 사실조차 잊었다고 한다. 그녀는 불현듯 자기 강아지가 걱정되기 시작했다. 자기가 어두컴컴한 공원에서 강아지를 찾고 있더라는 것이다. 수면으로 올라와서 질소의 환각 효과가 사라진 후에야 그녀는 자신이 강아지를 키우지 않는다는 사실이 떠올랐다고 한다.

질소의 환각 효과는 단지 뇌만이 아니라 몸 전체에 영향을 미친다. 운동 제어 기능이 상실되고, 주변의 모든 것이 느리게 움직이는 것처럼 보인다.

진짜 힘든 고비는 지금부터다. 잠수용 시계가 목표 수심에 도달했음을 알려주고 가이드로프 끝에 매달린 플레이트가 만져진다. 다이버는 눈을 뜨고 반쯤 마비된 손으로 플레이트에서 티켓을 잡아 뜯은 뒤 수면을 향해 상승을 시작한다. 몸을 짓누르는 물의 무게와 싸우면서 마지막 남은 에너지를 쥐어짜 수면을 향해 헤엄쳐야 한다. 만에 하나 여기서 집중력을 잃고 기침을 하거나 심지어 털끝만큼이라도 망설인다면, 의식을 잃을 수 있다. 어쨌든 망설이거나 지체하지 않는다고 가정하고, 빛을 향해 서둘러 헤엄쳐 올라온다고 생각하자.

수심 200피트, 150피트, 100피트, 점점 위로 올라오면서 마스터 스위치 효과도 서서히 줄어든다. 심장박동 수가 증가하고 흉강으로 흘러들던 혈액이 다시 정맥과 동맥 그리고 각 기관으로 흘러간다. 숨을 쉬고 싶은 견딜 수 없는 욕망으로 인해 폐는 찢어질 듯 아프다. 시야는 흐려지고 이산화탄소가 쌓이면서 가슴은 부들부들 떨린다. 서두르지 않으면 의식을 잃을 수 있다. 위쪽에 안개처럼 푸르스름하던 물이 점점 더 밝아진다. 이제 멀지 않았다. 폐 속의 공기는 급속히 팽창한다. 폐에서 산소를 끌어내 혈액으로 보내려고 필사적으로 발버둥 쳐보지만 이미 산소는 고갈되고 없다. 우리 몸은 글자 그대로 안으로 빨려 들어가기 시작한다. 이런 진공이 너무 격렬해도 의식을 잃는다. 의식을 잃은 상태로도 우리는 약 2분 동안 물속에 잠겨 있을 수 있다. 하지만 2분이 지나 몸이 본능적으로 호흡을 하는 순간, 죽음을 피할 수 없다. 만일 이때 구조되어 마지막 호흡 직전에 수면으로 운반된다면 소생할 가능성이 크다. 물론 구조되지 못하고 폐에 물이 가득 차면 그대로 익사한다. 블랙아웃의 95퍼센트는 마지막 15피트를 남겨둔 얕은 물에서 일어나는데, 대부분이 이런 진공의 결과다.

하지만 배운 대로만 하면, 그리고 수면에서 10피트 이내에 진입할 즈음 몸 안의 공기를 대부분 내쉬어야 한다는 걸 기억한다면, 이런 불상사는 일어나지 않는다.

잠수를 시작하고 대략 3분이 지나면 어쨌거나 물 밖으로 머리를 내밀 수 있다. 세상이 빙글빙글 돌고 사람들이 호흡하라고 외치는 소리가 들린다. 고글을 벗고 오케이 사인을 보낸 다음 한마디 한다. "괜찮아요."

가이드로프에서 물러서서 다음 선수를 위해 자리를 비켜주면 끝이다.

2009년까지 고정 웨이트Constant Weight, CWT 종목에서 수심 300피트 한계를 달성한 다이버는 세계를 통틀어 열 명뿐이다. 이 종목의 다이버는 0.9미터 너비의 플라스틱 모노핀이 부착된 합성고무 부츠를 착용하고 잠수한다. 그리스에서 개최된 월드 챔피언십 둘째 날에 열다섯 명의 선수들이 이 수심을 놓고 경쟁을 벌일 예정이었다.

영국의 다이버 데이비드 킹도 그중 한 명이다. 킹은 경기 전날 저녁에 102미터(약 335피트) 잠수를 시도하겠다고 발표해서 모든 이를 깜짝 놀라게 했다. 만일 성공하면 영국 내 기록을 경신할 수 있다. 킹의 팀원들의 전언에 따르면, 지난 1년간 킹은 80미터 이상 잠수한 적이 없었다. 프리다이빙 실력은 보통 미터 단위로 발전한다는 게 어제 이야기를 나눈 프리다이버들의 공통된 의견이었다. 한 번에 20미터 이상 기록을 경신하겠다는 것은 대담한 정도가 아니라 자살 시도나 다름없었다.

전날 불었던 폭풍 탓에 경기 당일 아침 메시니아만의 회색빛 바다는 짧고 둔탁하게 일렁였다. 비는 그쳤지만 여전히 구름이 하늘을 덮고 있었고 수면 아래의 가시거리는 40피트밖에 되지 않았다.

나는 프린슬루와 함께 조굴리스의 보트 뱃머리에 자리를 잡고 앉았다. 그녀는 친구인 세라 캠벨의 코치로서 경기를 관전하기로 했다. 세라 캠벨은 영국의 여성부 프리다이빙 챔피언으로 잠시 후에 세계 기록에 도전할 예정이었다. 한편, 내 바로 아래쪽 라인에서는 데이비드 킹이 다이빙에 앞서 마지막 숨고르기를 하고 있었다. 심판의 카운트다운이 시작되었다. 킹은 머리를 물속에 박고 거꾸로 선 채 모노핀을 낀 발로 힘차게 킥을 했다. 안개 속에서 자동차 불빛이 멀어지듯 잿빛 물 아래로 그의 실루엣이 희미해졌다. 10초 만에 킹은 사라졌다.

킹의 하강 수심을 알려주는 심판의 목소리가 들렸다. "50미터, 60미터, 70미터……"

"세상에! 날아서 내려가고 있네요!" 프린슬루가 말했다. 프리다이빙에서는 속력이 반드시 좋은 것은 아니라고, 프린슬루는 내게 상기시켜줬다. 하강 속도를 높이려면 더 많은 에너지를 태워야 하는데, 그러면 당연히 상승에 써야 할 산소도 더 빨리 줄어든다.

"80미터, 90미터……" 심판은 연달아 수심을 읽었다. 킹은 심판이 따라 읽기도 어려운 무서운 속력으로 하강하고 있었다. "터치다운." 심판이 선언했다. 드디어 킹이 상승을 시작했다.

"90미터, 80미터." 심판이 잠시 멈춘다. 킹은 하강할 때보다 절반 정도 느린 속력으로 올라오고 있었다. 바로 이것이 문제였다. 더 빨리 올라오지 않으면 산소가 완전히 바닥날 터였다.

"60미터…… 50미터…… 40미터." 심판이 수심을 읽는 시간 간격이 점점 더 길어졌다. 그러다가 수심을 읽는 심판의 목소리가 아예 멈추었다. 몇 초 후에도 심판은 같은 수심을 또다시 읽었다. "40미터." 침묵 속에서 10초가 지났다. 킹은 이미 2분 이상 물속에 머물고 있었다.

"40미터." 심판이 다시 똑같은 숫자를 읽었다. 킹은 완전히 멈춘 것처럼 보였다. 심판들, 구조 다이버들, 동료들 모두 짧고 빠르게 일렁이는 물만 바라보며 애간장을 태웠다.

"30미터."

킹이 움직였다. 하지만 너무 느렸다. 또다시 5초가 흘렀다. "30미터." 심판은 이번에도 같은 수심을 반복했다.

"어쩜 좋아." 프린슬루가 손으로 입을 막으며 말했다. 5초가 더 흘렀다. 음파탐지기를 노려보고 있는 심판에게서는 더 이상 숫자 읽는 소리가 나오지 않았다. 모두 물속을 뚫어져라 바라보았지만, 킹의 모습은커녕 수면에 파문도 일지 않았다.

"30미터." 침묵. "30미터."

"블랙아웃!" 구조 다이버가 소리쳤다. 킹은 건물 10층 높이 아래의 물속에서 의식을 잃었다. 구조 다이버들이 물속으로 고꾸라지듯 들어갔다.

"안전요원!" 심판이 외쳤다. 30초쯤 지나자 킹의 라인 부근에서 거품이 폭발하듯 솟구쳤다. 구조 다이버 두 명의 머리가 보였다. 두 사람 사이에 킹이 있었다. 얼굴은 새파랗게 질렸고 몸에는 움직임이 없었다. 목은 뻣뻣하게 굳어 있었다.

구조 다이버가 킹의 머리를 물 밖으로 밀어 올렸다. 뺨과 입, 턱이 피로 번들거렸다. "호흡! 호흡!" 구도 다이버들이 고함을 질렀지만 킹은 아무런 반응이 없었다. 킹의 턱에서 선명한 붉은 핏방울이 흘러 바다로 떨어졌다.

"안전요원! 안전요원!" 심판이 외쳤다. 한 다이버가 피투성이가 된 킹의 입에 자신의 입을 대고 바람을 불어넣었다. "심폐소생술 실시!" 심판이 소리쳤다. 킹의 코치 데이브 켄트가 킹의 귀에 대고 고함쳤다. "데이비드! 데이비드!"

반응이 없었다. 10초가 흘렀는데도 여전히 킹은 아무런 반응을 보이지 않았다. 누군가 산소를 가져오라고 소리쳤고, 어떤 이는 심폐소생술이라고 소리쳤다. 조굴리스는 거의 비명처럼 고함을 질렀다. "왜 아무도 의료진을 안 부른 거야? 헬리콥터를 불러!" 나나 프린슬루에게도 아니고 특별히 누구를 향해서도 아니지만 조굴리스는 다시 버럭 고함을 질렀다. "젠장, 이게 대체 뭔 짓이야?"

우리 뒤편의 1번 라인에서 또 한 명의 다이버가 잠수했다. 그리고 또 한 명이 수면으로 올라왔다. 블랙아웃이다. 구조 다이버들은 킹의 무기력한 몸을 선단으로 옮기고 산소마스크를 씌웠다. 여전히 킹은 반응하지 않았다. 목은 뻣뻣하게 굳었고 얼굴 근육은 어색한 미소를 지은 채로 굳어 있었다. 초점 없는 동공은 하늘을 향해 크게 열려 있었다.

킹은 사망했다. 보트 위에서 내려진 결론은 그랬다. 하지만 우리는 12미터가량 떨어져 있었고, 고함 소리만으로는 상황을 정확히 알 수 없었다. 선단 위에서는 여전히 안전요원이 킹의 얼굴을 때리고 고함을 치면서 그의 가슴을 펌프질하고 있었다.

"데이비드! 데이비드!"

선단 주변에서는 또 한 명의 다이버가 잠수했고, 또 한 명이 물 밖으로 고개를 쳐들었다. 경기는 계속 진행되고 있었다. 나는 보트 옆쪽으로 돌아가 반대편으로 눈길을 돌렸다. 체코 선수 한 명과 눈이 마주쳤다. 그는 눈을 감고 뭔지 모를 주문을 중얼거리면서 잠수할 준비를 했다.

바로 그때, 기적처럼 킹의 손가락이 움찔거렸다. 입술이 파르르 떨리더니 기어코 숨을 쉬기 시작했다. 안색도 돌아왔다. 킹은 눈을 떴다가 천천히 다시 감았다. 팔다리의 마비도 풀린 것 같았다. 깊은 숨을 몰아쉬면서 코치의 다리를 툭툭 쳤다. 마치 '괜찮아, 난 괜찮아'라고 말하려는 듯. 모터보트 한 대가 도착했고, 안전요원들이 조심스럽게 보트 뱃머리로 킹을 옮겼다.

킹을 실은 모터보트가 해안으로 출발할 즈음, 트루브리지가 첫 번째 라인에서 387피트 잠수를 시도했다. 그러나 트루브리지는 너무 일찍 올라와 수면 프로토콜을 인정받지 못했다. 다음 차례는 영국 선수 세라 캠벨이었다. 그녀는 자신의 세계 기록인 22미터를 찍자마자 돌아왔다. "더 이상 못 내려가겠어." 보트 위로 뛰어 올라오며 그녀가 말했다. 캠벨은 킹의 사고로 적잖이 충격을 받은 모양이었다. 2번 라인에서는 또 한 명의 선수가 의식을 잃었다. 그리고 3번 라인에서도 블랙아웃이다.

"맙소사! 갈수록 태산이라더니!" 캠벨의 말이 떨어지기 무섭게 서쪽에서 점점 더 거센 바람이 불어오기 시작했다. 삼각형 모양의 파도가 높이 일렁이고 머리 위로 돛이 펄럭거렸다. "도미노 게임도 아니고, 모든 게 차례차례 엉망진창이 되고 있잖아. 이건 내 평생 최악의 경기야." 캠벨의 불평에도 아랑곳없이 그 후로도 경기는 세 시간 동안이나 지속됐다.

그날 마지막 다이버는 프리다이빙 경기에 처음 출전하는 우크라이나 선수였다. 첫 출발인 그의 목표 수심은 40미터였다. 잠수하고, 수면으로 올라와 마스크를 벗고, 콧구멍에서는 피를 줄줄 흘리면서 수면 프로토콜을 완수했다. 잠수를 인정하는 의미로 그에게 흰색 카드가 수여되었다. 어쨌든 피는 상관없으니까.

그날 밤 호텔은 더러는 큰 소리로 웃고 더러는 고개를 절레절레 흔들면서 드라마 같은 사건들을 이야기하는 다이버들로 왁자했다. 그날 경기를 치른 아흔세 명의 다이버들 중에 열다섯 명이 100미터 잠수를 시도했다. 그중 두 명이 실격 처리되었고 세 명이 목표 수심에 미치지 못했으며 네 명이 의식을 잃었다. 실패율로 따지면 60퍼센트다. 킹은 병원으로 실려 갔다. 정확한지는 모르겠으나 들리는 소문에 의하면 킹은 압력으로 후두개가 찢어졌다고 한다. 선수들의 말을 빌면, 그 정도 부상은 심해잠수에서 늘 벌어지는 일이고 큰 부상도 아니란다.

그날의 사건들을 흔한 일로 치부하기에는 실제 선수들의 표정이 별로 심드렁해 보이지 않았다. "이런 건 처음이야." 그날 호텔 안뜰에서 선수들은 휘둥그레 눈을 굴리며 거듭 주장했다. 그들의 반응은 연습된 것처럼 보였다. 어쩌면 이런 일이 다반사로 일어나는데 여기에 모인 모두가 그걸 인정하고 싶지 않은 건지도 모른다. 누가 그날의 '심란한 사건들'을 머릿속에서 빨리 지우고 마지막 날 경기에서 더 깊이 잠수하느냐가 관건인 듯했다.

전혀 마음의 동요를 일으키지 않는 것처럼 보이는 사람이 한 명 있었다. 기욤 네리. 29세의 프랑스 다이버 네리는 어제 있었던 CWT 경기의 우승자였다. 거의 익사할 뻔했던 킹의 사고가 있고 이튿날 아침에 나는 프랑스 팀원들이 앉아 있는 테이블에서 기욤 네리를 만났다.

"어제 저는 그곳에 없었어요. 어떤 상황이었는지 잘 모릅니다." 강한 억양으로 그가 말했다. "하지만 제 생각에 정말 중대한 실수는 데이비드 킹만이 아니라 모든 프리다이버가 저지르고 있어요. 진짜 문제는 오로지 100미터라는 숫자에만 집착하느라 자신의 심리 상태나 자신이 정말 원하는 게 뭔지 신경 쓰지 않고 있다는 겁니다." 네리는 열네 살에 프리다이빙에 입문했고 2010년 「프리 폴Free Fall」이라는 영상으로 세계적 명성을 얻었다. 「프리 폴」은 바하마에서 네리가 건물 13층 높이의 수심까지 잠수하는 모습을 담은 짧은 영상이다. 이 영상이 유튜브에 공개된 후 지금까지 조회 수는 1300만 건이 넘는다.

"프리다이빙에서 성공의 열쇠는 인내라는 걸, 전 오래전에 터득했어요. 목표를 잊고 편안하게 물을 즐겨야 합니다." 네리는 5년 이상 블랙아웃을 한 번도 겪지 않고 안정적인 프리다이빙을 해왔노라고 말하면서 헝클어진 모래빛 머리카락을 손가락으로 쓸어 넘기며 미소를 지었다. "잠수를 시도하고 수면으로 올라오되 미소를 잃지 않는 것, 중요한 건 바로 그겁니다."

경기 마지막 날인 토요일, 이글거리는 태양, 바람 한 점 없는 날씨, 맑고 잔잔한 바다. 그야말로 완벽한 조건이었다. 이제 남은 종목은 FIM. 즉, 목표 수심까지 가이드로프를 잡고 내려가는 경기다. CWT보다 잠수 깊이는 좀더 얕지만 시간은 더 걸린다. 간혹 4분 이상 걸리는 경우도 있어서 보는 이로 하여금 오금이 저리게 만든다. 전날 밤에 다이버들은 경기 총감독인 스타브로스 카스트리나키스에게 질책을 들었다. 그는 선수들에게 "자신의 한계까지만 잠수하라"고 말했다. 하지만 목표 수심 발표를 듣자 하니 경기는 더 치열해질 것 같았다. 여전히 세계 신기록과 국가 신기록에 도전을 시도하는 선수가 많았다.

"2분." 다이버들에게 경기 준비를 알리는 심판의 목소리가 들렸다. 물 위에 떠 있는 첫 번째 선수를 그의 코치가 3번 라인으로 떠밀고 왔다.

맑은 물속으로 머리부터 집어넣고 가이드로프를 잡고 잠수를 시작했다. 터치다운, 상승. 여느 때처럼 심판은 선수가 지나는 수심을 읽었다.

"30미터, 20미터."

이번에도 어김없이 블랙아웃이었다. 구조 다이버들이 쏜살같이 내려갔고, 잠시 후 선수를 끄집어 내왔다. 역시 얼굴은 파랗고 입술은 열려 있었다. 나는 갑판 아래로 걸음을 옮겼다. 더 이상 경기를 지켜보고 싶지 않았다. 그런데 몇 초 후 그 선수가 머리를 세차게 흔들며 깨어나더니 웃으면서 자기 코치에게 미안하다고 말하는 것이 아닌가.

"봐요. 마냥 나쁘지만은 않잖아요." 내 뒤에서 프린슬루가 말했다. 그럴지도 모른다. 아니면 60피트 아래서 의식을 잃은 선수들을 끌어내는 광경에 어느새 내가 익숙해졌는지도 모른다. 어느 게 맞는지 모르지만, 어쨌든 나는 자리로 되돌아와 그다음 열두 명의 선수가 큰 사고 없이 잠수하는 장면들을 지켜봤다. 이어서 우승 후보 선수들의 경기가 펼쳐졌다. 폴란드에서 온 말리나 마테우시는 106미터 잠수에 성공해서 국가 기록을 깼다. 여성부 세계 챔피언인 러시아 선수 나탈리야 몰차노바가 88미터로 세계 신기록을 수립했다.(나탈리야 몰차노바는 2015년 8월 2일 스페인 이비사섬에서 다이빙 강습을 하던 중 실종되었다. 며칠에 걸쳐 일대를 수색했지만 안타깝게도 그녀의 시신을 찾지 못했다. 고인의 명복을 빈다.— 옮긴이) 안토니 코데르만은 105미터 잠수에 성공함으로써 슬로베니아 국가 신기록을 세웠다. 네리도 103미터 잠수로 프랑스 기록을 깼고, 트루브리지는 112미터를 거의 힘들이지 않고 성공했다. 한 시간 만에 일곱 개의 국가 신기록이 경신되었다. 모두가 잘 통제된 가운데 경기를 치렀다. 이런, 제길! 또다시 이 스포츠가 근사해 보이기 시작했다.

그때 갑자기 2번 라인에서 소동이 벌어졌다. 구조 다이버들이 체코 선수 미할 리시안을 놓친 것이다. 글자 그대로 선수가 사라졌다. 선수는 아무리 적게 잡아도 수심 200피트 아래에 있을 텐데, 음파탐지기조차 그의 형체를 잡지 못하고 있었다. 원인은 모르지만 가이드로프에서 멀리 떠내려간 게 분명했다.

"안전요원! 안전요원!" 심판이 소리쳤다. 구조 다이버들이 내려갔다가 1분 만에 올라왔지만 빈손이었다. "안전요원! 안전요원! 서둘러!" 또 30초가 흘렀다. 어디에도 리시안의 흔적은 없었다.

한편 1번 라인에서는 세라 캠벨이 잠수할 준비를 했다. 그녀 아래쪽에서, 2번 라인에서 잠수한 지 3분 30초 만에 리시안의 몸이 떠올랐다. 2번 라인에서 어림잡아 12미터 이상 떨어진 곳에서 나타난 것이다.

모두 어리둥절해졌다. 캠벨은 화들짝 놀라 옆으로 움찔 비켜섰다. 리시안은 고글을 잡아 뜯듯 벗어버리고는 말했다. "건드리지 마세요. 저 괜찮아요." 그러고는 자력으로 보트까지 헤엄쳐왔다. 내 옆에서 슈트를 훌러덩 벗더니 큰 소리로 웃으면서 리시안은 말했다. "야, 이거 완전히 소름 끼치네요."

이 상황을 설명할 가설은 하나다. 잠수하기 전에 코치는 여느 때처럼 리시안의 오른쪽 발목을 가이드로프에 묶었다. 그런데 리시안이 머리를 박고 수직으로 하강할 때 가이드로프에 부착한 벨크로가 헐렁해지면서 풀린 것이다. 구조 다이버가 물 위에 떠오른 벨크로를 보자마자 리시안을 찾기 위해 서둘러 내려갔지만 리시안은 이미 100피트 아래로 사라지고 없었다. 리시안이 수직으로 똑바로 내려가지 않은 것이 화근이었다. 가이드로프에서 45도나 벌어진 채로 비스듬히 하강한 것이다.

자칫하면 사망으로 이어질 수 있는 상황이었다. 수면에 떠 있던 리시안의 코치는 당황한 구조 다이버들의 표정을 살폈다. "구조 다이버들의 표정은 정말 못 잊을 거예요." 나중에 코치는 이렇게 말했다. "공포와 경악, 두려움, 슬픔이 뒤섞인 표정이었죠." 그러는 사이 리시안은 목숨이 위태로운 줄도 모르고 더 깊이 더 멀리 내려갔다. 수심 272피트에 이르렀을 때 잠수 시계가 울렸다. 눈을 뜨고 플레이트를 더듬어 찾았지만 플레이트는커녕 가이드로프도 보이지 않았다. "티켓도, 플레이트도 보이지 않았어요. 지푸라기 한 가닥 보이지 않더군요." 그는 말을 이었다. "완전히 길을 잃었던 겁니다. 심지어 고개를 돌려 위를 둘러봐도 온통 파란 물만 보였죠."

건물 27층 높이의 물속에서는, 아무리 맑은 물이라고 해도 사방이 똑같이 보인다. 보이는 것만 똑같은 게 아니라 느낌도 똑같다. 수압 때문에 위로 올라가는 건지 아래로 내려가는 건지, 심지어 옆으로 헤엄치는 건지도 구별할 수 없다.

잠깐 동안이지만 리시안은 패닉 상태에 빠졌다. 잠시 후 그는 패닉에 빠져봐야 죽음을 재촉할 뿐이란 걸 깨달았다. "한쪽 방향이 조금 더 밝게 보였어요. 아무래도 그쪽이 수면일 거라는 생각이 들더군요." 그의 판단은 틀렸다. 리시안은 수직 상승이 아니라 수평으로 헤엄치고 있었던 것이다. 불행 중 다행히 그는 헤엄을 치면서도 정신을 차리고 당황하지 말자고 스스로를 다독였고, 마침내 흰색 로프를 발견했다. "로프만 찾으면 살 수 있다고 생각했습니다." 리시안이 말했다.

수심 76미터 아래서 가이드로프를 찾을 확률은, 그것도 원래 하강할 때 잡았던 로프에서 제법 멀리 떨어진 또 다른 로프를 찾을 확률은 대강

짐작하건대, 룰렛 게임에서 '00'을 맞출 확률과 비슷할 것이다. 그것도 한 번이 아니라 두 번 연달아서! 그런데 어쨌든 로프가 있었다. 본래 자신이 잡았던 로프에서 12미터 남짓 떨어진 세라 캠벨의 가이드로프였지만 말이다. 리시안은 로프를 붙잡고 수면을 향했고, 기막히게도 익사하기 직전에 수면으로 올라왔다.

마지막 날 밤, 선수와 코치 그리고 심판들은 폐회식을 위해 해변에 모였다. 대형 무대 위에서는 백색 섬광등과 스포트라이트가 쏟아지고 DJ 부스에서는 유로팝이 터져 나왔다. 수백 명의 사람이 별이 총총한 밤하늘 아래서 춤을 추고 술을 마셨다. 무대 뒤편의 모닥불 근처에는 끝나는 날까지 잠시라도 바닷물에 몸을 적시지 않고는 못 배기는 사람들이 젖은 맨몸을 말리고 있었다.

우승자가 발표되었다. 종합하면, 선수들은 두 개의 세계 신기록을 깼고 마흔여덟 개의 국가 기록을 경신했다. 그리고 총 열아홉 명의 선수가 블랙아웃을 겪었다. 트루브리지는 CWT와 FIM 두 종목에서 금메달을 땄다.

"이번 대회의 진짜 우승자는 리시안이에요." 아내 브리타니와 나란히 앉아서 맥주를 홀짝거리며 트루브리지가 내게 말했다. 우리 뒤편 스크린에서는 20여 분마다 한 번씩 로프도 없이 잠수하고 있는 리시안의 오싹한 잠수 영상이 흘렀다. 수중 카메라에 녹화된 영상이다. 영상이 끝나자 군중의 환호가 이어졌다. (죽을 뻔한 잠수에서 살아 돌아온 후 새 삶을 시작한 날이라는 의미에서) '생일' 축하주를 마시던 리시안이 무대 위로 올라가 고개 숙여 환호에 답했다. 이틀 전 의식을 잃었다가 구사일생으로 살아난 데이비드 킹이 환하게 웃으면서 영국 팀원들과 함께 군중 사이를 비집고 걸어 나왔다. 겉모습만 보면 아주 건강해 보였다. 전형적인 프랑스인답게 차려입은 네리는 시가를 피우고 있었다.

"여기 모인 사람들에게는 강한 유대감이 있어요." 모닥불 가에서 칵테일을 마시면서 한리 프린슬루가 내게 말했다. "우리 모두가 그렇듯, 다이버들에겐 선택의 여지가 없어요. 물에 들어가지 않으면 안 되죠. 우린 물과 함께 살기를 선택했고, 또 그렇기 때문에 위험을 기꺼이 받아들입니다." 그녀는 칵테일을 한 모금 마셨다. 그리고 말했다.

"하지만 위험만 있는 건 아니에요. 얻는 것도 물론 있답니다."

-650

수심 650피트

그로부터 한 달 후, 좀 특별한 프리다이빙 현장을 목격할 기회가 생겼다. 소수의 프리랜서 연구자가 열흘 동안 식인 상어의 등지느러미에 추적용 수신기를 부착하고 연구를 진행할 계획인데, 바로 이 연구에 초대를 받은 것이다. 연구는 내가 평생 들어본 적도 없는 지구 반대편의 한 작은 섬 연안에서 진행될 예정이었다. 그곳에 가는 일부터가 내게는 고난의 시작이었다.

열다섯 시간. 샌프란시스코에서 시드니까지 날아가는 동안 나는 세 번의 식사를 했고, 작은 와인 네 병을 비웠으며, 일곱 편의 영화를 보았고, 화장실을 다섯 번 들락거렸다. 그리고 시드니 국제공항에서 네 시간을 (베이글을 한 개 먹고, 바닥에서 20분 낮잠을 자고, 캐슈넛 한 봉지를 비우고, 신문 가판대에서 『롤링 스톤』 지를 무려 45분 동안 읽으면서) 대기한 후에야 비로소 레위니옹의 수도 생드니행 비행기에 탑승할 수 있었다. 내가 탄 비행기는 운항 중 기기 고장으로 악명이 높은 구식 에어버스 A330이었는데, 페인트 상태로 보건대 1980년대 모델인 듯했다. 기내의 실내 장식도 허름하기 그지없었다. 의자들도 더러웠고 실내 짐칸 손잡이도 여기저기 긁힌 채 덜렁거렸다. 한때는 하얬던 색도 누렇게 바래 있었다. 승객은 정원의 20퍼센트 정도밖에 안 되었는데 그마저 대부분 연로한 커플들이었다. 나를 제외한 모든 사람이 프랑스어를 썼다. 이륙한 지 한 시간 만에 승객들은 빈 좌석에 벌러덩 드러누워 곤히 잠들었다. 와인을 마시고 영화를 몇 편 보고 기내식을 몇 번 먹는 사이 밤이 흩어지고 날이 밝았다.

열두 시간쯤 지나서야 좌석 벨트에 불이 들어왔다. 비행기가 서쪽으로 선회하는 사이 왼쪽 창 너머로 작은 섬 하나가 멀리서 모습을 드러냈다. 기장이 천천히 비행기를 하강시키자 딴 세상 같은 풍경이 펼쳐졌다. 물결 같은 흰 구름들 사이로 수 킬로미터 높이의 화산 봉우리들이 뾰족뾰족 솟아 있고, 푸른 물이 찰싹거리며 새하얀 해변을 때리고 있었다. 건물 40층 높이와 맞먹는 폭포들이 초록빛 밀림 바닥으로 곤두박질치며 물안개를 퍼뜨렸다. 컴퓨터로 합성한 영화 「쥬라기 공원: 잃어버린 세계」의 배경과 흡사한, '열대 밀림' 하면 딱 떠오르는 바로 그 풍경이었다. 하지만 이건 영화도 아니고 스크린세이버 사진도 아니다. 파리에서 6500킬로미터 정도 벗어나면 프랑스도 이처럼 이국적이고 원시적으로 보인다.(거리야 얼마가 됐건 레위니옹도 프랑스령이다.)

레위니옹은 프랑스 공화국의 최남단 오지일 뿐 아니라 유럽연합에서 가장 외각에 위치한 지역이다. 면적은 2507제곱킬로미터로 하와이 제도 빅아일랜드의 4분의 1에 불과하다. 이 작은 점 같은 섬은 호주에서도 서쪽으로 약 9000킬로미터, 마다가스카르 해안에서는 동쪽으로 약 650킬로미터가량 떨어져 있다. 프랑스가 이 섬에 발을 디딘 것은 1600년대였다. 부르봉섬이라고 불리던 이 섬은 그 후 수세기 동안 무역항이자 사탕수수 생산지로 이용되었다. 현재 레위니옹은, 쌀쌀하고 변덕스러운 날씨만 빼고 미국 본토의 모든 현대적 편의 시설을 갖춘 열대 휴양지 하와이처럼, 프랑스의 해외 영토 주다. 프랑스인들이 이곳을 찾는 이유도 똑같다. 은퇴 후 새로운 삶을 시작하기 위해, 신혼여행으로, 또는 긴 겨울 추위에 몸을 녹이기 위해서. 레위니옹이라는 이름이 세상에 널리 알려진 것은 1966년에 단 하루 동안 180센티미터의 폭우가 쏟아지면서 강우량으로 세계 기록을 세웠을 때였다. 1671년에 90명이었던 이 섬의 인구는 2008년에 8만 명을 넘었다. 비록 프랑스가 레위니옹을 자기네 섬이라고 주장하고는 있지만, 지금은 인도나 중국, 아프리카 등지에서 이주한 이민자가 다수를 차지한다. 대부분의 섬 주민은 서쪽 해안을 따라 예전에 식민지의 전초기지들이 있던 곳 주변에 모여 산다. 모든 마을 중앙에는 가톨릭교회가 있고, 알록달록한 지붕을 올린 저층 주택들이 해변에서 내륙으로 격자무늬로 퍼져 있다. 레위니옹에 서식했다고 (잘못) 전해지는 멸종한 새의 이름을 딴 지역 맥주 도도Dodo에서는 흐릿하게 비누 맛이 나는 것 같았다.

하지만 아프리카와 파리의 취향이 오묘하게 섞인 요리는 정말 기막히

다. 날씨는 사시사철 따뜻하고 매력적이다. 해변은 한적하고 깨끗하며 남태평양 여느 섬 못지않게 경관도 끝내준다. 한 가지 악명 높은 골칫거리만 아니라면 레위니옹은 그야말로 파라다이스다. 골칫거리는 다름 아닌 식인 상어의 위협이다.

최근 몇 년 동안 상어의 공격이 더 빈번해졌는데, 아직까지 그 원인이 무엇인지 밝혀지지 않았다. 2010년에 들어서면서 갑자기 난폭해진 황소상어들이 섬에서 가장 아름다운 해변과 리조트 근처에서 수영과 서핑을 즐기는 사람들을 물어뜯거나 죽이기 시작했다.

전 세계적으로 해마다 평균 여섯 명이 상어로 인해 목숨을 잃는데, 레위니옹에서는 석 달 동안 두 명이 목숨을 잃고 여섯 명이 부상을 당했다. 레위니옹 역사에서 이처럼 상어의 공격이 급격히 증가한 것은 이번이 처음이었고, 관광 산업으로 연명하던 섬의 경제는 거의 마비될 위기에 놓였다.

이런 상황을 특히 더 난처하게 여긴 이는 프리다이빙 월드 챔피언십이 열린 그리스에서 내가 만났던 사진작가이자 상어 보호 활동가인 프레드 뷜르였다. 뷜르는 내가 그리스에서 돌아온 지 일주일이 되었을 때 프리다이빙의 긍정적인 면, 그러니까 입에서 피를 흘릴 일도 익사 따위도 걱정할 필요 없는 일면에 대해 논의하고 싶다고 전화를 걸었다. 그는 상어연구에 프리다이빙이 얼마나 유익한지를 설명했다.

"프리다이빙, 그건 일종의 도구이기도 해요." 경쾌한 프랑스-벨기에 억양으로, 지지직거리는 전화선 너머에서 그가 말했다. 프리다이빙은 바닷속 동물들과 만나는 방법이며, 그의 바람대로라면 해양 동물들을 보호하는 데도 큰 도움이 된다는 것이다.

내가 처음 뷜르를 만난 것은 호텔 바에서 몇 명의 프리다이버와 함께 할 때였다. 직업이 뭐냐고 물으니 그는 선뜻 답하지 못했다. 그러더니 "프리다이빙도 하고, 사진도 좀 찍습니다"라고 말했다. 그날 밤 구글에서 그의 이름을 검색하고서야 그가 거의 전설적인 존재라는 걸 알았다. 프리다이빙 경기의 초창기 선수들 중 한 명이고 수중 사진작가로는 세계적으로 가장 인기 있는 작가로 꼽히는 사람이었던 것이다. 뷜르의 웹사이트는 그가 거대한 백상아리와 닿을락 말락한 거리에서 함께 잠수하는 사진들과 소용돌이를 그리며 유영하는 귀상어 떼 사이에서 헤엄치는 사진들 그리고 장완흉상어의 지느러미에 팔을 맞대고 있는 사진들로 가득했다.

뷜르가 레위니옹에 온 목적은 상어 도살을 멈추기 위해서다. 가장 최근에 일어난 상어의 공격에 분개한 지역 주민들은 섬 인근에서 황소상어들을 모조리 잡아 죽여 아예 씨를 말리려고 하고 있었다. 그랬다가는 레위니옹이 자랑하던 원시의 해양 생태계는 완전히 망가질 게 뻔했다.

뷜르는 레위니옹 출신의 엔지니어 파브리스 슈뇔러를 포함하여 자원한 해양 연구자들로 조직을 결성하여 섬 인근 바다에서 80피트까지 잠수할 계획을 세웠다. 그곳에서 황소상어의 등지느러미에 위성 추적이 가능한 조그만 장치를 직접 부착하기로 했다. 이 장치는 헤엄치는 패턴뿐 아니라 위치까지 추적해주기 때문에 상어들이 해안 가까이 나타났을 때 즉시 지역 주민에게 알릴 수 있다. 이를테면 사상 최초의 실시간 상어 위치 추적 시스템인 셈이다.

뷜르는 최근에 잇따라 벌어진 상어의 공격이 우발적인 사고라고 여기고 있다. 황소상어는 사람 고기를 그다지 좋아하지 않는다는 게 그가 든 이유였다. 황소상어들이 해안 가까이 출몰하는 데는 뭔가 다른 이유가 있다는 것이다. 뷜르의 팀이 이 녀석들의 움직임을 추적할 수 있다면 그 원인을 알아내 대책을 마련할 수 있을 뿐 아니라 상어들이 전멸할 위기를 모면할 수도 있을 것이다.

하지만 한편으로는 지역 주민들의 분노도 충분히 이해가 된다.

황소상어는 해양 포식자 중에서도 포악하고 난폭하기로 악명이 높다. 성체는 길이가 3.5미터를 훌쩍 넘고 몸무게도 220킬로그램이 넘는다. 고도로 진화한 신장을 갖고 있어서 담수와 염수를 가리지 않고 번성할 뿐 아니라 다양한 극한의 환경에서도 목격된다. 페루 안데스 산기슭까지 이어진 3200킬로미터가 넘는 아마존강 상류에서도, 호주 동부의 도시를 따라 불어난 강물에서도, 수심 650피트의 해저에서도 황소상어가 목격되었다. 녀석들은 물고기, 바다거북, 새, 돌고래, 게, 심지어 다른 황소상어까지 이것저것 가리지 않고 닥치는 대로 먹어치운다. 뱀상어와 백상아리 못지않게 황소상어도 인간을 공격한다는 비난에서 지구상의 다른 어떤 상어 종보다 자유롭지 못하다.

대부분의 상어와 마찬가지로 황소상어 역시 가시도가 매우 낮거나 심지어 아예 빛이 없는 깊은 물속에서 긴 시간을 보낸다. 황소상어에 대한 연구가 거의 불가능한 것도 이 때문이다. 잠수함, 로봇뿐 아니라 공기 공급이 원활한 다이빙 장비를 착용한 다이버들도 수심 650피트까지 내려갈 수는 있지만, 이런 장비들로는 충분한 속력을 내기 어렵고, 장비를 갖춘 다이버들도 황소상어를 쫓아가 위성 장치를 달거나 의미 있는 관찰을 할 만큼 빠르고 유연하게 헤엄칠 수 없다. 태양이 밝은 대낮의 투명하고 맑은 물속에서도 그 정도 수심에서— 약광층twilight zone 또는 중층표영대mesopelagic zone라 부르는 수심 650피트에서 3300피트까지의 수역에서— 빛의 양은 수면의 1퍼센트도 안 된다. 그런 수준의 빛으로는 광합성을 지원할 수도 없고, 결과적으로 먹이도 희박하다.

황소상어는 얕은 물에서 먹이를 사냥한 다음 깊은 물속으로 돌아가도록 적응했다. 대부분 상어 종이 그렇듯 이런 녀석들을 장기간에 걸쳐 연구할 방법은 수면 가까이 사냥하러 올라올 때를 기다려 추적 장치를 부착하고 심해에서의 이동을 모니터하는 방법뿐이다.

하지만 추적 장치를 부착한다는 게 말처럼 쉬운 일이 아니다. 스쿠버 다이빙을 하거나 보트를 타고 장치를 부착할 때는 위험하기도 하거니와 실패할 확률도 높다. 상어들이 예민해지면 멀리 도망가버리기도 하고 때로는 부착하는 과정에서 부상을 입기도 한다. 물론 때로는 녀석들이 사람을 물어뜯을 때도 있다.

뷜르는 레위니옹의 상어들에게 추적 장치를 부착하는 가장 안전하고 효과적인 방법은 프리다이빙으로 황소상어들이 있는 곳까지 내려가 녀석들을 직접 대면하는 것이라고 말한다. 하지만 그도 인정하다시피 이 방법도 결과를 보장할 수 없는 위험한 방법임은 분명하다.

뷜르는 내게 3주 후에 레위니옹에서 만나자고 했다.

중층표영대의 역사는 짧다.

1841년 영국의 박물학자 에드워드 포브스는 지중해와 에게해 연안의 깊은 바닷물에서 시료를 건져 올렸다. 빈 통이었다. 조개껍데기 하나, 해초 한 줄기, 물고기 한 마리 없었다. 생명이라고 할 만한 어떤 것도 없었다. 포브스는 수심 900피트 아래 물속은 암흑의 불모지라고 선언했다. 그리고 이 수심을 생물이 없다는 의미에서 무생물층azoic zone이라고 불렀다. 그 후 20년간 그의 선언은 반론의 여지가 없는 사실로 받아들여졌다.

그리고 시간이 흘러 1860년대에 이르렀을 때, 반골 기질을 지닌 노르웨이의 과학자 한 명이 포브스의 연구를 검증하기로 한다. 미카엘 사르스란 이 과학자는 노르웨이해 한가운데로 배를 타고 나가 수백 피트 아래로 그물과 통들을 떨어뜨리고 다시 감아 올렸다. 던지고 올리고, 또 던지고 올리고를 반복하던 끝에 그는 "생명이 없다"는 깊은 물속이 실제로는 생명으로 가득 차 있다는 사실을 발견했다. 불과 몇 년 동안 사르스는 이 불모의 지옥에서 400여 종이 넘는 동물 종을 발견했다. 게다가 그중 몇 종은 수심 2500피트 지점에서 서식하고 있었다. 가장 깜짝 놀랄 만한 발견은 바다나리 또는 갯나리라고 하는 종이었다. 기다란 대롱 같은 몸통에 깃털 모양의 촉수들이 여러 갈래로 뻗어 꽃을 닮은 이 동물은 약 1억 년 전 공룡들과 함께 번성했던 동물로 알려져 있었다.

과학자들도 이미 오래전에 멸종했다고 여긴 바다나리가 보트 위로 건져 올린 나무통 안에 버젓이 살아 있었던 것이다. 1000피트 아래 해저에선 바다나리가 여전히 번성하고 있는 게 분명했다. 사르스는 심해가 생명으로 북적거리는 세상일 뿐 아니라 우리 행성의 까마득한 과거와 현재를 연결해주는 고리라고 확신했다. 깊이 내려가면 내려갈수록 우리는 더 먼 과거에 닿을 수 있다. 육상의 생명들이 세찬 비바람과 지진, 홍수와 가뭄, 운석들과 빙하기에 시달리면서 끊임없이 흥망성쇠를 거듭하는 동안에도 심해의 세상은 고요하기만 했던 것처럼 보였다. 매일 변함없이 낮이면 희미한 푸른빛이 비추고 밤이면 칠흑 같은 어둠이 내려앉는다.

날씨도 결코 변하는 법이 없다. 심해는 글자 그대로 살아 있는 박물관이었다.

사르스의 발견 이후 10년 동안 과학자들은 심해에서 4700종 이상의 새로운 생물들을 찾아냈다. 해저 수심을 측정했고, 드넓은 평야와 솟구친 산맥들, 깊이가 8킬로미터나 되는 협곡들까지, 육지 못지않게 역동적인 해저의 지형을 지도로 그리기 시작했다.

바다 깊숙한 세상을 좀더 정확하게 보여주는 기술들이 속속 등장했지만, 그런 기술들은 아무리 잘 봐줘도 초보적인 수준을 벗어나지 못했다. 그것은 마치 육지의 생명을 조사한답시고 한밤중에 열기구를 타고 하늘로 올라가 잠자리채로 아래쪽을 휘젓는 모양새였다. 중층표영대 또는 '중심해'라는 적절한 이름까지 얻었지만 여전히 심해는 얼굴이 없는 채였다. 심해의 세상을 직접 본 사람도 없었거니와 그 아래 세상에서 정말 무슨 일이 벌어졌는지를 아는 사람도 없었다.

누군가 그곳을 사진으로 찍기까지는 그로부터 30년이 더 걸렸다. 그 주인공은 뉴욕 동물학회New York Zoological Society의 연구원이었던 윌리엄 비브였다. 비브는 공학에 대해 아는 바도 없었고 수백 피트 물속으로 곧추 내려갈 수 있는 장치를 본 적도 없었지만, 그렇다고 의지가 꺾일 사람도 아니었다. 비브는 (그리스어로 '깊은 바다 구체'를 뜻하는) 일명 잠수구bathysphere라는 장치를 설계하고 제작하여 버뮤다 해역의 넌서치섬 앞바다로 가져갔다. 1930년 6월, 마침내 비브는 최초의 유인 잠수정을 진수할 채비를 마쳤다.

기본적으로 그의 잠수구는 약 7.5센티미터 두께의 석영 유리로 된 세 개의 창과 윗부분에 무게가 약 180킬로그램이나 되는 해치가 달린 텅 빈

대형 포탄이었다. 잠수구 내부 공간은 한 사람이 엉덩이와 뒤꿈치가 닿을 만큼 무릎을 굽히고 자리하면 또 한 사람이 그 앞에 다리를 바짝 당겨 앉을 수 있는 정도였다. 잠수구는 요요처럼 지붕에 부착된 강철 케이블을 풀거나 감아 올려서 물속으로 내리거나 끌어올릴 수 있도록 설계되었다. 압축 공기통으로 산소를 공급하고 야자나무 잎처럼 생긴 팬을 이용해서 공기를 순환시켰다.

과정이 순탄하기만 했던 것은 아니다. 무인 시험 잠수에서는 지붕 케이블이 얽히고 꼬였다. 강한 해류를 만났을 때는 잠수구가 너무 격렬하게 흔들리는 바람에 그 안의 물건들이 사방으로 튕기기도 했다. 때로는 물이 새어 들어온 적도 있었다.

한번은 시험 잠수 후에 잠수구를 끌어올려 창문 안쪽을 들여다보니 물이 가득 차 있었다. 비브가 해치를 열려고 손잡이를 풀자 볼트 하나가 총알처럼 튕겨져 나와 갑판을 가로질러 30피트 떨어진 강철 부품에 1센티미터가 넘는 선명한 자국을 남겼다. 볼트가 빠져나간 구멍에서 똑같이 발사되듯 물줄기가 솟구쳤는데, 비브의 말을 그대로 옮기면 마치 "뜨거운 증기가 뿜어져 나오는 것 같았다". 극도로 깊은 수심에서 잠수구에 물이 들어찼고 수면으로 끌어올리는 동안 내부 압력이 높아진 게 분명했다. 위로 올라왔을 때 잠수구 내부 압력은 제곱인치당 1300파운드에 이르렀을 것이다. 느슨해진 볼트가 총알처럼 발사될 만도 했다. 만일 비브가 잠수구 안에 있었다면 잠수하는 동안 그의 몸은 곤죽이 되었을 것이다.

위험 따위에 질쏘냐! 1930년 6월 6일, 드디어 비브는 최초의 잠수를 시도할 결의에 차서 잠수구 안으로 기어들었다. 그의 곁에는 잠수구 설계와 제작에 큰 역할을 했고 특히 제작 비용의 대부분을 끌어모아준 하버드대의 공학자 오티스 바턴이 있었다. 윈치가 풀리고 잠수구가 첨벙 소리와 함께 물 위로 떨어졌다. 케이블이 풀리면서 비브와 바턴은 물속으로 사라졌다.

300피트 가까이 하강할 즈음 잠수구 내부로 물이 새어 들어오기 시작했다. 비브는 멈추지 않기로 결심했다. 수심 600피트, 전구 소켓에서 불꽃이 튀었다. 바턴이 전선을 눌러 끼우자 불꽃이 잦아들었다. 잠수구는 더 깊이 내려갔다.

비브와 바턴을 감싸고 있던 물은 공연 전 무대 조명이 서서히 꺼지듯 점점 더 어두워졌다. "유리창에 얼굴을 바싹 들이대고 위를 보았다. 간신히 열린 좁은 시야로 어렴풋하게 보이던 푸른빛이 점점 더 희미해지고 있었다." 나중에 비브가 쓴 글이다. "아래쪽을 응시하면서 나는 지옥의 검은 아가리처럼 보이는 그곳으로 더 깊이 내려가고 싶다는 오래된 열망을 또다시 느꼈다."

심해는 놀랍고 신기한 생물들, 낯선 물고기들과 젤리 같은 공 모양의 생물들을 비롯해 난생처음 보는 생명체들로 가득했다. 수심 700피트에 접근할 즈음 물은 비브의 생각과 달리 검은색이 아니라 아주 탁한 푸른색이었다. "지상에서라면 한밤중에 달빛 아래서도 황금색 태양빛과 눈에 띄지 않을 만큼 작은 진홍색 꽃들을 상상이라도 할 수 있다. 하지만 이곳에선 탐조등이 꺼지고 나면 노란색과 주황색 그리고 빨간색은 머릿속에서조차 자취를 감춰버린다. 사방을 가득 메운 푸른색에 압도되어 다른 색깔들은 생각할 수도 없다."

어쨌든 첫 번째 유인 잠수에서 수심 800피트가 넘는 곳까지 내려감으로써 비브와 바턴은 중층표영대의 깊고 푸른 세상에 처음 눈도장을 찍은 사람이 되었다.

그러나 잠수구 안에 갇힌 채 잠수하는 것은 여전히 절망스러울 만큼 고립된 경험일 수밖에 없었다. 비브와 바턴은 심해의 동물들을 흘끗 엿볼 수는 있었지만 강철 케이블에 매달린 신세였으니 물고기들을 따라갈 수도 없었고 상호작용은커녕 의미 있는 연구를 시도할 엄두도 내지 못했다. 그래도 가까스로 사진 몇 장을 찍을 수는 있었다. 이로써 두 사람은 어마어마하게 깊은 물속에도— 비브와 바턴이 끝내 도달한 수심은 3028피트, 그러니까 900미터가 조금 넘는다— 동물들이 실제로 존재한다는 사실을 증명했다. 하지만 그 이상의 사실들, 예컨대 이 요상한 물고기들이 어디서 와서 어디로 가는지, 무엇을 먹는지 또 특색 없는 이 깜깜한 물속에서 어떻게 방향을 알고 헤엄을 치는지에 대해서는 전혀 알 길이 없었다.

이런 상황이 달라진 것은 1940년대와 1950년대에 연구자들이 플라스틱 인식표로 해양 동물들을 추적하기 시작하면서부터다. 상어처럼 수직 이동을 하면서 사냥하고 주로 중층표영대에 오랜 시간 머무르는 동물들을 추적하거나 연구하기는 여전히 불가능했지만, 이따금씩 수면 가까이 사냥하러 올라올 때를 잘 포착하면 인식표를 달 수 있었다.

한 지역에서 인식표를 단 상어가 다른 지역에서 목격되면 과학자들은 상어들이 얼마나 먼 거리를 이동하고 또 어디를 향해 가는지 가늠할 수 있었다. 일부 연구자들은 상어를 잡아서 배를 갈라 인식표를 삽입한 다음 다시 꿰매고 풀어주기도 했다. 이렇게 삽입한 인식표는 파손되거나 떨어질 염려가 적어 수십 년 동안 보존될 수 있었다.(1949년에 상어에게 삽입한 인식표가 42년이나 지나서 발견된 적도 있다.) 미국에서 1950년대 말에 시작된 인식표 캠페인은 30년가량 지속되었고, 이를 통해 대서양 북서부에서만 서른세 종의 상어 10만6000마리에게 인식표가 삽입됐다.

1960년대에 이를 즈음에는 상어에게 송신기를 부착하기 시작했다. 상어들이 얼마나 빠르게 헤엄치는지, 어디로 얼마나 빨리 이동하고 또 얼마나 깊이 내려가는지 처음으로 실시간 데이터가 쌓이기 시작한 것이다.

결과는 놀라웠다. 그간 알려진 종의 거의 절반이 생애의 많은 시간을 차갑고 어두운 심해에서 보내고 있었다. 그 깊은 물속에서도 상어들은 수백 마리씩 떼 지어 보이지 않는 어떤 길을 따라 완벽하리만치 일사불란하게 수천 킬로미터를 이동했다. 그리고 다시 한 치의 오차도 없이 정확하게 똑같은 길을 따라서 원래 지점으로 되돌아왔다.

가장 맑다고 하는 열대의 바다에서도 수심 650피트 물속은 거의 암흑이다. 그곳에는 상어들이 방향을 가늠하는 데 도움이 될 만한 이정표는커녕 특별한 냄새도 소리도 없다. 그럼에도 상어들은 언제나 자기들이 어디에 있고 어디로 가야 하는지를 잘 알고 있는 것처럼 보였다. 인간에 빗대면, 눈 가리고 귀 막은 채로 캘리포니아의 베니스비치에서 뉴욕 시의 코니아일랜드까지 5000킬로미터를 걸어갔다가 다시 돌아오는 것과 같다. 그것도 한 번이 아니라 해마다!

해양학자들이 이 새로운 발견들에 어찌할 바 모르고 머리를 긁적이고 있을 즈음, 프리드리히 메르켈이라는 독일의 한 동물학자에게 유럽울새 European robin들이 특이한 행동을 한다는 소식이 전해진다. 메르켈의 동료들은 울새가 똑같은 방향을 향해 포르르 뛰어 오르는 모습을 목격했는데, 그 방향이 공교롭게도 원래 이동할 방향이었던 것이다. 유럽울새는 태양이나 하늘로부터 어떤 단서도 얻을 수 없는 밀폐된 공간에서도 계속 한 방향으로만 뛰어올랐다. 심지어 아무것도 보이지 않는 상황에서조차 자기들의 위치와 목적지를 감지하는 선천적인 감각을 지니기라도 한 것처럼 보였다.

1958년 메르켈은 울새들을 채집하여 한 번에 한 마리씩, 하늘과 별과 태양을 볼 수 없도록 커다란 통에 가두었다. 통 바닥에는 접촉을 감지하는 전기 패드를 깔아서 울새가 뛰어오르는 방향을 기록했다. 그렇게 몇 달에 걸쳐 메르켈은 울새들의 움직임을 관찰했다. 결과는 늘 같았다. 봄에는 북쪽을 향해, 가을에는 남쪽을 향해 뛰어올랐다. 다시 말해 울새들은 통상적인 계절별 이동 경로와 정확히 똑같은 방향으로 뛰어올랐던 것이다.

메르켈은 조건과 밀실의 크기를 달리하여 실험을 거듭했지만 결과는 딱 한 번의 예외를 빼고는 거의 동일했다. 그 한 번의 예외는 자성을 띤 밀실에 넣었을 때였는데, 울새들은 여기서 방향 감각을 상실했다.

나침반 (붉은색) 바늘이 자북磁北으로 향하는 것은 지구의 자기장, 즉 지구의 중심에서 대류하는 용융한 철에 의해 형성된 양전하와 음전하에 대한 반응이다. 메르켈과 그의 동료들이 보기에 이 실험들은 유럽울새가 방향을 감지하는 자기 센서를 지녔음을 입증하고도 남았다. 물론 다른 과학자들은 이들의 실험 데이터가 빈약하다면서 그 결과를 인정하려 들지 않았다. 새를 비롯한 동물들, 아니 어떤 생물이 됐든 시각과 청각, 촉각, 미각, 후각 같은 감각이 아닌 다른 감각을 이용해서 미묘한 자기장의 에너지를 감지해 스스로 방향을 결정할 수 있다는 개념은 대다수의 과학자가 받아들이기에 너무나 기묘했다.

그러나 메르켈은 옳았다.

그가 유럽울새 실험을 한 지 25년이 지나 세균들도 (자기수용감각magneto-reception이라는 이름으로 알려진) 자기 센서를 보유하고 있다는 사실이 입증되었고, 얼마 되지 않아 과학자들은 새들과 벌, 개미, 물고기와 상어를 포함한 다른 생물들도 이 능력을 이용한다는 증거를 무더기로 발견하게 된다.

그 후 30년 동안 인간의 자기수용능력을 확인하기 위한 실험들이 진행되었고, 그 일련의 실험들은 우리에게 여섯 번째 감각이 있을지도 모른다는 암시를 주었다. 하지만 이를 증명하기 위해서는 인간의 몸 안에서 이 감각이 정확히 어떻게 작동하는지를 알아내야 했고, 그러려면 감각수용기sensory receptor를 찾는 게 급선무였다. 2012년 마침내 과학자들은 그 후보로 짐작될 만한 것을 발견했다.

프레드 뷜르가 작살총과 다이빙 장비를 가득 실은 카트를 밀고 레위니옹의 수도 생드니의 롤랑 가로스 국제공항 보안 문을 걸어 나왔다. 그의 머리 위로는 박쥐 떼와 무리에서 이탈한 듯 보이는 작고 검은 새들이 숫자 '8' 모양을 그리며 느긋하게 날고 있었다. 끈적끈적거리고 축축한 열대의 공기에는 박쥐와 새의 배설물에서 나는 암모니아 냄새가 뒤섞여 있었다.

한 무리의 기자가 출입구 앞에서 장사진을 치고 있었고 여기저기서 카메라들이 돌아가고 있었다. 이미 지난 며칠 동안 지역 언론들은 뷜르를 '상어 밀고자'로 소개하면서 호들갑을 떤 터였다. 몸에 착 붙은 검은색 티셔츠에 말끔하게 밀어버린 머리, 운동으로 다져진 근육질 몸매, 미스터 클린(미국의 청소용품 브랜드로, 포장 라벨에 흰색 티셔츠를 입고 머리를 빡빡 민 근육질 남성이 팔짱을 끼고 있다 — 옮긴이)을 연상시키는 빌르는 기자들이 나와 있는 게 영 못마땅한 눈치였다. 예의상 기자들과 프랑스어로 몇 마디 주고받은 빌르는 출입문을 열고 나와 파브리스 슈뇔러의 은색 픽업트럭으로 빠르게 걸음을 옮겼다. "빌어먹을!" 그는 낭랑하면서도 단조로운 목소리로 한마디 내뱉으며 트럭 뒷좌석에 올라탔다. "영웅이 어디 있다고 저렇게 호들갑을 떠는지 모르겠네요. 서두른다고 될 일도 아니고, 이제 겨우 시작일 뿐인데 말입니다."

그날 저녁 나는 빌르, 슈뇔러와 함께 내 작은 렌터카를 타고 자갈이 깔린 좁은 미로와 검댕투성이의 식민지 시대 건물들 사이를 비집고 달려, 더할 나위 없이 보기 좋게 출렁이는 파도가 내려다보이는 한 레스토랑에 도착했다. 해 저무는 열대의 섬, 유리처럼 투명한 바다에 고고하게 출렁이는 파도, 그런데 서핑을 하는 사람이 한 사람도 없다니! 어쩐지 으스스한 기분이 든다. 사실 해변에도 사람은 그림자조차 보이지 않았다.

"지금 해변에 나가는 건 불법이에요. 물속에 들어가 헤엄이라도 쳤다가는 당장 교도소행입니다." 테라스의 한 테이블에 앉으면서 슈뇔러가 말한다. 슈뇔러는 대로 아래쪽에서 잡화상을 운영했지만, 5년 전에 잠수하여 향유고래와 영적인 교감을 나눈 후에는 아예 가게를 팔아버렸다. 지금 그는 돌고래와 고래의 의사소통 연구에 중점을 둔 비영리 단체 (고래와 돌고래의 지역별 데이터베이스Database Regional for Whales and Dolphins의 약칭인) 데어윈Dare-Win을 운영하고 있다. 짧고 부스스한 회색 머리에 펑퍼짐하고 알록달록한 반바지 차림, 말보다 요란스러운 몸짓이 앞서는 슈뵐러는 '뷜르교教'를 추종하는 수도승 같다.

슈뵐러는 맥주를 주문하고서 의자 깊숙이 몸을 기댔다. 그는 요즘 여행사들이 가급적 레위니옹에 가지 말라고 여행객들에게 주의를 준다는 사실을 언급했다. 물론 위험하기 때문이다. "책임을 지고 싶지 않은 겁니다. 정부도 [주민들이] 해변에 나가는 걸 금지한 상태예요. 절단 수술이나 재활 치료에 비용을 대기 싫은 거죠." 슈뵐러가 한숨을 내쉬면서 말을 이었다. "지역 정부마저 상어들에게 겁먹고 있는 겁니다."

2011년 9월에 한 서퍼가 상어에게 다리를 물리는 사고가 발생했다. 일주일 후에는 상어 한 마리가 카약을 덮치는 사고도 있었다. 뱃머리 아래쪽에서 치받는 바람에 카약은 가라앉았고, 카약을 몰던 사람은 근처를 지나던 보트에 의해 가까스로 구조되어 목숨을 건졌다. 여러 사람이 한꺼번에 그를 끌어올렸지만, 보디보딩body-boarding(타원형의 소형 보드에 엎드린 채 파도를 타는 경기) 챔피언 전력까지 있던 서른두 살의 보디보더는 30초도 안 되는 시간에 이미 몸을 반이나 물어뜯기고 말았다. 잘려나간 신체 일부는 해변으로 밀려 올라왔다. 두 달 후에는 작살 낚시를 하던 사람이 가슴 정도 깊이의 물속을 걷다가 엉덩이를 물리기도 했다.

"미치고 환장할 노릇이죠." 뷜르가 말을 이었다. "상어는 사람 고기를 좋아하지 않아요. 그래서 더 이상한 겁니다. 뭔가가 녀석들을 몹시 화나게 한 것 같아요. 그게 아니고서야 녀석들이 이렇게까지 해변 가까이 올리가 없어요. 대체 뭣 때문에 화가 났을까요?"

슈뵐러는 펜을 꺼내더니 냅킨 뒷면에 그림을 그렸다. "이걸로 상어를 찾을 겁니다." 슈뵐러는 동그라미 몇 개로 둘러싸인 상자 모양의 장치를 가리키면서 설명했다. 냅킨에 그린 상자는 그가 고안한 일명 샤크프렌들리SharkFriendly라고 하는 상어 추적 장치다. 슈뇔러가 벨르를 처음 만난 것은 6개월 전 파리에서 열린 수중 영상 페스티벌에서였다. 두 사람은 레위니옹의 상어 추적 프로젝트에 힘을 합칠 방도를 모색했다. 최근 상어의 공격이 빈번해졌다는 소식을 듣자마자 슈뇔러는 샤크프렌들리의 초안을 잡았고, 지금까지 벨르와 세부적인 부분들을 작업해왔다.

샤크프렌들리는 상어의 실시간 위치를 추적하는 일종의 음향 시스템이다. 보통의 추적 시스템은 인공위성 기술을 이용한다. 초소형 컴퓨터가 삽입된 담배 한 개비만 한 금속 튜브를 상어에게 부착하는데, 이 튜브는 6개월에서 9개월이 지나면 떨어져 나와 수면으로 떠오른다. 그러고 나면 위성으로 데이터를 전송하는 식이다. 정확성 면에서는 뛰어나지만, 위성 추적 장치는 과거의 위치만을 보여줄 수 있다. 작년에, 전달에, 전주에 상어가 무슨 행동을 했는지는 알려주지만 바로 지금 상어가 무얼 하고 있는지는 알려주지 못한다. "정말 믿기지 않을 만큼 많은 정보를 제공합니다만, 죄다 지나간 역사인 셈이죠." 기존의 추적 시스템들을 슈뇔러는 이 한마디로 일축했다. 그의 말마따나, 레위니옹의 서퍼들과 바닷가 행락객들은 살인마 상어가 지금 어디에 있는지를 알고 싶지, 어제 어디에 있었는가에 대해서는 관심이 없다.

샤크프렌들리는 음향, 송신 장치, 위성 체계가 조합된 시스템이다. 슈뇔러는 또다시 냅킨에 최근 상어 공격이 집중됐던 부캉카노의 해안선과 함께 샤크프렌들리 시스템의 구체적 특징들을 그림으로 그리기 시작했다. 추적 장치가 부착된 상어가 해변에서 152미터 이내로 접근하면 해안에 설치해놓은 송신 장치가 추적 장치의 고주파 신호를 인식하고 위성으로 경계 신호를 전송한다. 위성이 이 신호를 컴퓨터 서버로 전송하면서버는 자동 업데이트되면서 웹사이트와 모바일앱을 통해 사람들에게 상어가 가까이 있음을 알려준다.

슈뇔러는 지금까지 이런 시스템을 만들려고 시도한 사람이 없었다고 말했다. 물론 슈뇔러와 뵐르에게 이 일을 하도록 돈을 대는 사람도 없다. 슈뇔러는 냅킨을 구겨서 빈 접시 위에 던졌다. "하지만 우리까지 손 놓고 우두커니 앉아 있을 수만은 없지 않겠어요?"

사흘 뒤에 슈뇔러와 나는 라포세시옹 항구로 나왔다. 상어들에게 추적 장치를 부착하는 작업도 오늘로 세 번째다. 지난 이틀 동안 우리는 허탕만 쳤다. 뵐르는 몇 시간 동안 잠수를 거듭했지만 황소상어는 그림자도 보지 못했다. 이번에는 두 달 전 보디보더가 사고를 당한 부캉카노에서 그리 멀지 않은 해양 보호구역에서 작업을 할 예정이다. 이 구역에서 잠수하는 것은 불법이지만 슈뇔러와 뵐르는 상어를 만날 수만 있다면 체포나 부상의 위험은 기꺼이 감수할 준비가 되어 있다. 게다가 두 사람에게는 든든한 지원군도 있다.

우리 모터보트 옆쪽 부두에 대기 중인 마르쿠스 픽스가 그 지원군이다. 마흔네 살의 독일인 픽스는 컴퓨터 프로그래머로서 샤크프렌들리 프로젝트를 위한 비장의 기술 마법사다. "Science: It Works, Bitches"(2013년 옥스퍼드 셸도니언 극장에서 있었던 인터뷰에서 진화생물학자 리처드 도킨스가 과학에 대한 신념을 묻는 한 청중의 질문에 "과학은 잘 돌아간다, 이 멍청이들아!"라고 대답하면서 웃음과 갈채를 받았다. 그 뒤로 이 문구는 과학 옹호자들의 상징적인 유행어가 되었다 — 옮긴이)라는 문구가 새겨진 티셔츠를 입고 있는 픽스는 수중 방송 시스템을 개발했는데, 이번 작업에서는 상처 입은 물고기가 내는 소리를 물속에서 멀리 퍼뜨려줄 것이다. 슈뇔러의 설명에 의하면, 상어는 기회주의자라서 이 쉬운 먹잇감을 결코 그냥 지나치지 않을 것이다. 부상을 당한 물고기의 소리보다 상어들을 더 군침 돌게 할 소리는 없다.

픽스 옆에는 호리호리한 체격에 머리가 희끗희끗하고 잘생긴 앵커 기가조가 있었다. 레위니옹에서 최고의 프리다이버로도 인정받고 있는 가조는 물속에서 5분 이상 숨을 참을 수 있다. 가조의 나이가 일흔네 살이라는 슈뇔러의 말에 나는 눈이 휘둥그레졌다. 아무리 봐도 50대로밖에 보이지 않았다. 내가 "헬로"라고 인사하자 가조는 "봉주르"라고 화답했다. 나중에 알았지만, 가조는 영어를 쓰지 않는다고 한다. 그가 다섯 살이던 1942년에 툴롱에서 영국군이 프랑스 해군을 폭격한 일에 아직도 화가 가시지 않았기 때문이란다.

가조 옆에 있던 윌리엄 윈램은 캐나다 출신의 프리다이버로 뷜르와는 오랜 친구다. 지난해에 윈램은 가이드로프를 이용한 다이빙에서 건물 32층 높이의 수심까지 잠수하는 데 성공하면서 국가 기록을 세웠다. 올해로 예순세 살인 윈램은 골격이 워낙 커서 그런지 실제 키에 비해 덩치가 훨씬 더 커 보였다. 그가 내민 손을 잡는데 마치 핫도그 몇 개를 한꺼번에 쥔 것 같았다. 우리는 그와 악수를 나누자마자 곧바로 보트에 올라탔다.

우리는 상어 출몰 지역인 라포세시옹을 향해 항구를 출발했다. 낮게 지은 주택들, 아름다운 모래 해변, 가지를 늘어뜨린 나무들, 내륙 쪽에 거대한 산맥이 버티고 있는 라포세시옹은 실로 기막힌 경치를 자랑한다. 3000미터가 넘는 산들이 장장 16킬로미터에 걸쳐 뻗어 있는 이 산맥은 마파트 협곡이라고도 알려져 있는데, 나머지 지형들에 비해 너무 육중해서 오히려 어색해 보일 지경이다.

해안에서 1킬로미터쯤 벗어났을 때 슈뇔러는 보트를 세웠다. 뷜르와 가조는 네오프렌 장갑을 끼고 부츠를 신고 투피스로 된 잠수복을 입었다. 그리고 고글과 작살총을 집어 들자마자 수정처럼 맑은 물속으로 뛰어들었다. 나는 수면에서 두 사람이 한 번에 몇 분씩 잠수했다가 작살 끝에 퍼덕이는 물고기를 달고 올라오는 모습을 지켜보았다. 뒤쪽 갑판에 앉아서 눈을 가늘게 뜨고 눈부신 아침 해를 바라보던 윈램도 천천히 잠수복을 입었다. 뷜르와 가조를 따라 잠수할 거냐고 내가 물었다.

"옙!" 그가 말했다. "그 전에 볼일부터 보고요."

물에 몸을 담근 윈램은 공기를 몇 모금 크게 들이켜고는 80피트 아래의 바다 바닥까지 킥을 하며 내려갔다. 그곳에서 잠수복을 내리고 볼일을 본 윈램이 다시 수면으로 킥을 해 올라왔다. 수심 40피트를 지나면 부력이 거꾸로 작용하기 때문에 윈램의 배설물은 수면으로 떠오르지 않고 바닥에 그대로 있을 것이다.

그러는 사이 보트로 돌아온 뷜르와 가조는 갑판에 앉아서 금방 잡은 길이가 30센티미터쯤 되는 타폰(대서양 열대 지방에서 나는 청어의 일종)의 머리를 갈랐다. 그러고는 슈뇔러가 길가에 버려진 세탁기에서 떼어낸 철망 통에 내장을 담는다. 내장이 담긴 이 철망 통이 수십 미터 밖에 있는 상어들에게 물고기 피 냄새를 퍼뜨려줄 것이다.

두 사람이 미끼를 만드느라 분주한 동안 슈뇔러와 픽스는 수중 음향 시스템을 준비했다. 슈뇔러의 설명에 따르면, 상어들은 청각이 예민하기 때문에 250여 미터 떨어진 곳에서도 해류를 정확히 짚어내 먹이를 향해 곧장 달려올 수 있다.

"1966년에 녹음한 건데—내가 찾아낸 유일한 녹음 기록도 이것이었다—들어보세요." 이렇게 말하면서 슈뉠러는 픽스가 제작한 플라스틱 상자 안에 있는 카스테레오의 플레이 버튼을 눌렀다. 상처 입은 붉은가라지의 비명이 스피커에서 터져나왔다. 플라스틱 물병을 우그러뜨리는 소리 같기도 했다. 슈뉠러는 어떤 호주 사람이 상어들이 AC/DC의 음악을 좋아한다는 사실을 증명한 적이 있다고 말했다. 상어들이 특히 「You Shook Me All Night Long」이라는 곡을 좋아한다나.

"실제로 상어들이 듣는 소리는 무작위로 울리는 저주파 소리죠. AC/DC 노래에는 그런 소리가 아주 많아요." 조금 있으면 슈뉠러와 픽스가 독일의 하드코어 메탈 밴드인 람슈타인의 곡들을 물속에 울리게 해서 이를 시험해볼 것이다. "장발의 상어들이 헤드뱅잉을 하겠죠." 슈뉠러가 우스갯소리를 했다.

피비린내가 번지고 붉은가라지의 비명이 울려 퍼지는 가운데 뷜르는 음향 표지를 작살총 끝에 고정시키고 잠수할 준비를 했다.

"제임스, 들어와요. 물이 참 좋아요." 보트 아래에서 뷜르가 나를 불렀다. 오전 9시, 보트 위로 내리쬐는 태양은 진작부터 뜨거워지고 있었다. 잠깐 물에 들어가는 것쯤이야 괜찮겠지. 그러고 보니 레위니옹에 온 지 닷새가 되도록 나는 바닷물에 발가락 한 번 적시지 않았다. 나는 수영복을 꿰어 입고 물이 튀지 않게 살금살금 물에 들어갔다.

고글 너머 멀리서 가조가 안개처럼 퍼지는 물고기 피에 둘러싸인 채 한 손에 작살총을 들고 천천히 잠수하는 모습이 보였다. 뷜르가 빠르게 발을 차며 그의 뒤를 따랐다. 부력이 사라지는 지점에 이르자 뷜르는 두 팔을 가지런히 몸통에 붙이고 활강하듯 아래로 내려갔다. 몇 번을 봐도 볼 때마다 놀랍고 소름끼친다.

옆을 보니 윈램이 수면 아래로 고개를 수그리고 물속을 주시하면서 수영할 줄 모르는 사람처럼 팔다리를 첨벙거리고 있었다. 처음에는 그가 왜 팔다리로 물을 첨벙거리면서 천천히 빙글빙글 도는지 이유를 몰랐다. 1분쯤 지나서야 나는 윈램이 일부러 다친 물개처럼 버둥거리면서 상어들의 주의를 끌고 있다는 사실을 깨달았다. 그리고 그제야 나도 몇 분 동안 윈램과 똑같이 버둥거리고 있었다는 걸 알아차렸다. 순간 한밤중에 우범 지역에서 현금인출기 앞에 서 있는 것 같은 기분이 들었다. 나는 모터보트로 허겁지겁 헤엄쳐 돌아와서 갑판 위로 기어 올라가 차양 그늘 아래 원래 내가 있어야 할 자리에 앉았다.

"좋아, 상어다!" 몇 분 후 수면으로 올라온 뷜르가 말했다. 그는 가조와 윈램에게 바짝 뒤쫓아 내려오라고 일렀다. 픽스는 카스테레오의 볼륨을 높였다. 슈뇔러와 나는 보트 측면을 넘겨다봤지만 아무것도 보이지 않았다. 다이버들이 너무 멀리 있었다. 1분이 흘렀다. 바다 표면은 여전히 고요하고 매끄러웠다. 뷜르가 수면 위로 불쑥 고개를 내밀더니 숨을 한 번 들이마시고 다시 발을 차며 잠수했다. 슈뇔러에게 일이 어떻게 돼 가는 거냐고 물었지만 그냥 어깨를 한번 으쓱하고는 고개를 저었다.

마침내 모든 다이버가 올라왔다. 뷜르가 들고 있던 작살총 끝에는 여전히 음향 추적기가 달려 있었다. 보트로 돌아온 뷜르는 상어들이 소란한 낌새를 채고 다 도망 가버렸다고 설명했다. 뷜르와 가조, 윈램은 그렇게 몇 시간 동안 잠수를 시도했지만 상어 그림자도 보지 못했다. 오후 세 시쯤, 슈뇔러는 보트의 시동을 켰고 우리는 곧장 항구로 향했다.

"상어들 신경이 상당히 예민해져 있어요." 항구로 돌아오는 길에 엔진 반대편에서 뷜르가 큰 소리로 말했다. "참 이상한 일이에요. 피지나 멕시코, 필리핀에서는 잠수할 때마다 어디서나 상어를 만나곤 하죠. 상어들이 없는 게 더 이상할 정도예요. 그런데 이곳 상어들은 좀 다릅니다." 뷜르는 깊은 한숨을 토해냈다. "우선 이 문제부터 해결해야 할 것 같아요."

이튿날도 상어들이 눈치를 채는 바람에 추적 장치를 한 대도 달지 못하고 허탕을 친 뒤, 나는 부캉카노에서 800미터쯤 떨어진 곳에 뷜르가 임대한 낡은 아파트 현관문을 두드렸다. 티셔츠와 반바지 차림에 맨발로 나를 맞은 뷜르는 카메라, 전기선, 컴퓨터가 어질러져 있는 작은 책상 앞으로 나를 데려갔다. 뷜르의 노트북 화면에는 그가 귀상어, 장완흉상어, 그 밖에 이름을 알 수 없는 다른 상어들과 헤엄치고 있는 사진들이 가득했다.

"상어들과 함께 물속에 있을 때가 전 정말 행복해요." 어린아이처럼 환하게 웃으면서 뷜르가 말했다. 그는 노트북에 동영상을 하나 띄웠다. 잿빛 안개가 낀 것 같은 깊은 물속에서 한 다이버가 스테이션왜건만 한 상어에게 천천히 다가간다. 물론 그 다이버는 뷜르다. 그리고 그 상어는 길이 4.5미터에 무게가 1800킬로그램이나 되는 백상아리다. 갑자기 위가 거꾸로 뒤집히는 기분이 들었다. 뷜르에게 사서 고생하는 것처럼 보인다고 말했다.

"아드레날린 중독자처럼 보이나요?" 뷜르는 철제 물병에 든 물을 홀짝이며 특유의 수도승 같은 표정으로 내게 되물었다. "스카이다이빙이나 자전거 점프, 전 이런 묘기들을 혐오해요." 뷜르는 말을 이었다. "상어와 함께하는 프리다이빙은 아드레날린 스포츠와는 정반대죠. 아주 침착해야 하고 균형을 유지해야 해요. 무엇보다 자기 자신에 대해 잘 알아야 합니다. 긴장을 풀되 스스로를 잘 통제하지 않으면 할 수 없어요."

뷜르는 모래 해변과 풀밭이 60여 킬로미터 넘게 뻗어 있는 벨기에의 어촌 마을에서 태어나 아버지가 손수 지은 집에서 자랐다. 그의 증조부는 1920년대 벨기에 국왕의 공식 사진사였다. 성공한 패션·광고 사진작가였던 뷜르의 아버지는 마흔다섯 살에 사업을 접고 폴크스바겐 한 대를 몰고 유럽으로 여행을 떠났다가 20대의 여성(뷜르의 어머니)을 만나 결혼하고, 다시 벨기에로 돌아와 집 뒷마당에서 보트 조선업을 시작했다. 뷜르는 어린 시절 내내 아버지가 만든 보트들을 장난감 삼아 놀았고 북해의 잿빛 바다에서 아버지와 보트를 타며 많은 시간을 보냈다. 가족과 함께 이국적인 열대 지방을 여행하는 일도 잦았다. 일곱 살 때는 스노클링에, 열 살에는 작살 낚시에, 그리고 열세 살에는 상어들과 헤엄치는 데 푹 빠져 있었다.

"공격성 같은 건 느껴본 적이 없어요." 뷜르는 기억을 더듬으며 말을 이었다. "상어들과 잠수하는 걸 참 좋아했습니다." 열네 살 무렵에 뷜르는 아버지와 함께 프리다이빙을 시작했다. 그때는 프리다이빙이 뭔지도 몰랐고 어떻게 배워야 하는지도 몰랐다고 한다. "아버지와 전 모든 걸 독학해야 했죠. 그야말로 모험이었어요."

1988년 프리다이버 자크 마욜과 엔초 마이오르카의 실화에 바탕을 둔 영화 「그랑 블루」의 개봉과 함께 유럽에서 프리다이빙 인구가 급격히 증가했다. 당시 열여섯 살이었던 뷜르에게 그 영화는 자신의 프리다이빙 방식을 확인해준 영상에 불과했다. "제가 보기에 그 영화는 그냥 아버지와 내가 이미 하고 있던 것을 기록한 영상 같았어요!"

빌르가 수심 100피트까지 잠수하는 데는 4년이 걸렸다. 당시로서는 엄청난 수심이었다. 일단 100피트 잠수에 성공한 뒤로는 모든 게 일사천리였다고 했다. 20대 초반부터 빌르는 본격적으로 다이빙 경기에 출전하기 시작했고 스물여덟 살에 이미 세계 신기록을 네 개나 보유했다. 중량 도움 잠수 종목에서 338피트를 기록한 적도 있었다.

2003년 웨이트 다이빙 세계 신기록을 세우기 위해 수심 500피트 이상을 목표로 훈련하던 중에 빌르는 끔찍한 사고를 당했다. 목표 수심까지 잠수하는 데는 성공했으나 상승을 시작할 때 문제가 발생했다. 그를 끌어올려줄 고무풍선이 제대로 부풀지 않은 것이다. 수심 200피트 부근에서 빌르는 결국 의식을 잃었고 한참 후에야 고무풍선에 매달린 채 수면으로 올라왔다. 양쪽 폐에 심각한 외상을 입었지만 사고 후 한 달 만에 빌르는 완벽하게 회복했고, 얼마 되지 않아 심해 잠수를 다시 시작할 수 있었다.

"언제나 그렇지만, 제게 프리다이빙은 바다를 탐험하는 일이에요. 바다의 일부가 되는 거죠." 빌르는 말했다. "또 하나의 차원을 넘기 위한 도구인 셈이죠. 새로운 차원의 경계들을 떠밀면서 물속으로 더 깊이 내려가는 겁니다." 날이 갈수록 치열해지는 경쟁의식과 동료 다이버들의 자기중심적인 다이빙에 질린 빌르는 2004년부터 다이빙 경기 출전을 아예 접었다. "탐험이라는 요소가 사라졌더라고요. 프리다이빙도 그냥 스포츠의 하나가 되어버렸죠."

빌르는 지금도 1년에 250일 가까이 세계의 바다를 돌아다니면서 해양 동물들에 관한 다큐멘터리를 제작하고 있다. 가끔 강연을 하거나 프리다이빙 투어를 기획하고 안내하는 일도 한다. 그가 특히 좋아하는 일은 대중에게 상어의 본모습을 정확하게 알려주는 것이다. "중요한 사실은, 너무 오랫동안 아무도 상어를 제대로 이해하지 못했다는 겁니다. 인간은 대개 미지의 대상을 두려워하죠." 뷜르는 상어에게 추적 장치를 부착하는 일이 상어에 대한 우리의 비이성적인 공포를 가라앉히는 데 도움이 될 거라고 믿는다.

뷜르가 처음 상어에게 추적 장치를 부착한 것은 2005년 콜롬비아의 서부 해안에서 얼마 떨어진 말펠로섬에서였다. 당시 콜롬비아의 학자들은 그 지역의 귀상어들이 그곳에서 남쪽으로 2200킬로미터쯤 떨어진 갈라파고스 제도 같은 곳에서 이주해왔을 것이라고 추측하고 있었다. 그게 사실이라면 콜롬비아 정부에 그 지역 전체를 해양 보호구역으로 지정하고 상어를 보호하도록 설득할 수도 있었다. 하지만 그러기 위해서는 과학자들이 먼저 추측을 사실로 입증해 보여야 했다. 뷜르를 호출한 것도 바로 이 과학자들이었다. 3년에 걸쳐 총 세 번의 원정 작업을 하는 동안 뷜르는 수심 200피트를 넘나들며 150마리의 귀상어들에게 음향 장치와 위치 추적 장치를 부착했다. 이 데이터를 바탕으로 학자들은 귀상어들이 갈라파고스 제도 주변을 비롯해 더 먼 곳으로 이동하고 있다는 사실뿐 아니라 이 녀석들이 대단히 깊은 물속에서 수백 마리씩 아주 조직적으로 무리 지어 이동한다는 사실을 알아냈다. 또한 지구상에 단 서너 곳에서만 서식하는 것으로 알려진 희귀종 범상어가 어마어마한 깊이인 수심 600피트까지 잠수할 수 있고 수백 킬로미터를 이동했다가 되돌아온다는 사실도 밝혀졌다. 상어들이 이런 습성을 갖고 있으리라고는 아무도 예상하지 못했다. 이 성가시고 까다로운 일을 자처한 이가 없었던 것도 한 가지 이유였다. "우리가 처음이었죠." 뷜르는 내게 미소를 던지며 말했다. 그의 노력과 여타의 상어 보호활동 덕분에 마침내 2006년 말펠로를 중심으로 8500제곱킬로미터에 이르는 지역이 유네스코 세계유산으로 등재되었다.

귀상어와 범상어를 포함한 다른 상어 종들이 빛 한 줄기 들지 않는 검은 심해에서 정확히 어떤 방식으로 방향을 찾아 이동하는지 몰랐을 때, 사람들은 상어 머리 부위에 있는 조그만 돌기가 자기수용능력을 지녔고 이것이 내비게이션 역할을 하는 여섯 번째 감각 기관이라고 믿었다. 1678년에 이 기관을 묘사했던 이탈리아 해부학자의 이름을 붙여 '로렌치니의 앰풀라ampullae of Lorenzini'라고 불리는 이 조그만 돌기는 상어의 콧등을 따라 주근깨처럼 나 있는데, 실제로는 전도성 있는 점액으로 채워진 미세한 구멍이다. 1500개쯤 되는 이 구멍들의 바닥에는 사람의 귓속 솜털과 비슷한 유모세포가 있다. 섬모라고도 불리는 이 세포는 물속에서 일어나는 전기장의 아주 세밀한 변화까지 감지할 수 있으며, 상어의 코에서 꼬리까지 등 한가운데 선처럼 이어진 감각 세포들, 즉 측선과 공동으로 작용한다.

인간을 포함하여 모든 동물은 끊임없이 전기신호를 발사하는 뉴런들로 인해 몸에 약한 전기장을 띤다. 상어의 몸은 주변에서 박동하는 이 신호들을 수신하는 거대한 안테나처럼 작동한다. 자신이 좋아하는 신호를 포착하면 상어는 가까이 다가간다. 그 신호가 먹잇감처럼 느껴질 때는 두말할 필요 없이 일단 물고 본다.

뷜르는 프리다이버들이 잠수복을 제대로 갖춰 입는 이유가 단지 다이버의 체온을 유지하기 위해서만은 아니라고, 그리고 레위니옹의 바닷물 온도는 25도로 매우 따뜻하다고 말한다. 그보다는 다이버 몸에서 방출되는 전기신호를 차단하는 데 더 큰 목적이 있다.•

상어의 전기수용 감각은 놀랍도록 정확하다. 포획된 커다란 백상아리를 대상으로 한 실험에 따르면, 상어는 100만 분의 125볼트 정도의 약한 전기장도 감지할 수 있다. 참상어과의 일종인 별상어들은 10억 분의 2볼트를 감지할 수 있고, 갓 태어난 보닛헤드상어는 10억 분의 1볼트보다 약한 전기장도 감지한다.

이게 어느 정도인지 감이 잘 안 잡힌다면, 맨해튼의 허드슨 강물에 떨어뜨린 1.5볼트짜리 배터리에서 550킬로미터 정도 떨어진 메인주 포틀랜드까지 전선을 연결한다고 상상해보자. 별상어와 보닛헤드상어는 이 전선 주변에 형성된 희미한 전기장을 감지한다. 인간이 느낄 수 있는 어떤 감각보다 500만 배나 더 강력한 감각이다. 지금까지 지구상에서 발견된 가장 정확하고 예민한 감각이라고 할 수 있다.[1]

(이런 사실들에도 불구하고 상어들이 있는 곳에서 헤엄치기 두려워하는 사람들의 공포를 가라앉혀주려면, 뷜르와 그의 팀은 더 분발해야 할 것 같다. 상어들이 내 머리와 심장에서 박동하는 아주 약한 전기신호까지 감지한다는 말을

• 상어들은 물어뜯기 전에 보통 먹이를 코로 살짝 찌르면서 순간적으로 전기를 방출한다. 말하자면 소위 간을 보는 것이다. 만일 동물이나 인간의 살로 그 전기신호가 전도되면 군침을 흘리며 덥석 문다. 잠수복은 바로 이 전기신호를 둔하게 만들어서, 이를테면 뷜르가 말한 것처럼 상어에게 "오늘의 메뉴에 없는 음식입니다"라고 말해주는 셈이다. 상어들은 먹이를 처음으로 무는 순간 먹이의 칼로리를 대충 파악하는데, 사력을 다해 공격할 만큼 충분한 칼로리를 지니지 못한 먹이라고 판단되면 그대로 풀어주고 떠난다. 잠수복은 상어들의 칼로리 감지력도 둔화시켜, 한 번 물었다가 잠시 뒤에 돌아와 총력전을 펼칠 의지를 뚝 떨어뜨린다. 한마디로 입맛이 싹 가시게 만들어준다는 말이다.

들으니 나부터도 잠수는 고사하고 물에 발도 담그기 싫어지니 말이다.)

대다수 과학자는 상어들의 전기수용 감각이 워낙 예민하고 정확하기 때문에 녀석들이 지구의 전자기장이 발산하는 미묘한 에너지도 감지할 수 있다고 믿는다. 지구 전자기장의 세기는 평범한 냉장고 자석의 0.25퍼센트 내지 0.5퍼센트 정도다. 상어들이 먹잇감에서 감지하는 전기장에 비하면 엄청나게 강력하다.

콧등에 자기수용 능력을 발휘하는 돌기를 가진 생물이 상어만 있는 것은 아니다. 또한 상어만 물속에서 자기장을 감지하는 것도 아니다.

2012년 독일의 한 연구팀은 송어들이 어떻게 매년 똑같은 산란지를 찾아오는지 밝히기 위한 실험을 실시했다. 이들은 어두운 물속에서 방향을 찾는 송어의 능력이 상어의 로렌치니 기관과 꼭 빼닮은 콧등에 난 검은 돌기들과 관련이 있을 것이라고 짐작했다. 연구팀은 돌기 몇 개를 떼어낸 뒤 이 돌기들을 순환하는 전기장에 노출시켰다. 놀랍게도 이 돌기 세포들은 전기장과 같은 방향으로 순환하기 시작했다. 달리 말하면 송어들이 콧등에 나침반의 바늘처럼 작동하는 세포들을 지니고 있고, 이 세포들을 이용해 방향을 결정할 수 있다는 의미였다.

하지만 그보다 더 큰 발견은 이 돌기들이 자철광을 함유하고 있다는 사실인지도 모른다. 자철광은 자성이 매우 강해서 초기 나침반에 사용되기도 했다.

상어, 돌고래, 몇몇 종의 고래를 포함해 여러 종의 이동성 해양 동물들이 코나 머리 쪽에 자철광 보관소를 지니고 있는데, 비슷한 용도로 사용할 가능성이 높다.

일부 연체동물들은 보름달이 뜬 동안 깊은 물에서 얕은 물로 사냥하러 나올 때 자북을 길잡이로 삼는다. 최소 20억 년 전부터 지구에 거주하여 고생물학자들이 지구의 가장 초기 정착민 대열에 끼워넣곤 하는 해양 박테리아들도 매우 미세한 자철광 조각을 이용해 지구의 자기장 선을 따라 헤엄친다. 이런 천연 자성 GPS가 등장한 것은 약 40억 년 전으로 추정되며, 모든 생명과 마찬가지로 바다에서 시작되었다.

인간에게도 자철광 보관소가 있다. 인간의 자철광은 두개골, 특히 두 눈 사이 코 윗부분에 있는 사골 안에서 발견된다. 인간의 두개골 안에 있는 이 보관소의 위치는 상어를 비롯한 다른 이동성 해양 동물들의 보관소 위치와 거의 일치한다. 5억 년 전 인간과 상어로 분기하여 진화한 자기 민감성 물고기로부터 물려받은 유산인 셈이다.

현대의 인간이 이 자철광 보관소를 사용할 수 있는지, 아니면 지구의 미묘한 자기장에 조율하는 다른 수용 기관을 사용하는지는 아직까지 밝혀지지 않았다. 하지만 지난 30년에 걸친 과학적 시도들은 그 사용 가능성을 암시한다.

인간의 자기수용 능력을 처음으로 측정하고 증명하려고 했던 사람은 맨체스터대 강사 로빈 베이커였다. 베이커는 오래전부터 고대 폴리네시아인들이 어떻게 망망대해를 수백 킬로미터나 항해하고 무사히 귀항해 왔는지에 의문을 품고 있었다. 하늘이나 태양을 이정표로 삼기도 했을 테지만 언제나 그랬던 것은 아니었다. 며칠씩 구름이 하늘을 가리거나 거친 파도가 항로를 훼방하는 일도 잦았을 터였다.

1769년에 제임스 쿡 선장은 타히티 근처 라이아테아섬의 족장인 투파이아를 자신의 배 엔데버 호에 태웠다고 기록했다. 쿡 선장의 기록에 따르면 투파이아는 마키저스 제도에서 피지섬까지 130개의 섬의 위치를 포함하여 400킬로미터가 넘는 항로의 지도를 매우 세밀하게 그려냈다. 그리고 20개월 동안 엔데버 호는 남태평양 너머까지 항해했는데, 투파이아는 항해하는 내내 하루 중 어느 때라도 엔데버 호의 위치나 바다의 상태와 상관없이 자기 고향 섬의 방향을 정확히 가리켰다고 한다.

호주의 원주민 부족인 구구이미티르Guugu Yimithirr족은 사용하는 언어와 잘 어울리는 기막힌 방향 감각을 지니고 있다. '오른쪽' '왼쪽' '앞' '뒤' 같은 단어 대신에 구구이미티르 사람들은 동, 서, 남, 북이라는 아주 기본적인 방향을 사용한다. 예컨대 구구이미티르 부족 사람이 당신의 침대에 끼어 자고 싶을 때는 옆으로 비켜달라고 하지 않는다. 서쪽으로 약간 이동해달라고 할 것이다. 구구이미티르 사람은 '뒤로' 방향을 돌리라는 말도 하지 않는다. 북쪽으로 틀라든지, 남쪽이나 동쪽으로 틀라고 할 것이다.

구구이미티르족과 올바른 소통을 하려면 언제나 정확한 좌표를 알아야 한다. 한밤중이나 밀폐된 공간에서는 여간 힘든 일이 아니다. 하지만 인도네시아 전역과 멕시코, 폴리네시아를 포함하여 기본적인 방향에 바탕을 둔 언어를 사용하는 다수의 문화권에서 그렇듯, 구구이미티르족에게도 이것은 제2의 본성이다.

1990년대에 네덜란드 막스 플랑크 언어심리학 연구소 산하의 비교인지인류학 연구팀이 첼탈Tzeltal어를 쓰는 사람[2]을 깜깜한 방에서 눈가리개를 한 채 몇 바퀴 돌게 한 다음 방향을 묻는 실험을 한 적이 있었다. 참고로 첼탈어는 현재 멕시코 남부에서 약 37만 명이 사용하는 언어로 방향성이 뛰어난 마야족의 언어다. 익명의 첼탈어 사용자는 20회 연속으로 실시된 실험에서 조금의 망설임도 없이 동, 서, 남, 북을 정확하게 가리키는 데 성공했다.

고대 문명들에서는 이처럼 놀라운 방향 감각이 결코 비범한 게 아니었다. GPS는커녕 지도도 없는 세상에서 인적 없는 사막이나 밀림, 대양을 헤맬 때 방향 파악은 생존과 직결됐다. 이런 문화권의 사람들은 모두 시각적 단서에 의존하지 않는 선천적인 방향 감각을 발달시켰다. 로빈 베이커는 이런 감각이 바로 자성과 관련이 있다고 믿었다. 1976년에 베이커는 이를 검증하기로 결심했다.

베이커의 첫 번째 실험은 눈가리개를 한 일군의 학생을 데리고 시작되었다. 그는 학생들을 차에 태우고 대학에서부터 일부러 구불구불한 길을 따라 마을을 벗어난 뒤, 여전히 눈가리개를 한 채로 허허벌판에 한 명씩 차례로 내리게 했다. 그런 다음 학생들에게 대학이 어느 쪽에 있느냐고 물었다. 학생들은 순전히 찍어서 맞힌다고 보기에는 너무 자주 정확한 방향을 가리켰다. 베이커는 또 다른 학생들을 대상으로 장소와 시간대를 달리하여 실험을 반복했다. 한 번은 서른아홉 명의 학생이 정확한 방향을 가리키기도 했는데, 확률로 따지면 무려 80퍼센트나 되었다. 두 눈을 감고 빙글빙글 돌고 나서 매번 똑같이 10시 30분에서 12시 사이의 방향을 가리킨다고 상상해보라. 뒤이은 실험들에서도 결과는 같았다. 베이커는 2년 동안 총 140명의 학생을 동원하여 무려 940번이나 실험을 반복했다. 이 실험들은, 학생들이 모종의 비시각적 감각을 이용해 방향을 감지한다는 사실을 강력하게 뒷받침하고 있었다.

그다음으로 베이커는 인간의 방향감각이 자성과 관련이 있는지 확인해보기로 했다. 사전 확인 실험에서 베이커는 푸른바다거북과 새들이 아주 짧은 거리에 대해서도 방향을 잡지 못하도록 머리에 자석을 묶어 보았다. 머리에 매달린 자석의 자기장은 지구의 자기장보다 훨씬 더 강력했다. 이 자석으로 인해 동물들은 자신이 향하는 모든 방향을 북쪽으로 착각할 수밖에 없었다.

베이커는 학생들을 두 집단으로 나누고 한 집단에는 머리에 자석을, 다른 한 집단에는 자성이 없는 놋쇠 막대를 묶었다. 그런 다음 눈가리개를 씌우고 구불구불한 길을 따라 마을을 벗어나 벌판에 학생들을 내려놓았다. 놋쇠 막대를 묶은 학생들은 자석을 묶은 학생들보다 훨씬 더 정확하게 방향을 가리켰다.[3] 추가 실험들에서도 결과는 같았다. 베이커의 짐작대로 자석은 거북이나 새에게 그랬던 것처럼 학생들의 방향 감각을 교란시켰다.

모든 실험 결과를 수치로 확인한 뒤 베이커는 다음과 같이 말했다. "우리는 인간이 방향을 파악하는 자기 감각을 지녔을 가능성이 크다는 결론을 진지하게 받아들여야 한다." 베이커의 실험 결과는 명망 있는 과학 저널인 『사이언스』 지에 실렸다.

베이커는 인간의 자기수용 능력이 다른 감각들, 이를테면 시각이나 후각과 같은 감각들과 별개라고 말했다. 시각이나 후각은 의식적인 감각들로 (감았던 눈을 뜨는 것처럼) 켜지거나 (귀를 막는 것처럼) 꺼지는 순간에 우리 스스로 그 존재를 의식하고 깨닫는다.

인간의 자기수용 감각은 이와 다르게 작동한다. 자기수용 능력은 무의식적이며 잠재적인 감각으로서, 호흡하면서도 줄곧 그것을 의식하지 못하는 것처럼 우리는 이 감각이 켜지거나 꺼지는 것을 알 수 없다. 그런 점에서 자기수용 감각은 마스터 스위치와 비슷하다. 스위치를 올리지 않으면 안 될 절박한 상황에 처하기 전에는 그 존재를 알지 못하니 말이다.

현대사회를 사는 우리는 그 기회를 좀처럼 만나기 힘들다. 인간사회를 떠받치고 있는 거주지들의 패턴, 수많은 길과 표지물은 언제라도 우리의 위치를 쉽게 가늠하게 해준다. 인구가 밀집하면서 성장한 도시들과 발달한 기술로 인해 인간은 예민한 자기수용 감각을 발휘할 필요가 거의 없어졌다. 해저의 식량을 채취하기 위해 숨을 참고 잠수할 필요가 없어진 것처럼 말이다.

베이커의 인간 자기수용 감각 실험의 결과들은 거센 반발을 불러 일으켰다. 1980년대에 인간의 자기수용 감각과 관련된 실험들이 수십 건 진행되었지만, 몇 건은 완전히 실패했고 나머지도 결과가 불분명했다. 하지만 10년 뒤 실시한 실험들에서는 결과가 뚜렷했다. 인간의 자기수용 감각에 대한 모든 실험 결과가 우연히 얻어진 값일 확률은 0.005퍼센트 미만이었다. 200번 중 단 한 번만이 우연히 얻은 결과라는 의미다.[4] 통계적으로 설명하면, 당신의 집이 번개에 맞을 확률보다 훨씬 더 낮은 셈이다.

인간의 자기수용 감각의 실재가 입증된 이상 연구자들은 그것이 어떻게 작동하는지를 알아내야 했다. 즉, 그 감각을 수용하는 기관을 찾아내야 했던 것이다. 2011년 매사추세츠 의과대학에서 그중 하나를 찾아냈다.

연구자들은 (자기수용 감각을 갖고 있음이 증명된) 과일초파리의 눈에서 자기장을 감지하고 반응하는 기능을 담당하는 단백질을 제거했다. 그리고 인간의 눈에서 hCRY2라 불리는 동일한 단백질을 추출하여 초파리에게 이식하고 행동을 관찰했다. 인간의 단백질을 이식받은 초파리들은 자기장을 감지하고 반응하는 능력을 회복했다. 결과인즉, 인간의 눈 속에 있는 이 단백질이 초파리의 경우와 똑같이 자기장을 감지하는 능력을 갖고 있었던 것이다.

이 단백질이 단순히 퇴화한 것인지 아니면 인간에게 다소라도 자기수용 능력을 발휘하게 해주고 있는지는 확실치 않다. 그러나 이 연구를 이끌었던 스티븐 레퍼트 박사는 인간에게 자기수용 능력이 없는 게 오히려 더 이상한 일이라고 말한다. "다양한 종의 동물이 자기수용 감각을 사용하고 있습니다. 중요한 것은 우리가 그 감각을 어떻게 사용하는지를 알아내는 겁니다."

CRY2 단백질의 발견으로 로빈 베이커는 정당성을 입증받았다. 그는 말했다. "20년 전에 사람들이 인간의 자기수용 감각이 실재함을 인정하지 않으려고 했던 이유들 중 하나는 명확한 수용기를 찾지 못했기 때문입니다. 이 새로운 연구 결과가 신뢰의 균형을 맞춰줄지도 모르겠군요. 그렇게만 된다면 더 바랄 게 없지요."

결국 레위니옹의 식인 상어들에게 추적 장치를 부착한 사람은 뵐르가 아닌 일흔네 살의 노장 기 가조였다.

레위니옹의 황소상어들에게 추적 장치를 붙이려다 번번이 실패하기를 열흘, 뵐르는 남태평양에서 촬영하는 다큐멘터리 일정 때문에 장비를 꾸리려 브뤼셀로 향해야 했다. 뵐르의 제안에 따라 가조는 사정거리가 두 배 더 긴 작살총을 챙겨 슈뇔러와 함께 생질로 나갔다. 하루 만에 가조는 세 마리의 상어에게 추적 장치를 부착했는데, 샤크프렌들리 추적 시스템을 테스트하기에 충분한 숫자였다.

슈뇔러와 가조는 한 달간 추적 데이터를 지켜보면서 패턴을 찾아내기로 했다. 두 사람은 생질 항구 근처에 유독 집착하는 상어를 주시했다.

결국 다시 잠수해보기로 결정했다. 이번에는 추적 장치가 아니라 조사를 위한 잠수였다. 두 사람의 시선은 곧바로 생질 항구 앞바다의 바닥에 꽂혔다. 그곳에는 각종 식기류와 음식물 찌꺼기 그리고 쓰레기가 산더미처럼 쌓여 있었다.

나중에야 밝혀졌지만, 생질에 드나드는 선박들이 항구 초입을 쓰레기통으로 이용하고 있었다. 항상 쉬운 먹잇감을 찾는 황소상어들로서는 쓰레기더미를 뒤지기 위해 그곳에 모여들 수밖에 없었던 것이다.

해안 인근에서 공격을 당한 사람들은 어떻게 보면 상어들의 길을 막는 방해물이었던 셈이다. 인간의 비열한 행위가 불러들인 광분한 상어떼에게 인간은 실로 귀찮은 존재였던 것이다.

음향 추적 장치 덕분에 드러난 사실은 관광객을 쫓아내지 않았다. 그보다 오히려 이 작은 마을의 관광 산업에 새로운 활력을 불어넣었다. 관광 업체들은 쓰레기 처리장 인근에서 상어를 관람하며 스노클링을 할 수 있는 상품을 운영하기 시작했다. "우리의 목적을 이룬 셈이죠." 슈뇔러가 말했다. 요인즉, 사람들을 계도할 수 있게 되었다는 뜻이다. 현재 레위니옹 주민들은 황소상어에 대해 그리고 녀석들의 습성들에 대해 더 많이 알게 되었다. 그리고 녀석들을 난폭하게 만든 사람들의 행위에 대해서도.

샤크프렌들리 캠페인을 벌인 지 두 달 만에 프랑스 정부는 시민들에게 해변을 돌려줬다.

-800

수심 800피트

레위니옹에서 돌아온 지 몇 달 후에 나는 다시 그리스를 찾았다. 산토리니섬 서남쪽 외곽의 만에 인접한 마을 아무디의 한 레스토랑 테라스에 20여 명의 기자와 함께 자리를 잡고 앉았다. 우리는 에게해를 가로질러 테라시아섬의 만으로 데려다줄 전세 보트를 기다리고 있었다. 그곳에는 자칭 '지구상에서 가장 깊이 내려간 남자'인 헤르베르트 니치가 있었다. 한 시간 후면 니치가 웨이트 슬레드를 타고서 수심 800피트 잠수를 시도할 예정이다. 성공한다면 무제한 프리다이빙 종목에서 세계 신기록을 세우는 동시에 현재까지 시도된 적 없는 최대 수심 잠수 기록을 세울 것이다.

하지만 지금까지의 상황은 썩 좋지 않다. 파도도 거칠고 물살도 빠르다. 게다가 니치도 테라시아 연안에서 잠수하기는 처음이다. 그의 팀은 가이드로프가 강한 해류에 휘말려 하강이나 상승 속도가 지연될까 노심초사다. 1초가 늦어질 때마다 니치가 의식을 잃지 않고 살아서 수면으로 올라올 가능성도 줄어든다.

잠수는 오전 11시로 예정되어 있었다. 11시가 다 되었는데도 아직까지 전세 보트가 도착한다는 안내 방송은 없었다. 기자들 중 몇몇은 취재를 포기하고 떠날 채비를 하는가 하면 이미 몇 명은 자리를 떠버렸다. 니치의 주 스폰서인 스위스 시계 제조사 브라이틀링은 이미 며칠 전에 철수했다. 정확한 이유는 아무도 모르고 니치의 팀원도 이에 대해 전혀 언급하지 않았지만, 브라이틀링의 임원진들이 니치의 잠수 시도가 너무 위험하다고 판단한 게 아니냐는 소문이 돌았다.

이렇게 잠수가 지연되는 와중에 내 마음도 편치는 않았다. 특히 이 자리에 오기까지 갖고 있던 복잡한 심경은 조금도 누그러지지 않았다. 몇 달 전 뷜르와 지내며 내가 본 프리다이빙은 뭔가 더 좋은 일을 하기 위한 수단이었다. 그와의 경험은 바다의 미스터리를 푸는 데 도움이 되는 도구로서 프리다이빙이 쓰일 수 있다는 사실을 내게 일깨워줬다. 그의 프리다이빙은 분명한 명분을 갖고 있었다.

거기에 비하면 무제한 다이빙은 일보 후퇴다. 자존심을 건 경기이고 자칫하면 선수의 목숨이 위태로울 수도 있다. 나도 이 사실을 분명히 알고 있다. 그럼에도 슈퍼히어로와 진화적 도약들에 매력을 느끼고 '리플리의 믿거나 말거나'를 좋아하는 나는 마음 한편으론 니치가 우리 인간의 수륙 양생 능력의 한계 너머까지 다녀와주기를 간절히 바라고 있었다. 사상 최초로 시도되는 최고 수심 잠수를 두 눈으로 똑똑히 지켜보고 싶었다. 그렇게 생각하는 게 비단 나 혼자만은 아니었다.

사흘 전, CBS의 시사프로그램 「60분」의 메인 앵커 밥 사이먼을 태운 배가 산토리니에 도착했다. 사이먼은 프로듀서와 카메라맨 몇 명과 함께 내 오른쪽 테이블에 앉아 있었다. 사이먼은 잠수 직전에 니치를 인터뷰하고 잠수가 진행되는 내내 니치 팀의 보트 위에서 니치의 부친과 나란히 앉아 잠수를 관전할 예정이었다. 기자나 언론인 중에서는 유일하게 최근 거리에서 잠수를 지켜보는 특혜를 입은 셈이다.

물론 일단 잠수가 진행된다는 전제하에 그렇다는 말이다.

한 시간쯤 지나자 사이먼은 지루해하는 기색이 역력했다. 조증 환자처럼 휴대전화를 들었다 놨다 하더니 다이어트 콜라를 홀짝거렸다. 그의 테이블에서 누군가 감자튀김 한 접시를 주문했다. 내 뒤쪽에서 또 다른 사람이 아이스티를 주문했다. 모두 휴대전화를 뚫어져라 쳐다보면서 기다렸다.

정오가 되자 방송이 흘러나왔다. 니치의 홍보 책임자 실비에 리트가 아무디만의 북쪽 끝에 있는 부두로 모두 모이라고 지시했다. 부두에는 전세 보트가 도착해 있었다. 우리는 서둘러 밥값을 지불하고 짐을 챙겨 부두로 향했다. 보트에 올라타자마자 나는 맨 위층 갑판의 기다란 의자를 차지하고 앉았다. 바람은 여전히 윙윙거렸고 파도는 쉴 새 없이 방파제를 때려댔다. 선장이 시동을 걸었다. 우리는 선체를 때리며 너울거리는 잿빛 파도를 타고 테라시아로 향했다.

돌아가는 상황을 보아하니, 모든 게 엉망이 되는 한이 있어도 쇼는 계속되어야 한다는 기세였다.

더 깊은 수심에 도달하기 위해서라면 어떤 수단이든 가리지 않고 사용할 수 있는 무제한 프리다이빙은 프리다이빙 종목 중에서도 가장 극한의 종목이고, 전 세계를 통틀어 사망자 비율이 가장 높은 스포츠 중 하나로 꼽힌다. 10년 전, 무제한 프리다이빙 최고 기록은 535피트였다. 그 후로 지금까지 적어도 세 명의 다이버가 무제한 잠수를 시도했다가 사망했고 수십 명이 부상을 입었으며 그중 몇 명은 영구적인 불구가 되었다.

2006년에 베네수엘라의 다이버 카를로스 코스테는 그리스에서 수심 597피트 무제한 다이빙을 시도했다가 마비되어 수면으로 올라왔다. 러시아의 프리다이빙 챔피언 나탈리야 몰차노바는 무제한 다이빙 훈련을 여러 차례 시도한 후 뇌 손상의 징후를 보이기도 했다. 2002년에는 벨기에 출신의 다이버 벤야민 프란즈가 수심 542피트 잠수를 시도한 후 올라왔는데, 오른쪽 전신이 완전히 마비되었고 말도 할 수 없었다. 그는 10개월 동안 휠체어 신세를 지고 나서야 걸었고 수영을 재개할 수 있었다. 그 후에도 무제한 다이빙 종목에서는 부상자가 속출했다.

인간의 몸은 그 자체만으로는 무제한 프리다이버들이 들어가는 수심까지 도달할 수 없다. 이 종목이 치명적인 이유도 그 때문이다. 그래서 다이버들은 하강할 때는 무게 확보를 위해 웨이트 슬레드에 몸을 묶고 수면으로 돌아올 때는 공기 풍선을 부풀려 몸을 띄우는 방법을 쓴다. 이러한 장치들 덕분에 무제한 잠수 다이버들은 다른 프리다이빙 종목의 다이버들보다 두 배 더 깊은 수심까지 수직으로 내려갈 수 있으며, 보통은 시간도 절반으로 줄일 수 있다. 문제는 여기서 발생한다. 인간의 몸이 그 정도 수심까지 하강하는 동안 축적된 혈액 속의 질소를 제거하기에는 시간이 너무 촉박하다. 그 결과 감압병의 위험이 수반될 수밖에 없다.

웨이트 슬레드 역시 나름대로 위험하다. 슬레드는 대부분 다이버들이 직접 제작한다. 이들은 대개 수중 장비들에 대한 공학적인 지식이 빈약하다. 바람직한 사례가 하나 있긴 하다. 니치는 스물여덟 살짜리 의족 제작업자의 도움으로 슬레드를 설계했다. 슬레드 제작에서는 처음으로 전문가의 손길을 빌린 것이다. 이 슬레드는 연쇄적으로 중량을 조절하여 심도를 확보할 수 있도록 설계되었다. 가이드로프 끝에 이르면 자동으로 잠금 장치가 풀리면서 압축 공기가 발사되고, 그 힘으로 수면을 향해 상승하게 된다. 요컨대, 개념은 그렇다는 말이다.

니치뿐 아니라 다른 무제한 잠수 다이버들도 각자의 슬레드를 시험하기 위해서는 직접 잠수해보는 수밖에 없다. 오작동을 일으키는 일이 빈번하지만 말이다. 2002년 10월, 프랑스의 프리다이빙 세계 챔피언 오드리 메스트르는 도미니카공화국에서 목표 수심을 561피트로 잡고 여자 부문 무제한 잠수 세계 신기록에 도전했다. 메스트르가 목표 수심까지 도달하고 나서야 그녀를 수면으로 끌어올려줄 풍선을 채워야 할 공기탱크가 비어 있는 게 확인되었다. 많은 사람이 탱크를 채우지 않은 그녀의 남편 프란시스코 페레라스로드리게스를 비난했다.[1] 하지만 보트 위에 있던 사람들 중 누구도 탱크를 확인하지 않았다. 잠수를 시작하고 8분 30초가 지나서야 페레라스가 그녀의 몸을 수면으로 끌어올렸다. 메스트르의 코와 입에서는 거품이 뿜어져 나오고 있었다. 의식은 잃었지만 그때까지 맥박은 뛰고 있었다. 제대로 된 의료진은커녕 들것조차 없어서 구조대는 메스트르의 몸을 비치 체어에 눕힌 채 해변 의료실로 옮겼다. 손을 쓸 새도 없이 메스트르는 곧바로 숨을 거두었다.

허술한 장비, 블랙아웃, 이따금씩 일어나는 사망 사고, 이런 문제들을 알면 무제한 다이빙을 도저히 느긋하게 지켜볼 수가 없다. 그렇다고 이 종목이 볼 게 특별히 많은 것도 아니다. 다른 프리다이빙 종목과 마찬가지로 무제한 다이빙의 모든 행위는 수면 아래서 이루어진다. 우리가 볼 수 있는 것이라곤 잠수 직전에 다이버들이 어푸어푸 호흡하다가 마지막 숨을 들이키는 장면과 약 4분 정도 피를 말리는 시간이 흐른 뒤에 수면으로— 질식으로 얼굴은 파랗게 질리고 대개 피를 흘리며— 올라오는 모습뿐이다. 응급실까지 따라가는 건 선택이다. 처음부터 끝까지, 미치지 않고서야 도저히 할 수 없는 짓으로 보인다.

이상하게도 니치에게서는 전혀 그런 광적인 분위기가 느껴지지 않았다. 이틀 전, 호텔에서 니치를 처음 만나기로 한 날 나는 카메라맨들과 기자들, 그밖에 찰거머리처럼 따라다니는 군식구들 틈에서 그를 꺼내오느라 어지간히 애를 먹었다. 니치는 탄탄한 몸매에 평균보다 크고 역시나 면도한 것처럼 머리를 민 상태였지만 우락부락한 근육질도 아니었고, 어느 모로 보나 비범한 일에 어울릴 신체적 조건을 갖춘 것처럼 보이지도 않았다. 목소리는 박물관 보안 요원처럼 단조롭고 나지막했다. 지금까지 니치는 고국인 오스트리아에서 항공기 조종사로, 금융기관을 위한 동기부여 강연자로 활동하면서 프리다이빙과는 거리가 먼 비교적 평범한 삶을 살고 있었다. 완벽하게 평범해 보여서 오히려 소름이 끼쳤다. 하지만 그의 전문 분야에 내재된 위험들을 아는 사람이라면 평범해 보인다는 말이 얼마나 상냥한 표현인지 안다. 니치에게서 거의 가학증 환자처럼 섬뜩하고 이상한 분위기가 풍기는 까닭도 여기에 있다. 부드러운 목소리 속에 비수를 숨기고 있는 악당!

니치는 2000년에 이집트로 스쿠버다이빙 여행을 떠났다가 비행기에서 스쿠버 장비를 잃어버리는 바람에 '우연히' 프리다이빙을 시작했다고 내게 말했다. 그때부터 프리다이빙 전 종목을 석권하며 세계 신기록 서른두 개를 차례차례 깨나갔고, 이제는 전 세계 프리다이버들을 통틀어 가히 세계 최고라 할 수 있는 자리에 올랐다.

몇 달 전 처음 전화로 인터뷰할 때 내가 잠수의 목적이 뭐냐고 묻자 그는 돈이나 명예가 아니라고 대답했다.(사실 그는 "돈이라고요? 명예는 또 무슨 명예요?"라고 되물었다.) 인간의 몸의 한계가 어디까지인지, 그걸 알고 싶고 또 그 한계를 깨고 싶다는 게 그의 대답이었다. 그리고 인간 잠재력의 한계를 넓히고 싶다고도 했다. "내일 불가능하다고 생각하는 일도 모레가 되면 웃어넘기는 게 인생사죠." 그는 말했다.

우리가 탄 전세 보트가 테라시아에 도착했을 때는 바람도 다소 잦아들었고 태양도 구름 사이로 얼굴을 내밀고 있었다. 하지만 바다 표면은 여전히 거칠었고 물살도 아직 거셌다. 니치 팀은 우리 보트에서 북쪽으로 약 300피트 떨어진 쌍동선에 타고 있었다. 갑판 위에서 한 남자가 소리를 질렀고, 승무원들은 서성거리면서 누구를 향해서인지 모르게 지시사항을 큰소리로 외쳤다. 윈치를 푸는 날카로운 소리가 바람과 모터보트의 엔진 소리를 가르며 들려왔다. 한마디로 난장판이었다.

보트 옆으로 물속에서 니치의 슬레드를 가이드로프에 묶는 게 보였다. 탄소섬유로 제작된 검은색과 노란색의 유선형 동체는 물약이 담긴 젤라틴 캡슐과 모양이 비슷했다. 상승하는 동안 니치는 30피트 지점에서 이 슬레드를 떼어내고 1분 정도 숨을 참고서 혈류 속의 질소 거품을 제거해야 한다. 니치의 예상대로라면 총 잠수 시간은 3분이 조금 넘을 터였다.

니치 본인은 물론이고 그를 지원하는 과학자들도 그가 성공할지 여부를 장담할 수 없었다. 감압병을 모면한다고 해도 산소 중독이 발목을 잡을 수 있다. 수심 800피트 아래까지 잠수할 때 산소가 미치는 영향에 대해서 과학자들이 알고 있는 대부분의 사실은 생리학자 로런스 어빙이 밝혀냈다. 1930년대부터 30년 동안 로런스 어빙은 퍼 숄랜더와 함께 웨델바다표범을 연구했다. 웨델바다표범은 물속에서 80분 동안 숨을 참을 수 있으며 수심 2400피트까지 잠수한다고 알려져 있다.[2]

웨델바다표범은 심해에 머무는 동안 폐 안에서 공기를 교환해주는 폐포를 반사적으로 수축시키기 때문에 감압병의 위험에서 자유롭다. 폐포가 수축되면 혈류의 산소 소비량이 감소하고 그로 인해 혈액과 조직에 질소가 흡수되지 않는다.

깊은 물속에서 인간의 폐포도 어쩌면 수축을 일으킬지 모른다. 하지만 헤르베르트 니치만큼 깊이 잠수해본 사람이 없으니 진짜 수축을 일으키는지 여부는 알 수 없다. 일단은 니치가 잠수하고 수면 위로 살아 돌아와서 해주는 이야기를 듣는 수밖에.

쌍동선 갑판 위에 모습을 드러낸 니치가 고개를 숙인 채 혼잣말을 중얼거리면서 천천히 갑판을 한 바퀴 돌았다. 그리고 사다리를 타고 내려와 물로 들어갔다. 한 다이버가 그에게 부낭을 건넸다. 니치는 부낭을 잡고 물 위에 반듯하게 드러누워 태양을 정면으로 바라보았다. 그러고는 금붕어처럼 입을 벌리고 뻐끔뻐끔 공기를 마셨다.

"헤르베르트 니치가 역사적인 다이빙을 준비하고 있습니다." 전세 보트의 확성기에서 한 여성 진행자의 목소리가 흘러나왔다. 다이빙 슬레드를 착용하자 물 위로는 니치의 머리만 보였다. 니치는 더 깊이 숨을 들이마셨다.

"모두 주목하세요." 진행자가 큰소리로 외쳤다. 쌍동선 위에서 한 심판이 준비 제한 시간이 2분임을 알렸다. 니치는 두 눈을 감고 좀더 깊이 숨을 마셨다.

"카운트다운" 심판이 소리쳤다. 니치는 아주 크게 숨을 마셨다가 내뱉었다. 심판이 카운트다운을 시작했다. 니치는 더 크게 숨을 마셨다가 또 다시 내뱉었다.

"8, 7, 6……" 심판의 카운트다운 소리가 울려 퍼졌다. 윈치 담당자가 쌍동선 뒤쪽 갑판의 레버 받침대 뒤에 자리를 잡고 섰다.

"4, 3, 2……"

심판이 제로를 외치자마자 슬레드가 수면 아래로 사라졌다.

"20미터, 30미터." 음파탐지기 뒤쪽에서 심판이 니치가 지나는 수심을 읽었다.

니치가 계획한 하강 속도는 초당 10피트였다. 계획대로라면 30초 만에 300피트 지점을 지나야 하는데 니치는 겨우 200피트에 도달했다. 뭔가 잘못됐다.

"70미터, 80미터."

"너무 느리게 내려가는걸." 누군가 뒤에서 중얼거렸다. 보트 위에선 소름끼치는 긴장감이 팽팽하게 맴돌았다. 누구 하나 움직이지 않았다.

"100미터."

90초가 지났는데도 니치는 여전히 하강 중이었다. 현재 속도로 내려간다면 4분이 넘게 물속에 있어야 하고, 수면으로 올라오기 전에 공기를 다 써버릴 것이다. 그러면 감압을 위해 수면 가까이에서 잠시 멈춰 있을 수도 없다. 감압병과 산소 중독의 위험도 그만큼 더 커지고 신체 마비나 죽음에 이를 가능성도 훨씬 더 높아질 터였다. 그런 와중에 음파탐지기 앞의 심판이 수심 읽기를 멈췄다. 옆 사람에게 무슨 일이냐고 물었더니, 대답 대신 "이런 상황이 정말 싫습니다. 아, 정말 싫어요"라고 말했다.

2분쯤 지나서야 니치의 슬레드가 수면을 향해 발사되었다. 니치의 모습은 어디서도 보이지 않았다. 구조 다이버들이 서둘러 잠수했다. 갑판 위의 사람들은 여전히 꼼짝도 할 수 없었다. 말을 하는 사람도 없었다. 30초 만에 구조 다이버들이 의식이 없는 니치의 몸을 수면으로 끌고 올라왔다. 니치의 얼굴과 목은 벌겋게 부어올라 있었다. 한 다이버가 쌍동선에서 산소탱크와 마스크를 낚아채 축 늘어진 니치의 곁으로 헤엄쳐 갔다. 별안간 니치의 의식이 돌아왔다.

"마스크 좀!" 니치가 분명치 않은 발음으로 외쳤다. 구조 다이버들은 어찌할 바를 모르고 휘둥그레진 눈으로 서로를 쳐다보았다. 이런 상황에 어떻게 대처해야 하는지 아무도 모르는 모양이었다.

"마스크!" 니치가 다시 소리쳤다. 금방이라도 숨이 끊길 것 같았다. 니치는 뻣뻣한 팔을 뻗어 구조 다이버가 들고 있는 산소탱크와 마스크를 움켜쥐더니 몸을 뒤집어 다시 잠수를 시도했다. 몸이 스스로 감압을 하도록 할 시간이 필요했던 것이다. 하지만 니치는 잠수하지 못했다. 웨이트 슬레드도 없는 데다 네오프렌 슈트가 그의 몸을 수면으로 띄워놓고 있었기 때문이다. 굳은 팔다리로 킥을 해봤지만 소용없었다. 1초, 1초 흐를 때마다 질소 거품이 니치의 관절과 폐 그리고 뇌로 침투할 확률도 점점 더 커졌다. 쌍동선의 선원들은 당황한 표정으로 서로 시선을 주고받고 발 아래쪽에서 버둥거리는 니치를 무력하게 지켜볼 뿐이었다. 구조 다이버들 역시 그렇게 서로를 보다가 니치를 보면서 머리만 흔들어댔다.

"헤르베르트 니치에게 응원의 박수를 보냅시다." 여성 진행자가 확성기에 대고 외쳤다. "세계 최고의 다이버!" 누군가 박수를 치기 시작했다. 우리는 다시 잠수하려고 킥을 하는 니치를 조용히 지켜볼 뿐이었다. 마침내 니치가 물속으로 사라졌다. 몇 분이 지났다. 그가 어디쯤에 있는지 아무도 알 수가 없었다. 우리는 얼굴을 잔뜩 찌푸린 채 기다렸다.

"산소 준비!" 구조 다이버가 소리쳤다. 구조 다이버들이 마침내 물 밖으로 나온 니치를 밀고 모터보트 쪽으로 헤엄쳐 갔다. 갑자기 깨어난 니치가 갑판 위로 기어 올라가려고 했지만 마비된 채 몸을 휘감은 두 팔이 풀리지 않았다. 선장이 니치를 갑판 위로 끌어올려 얼굴을 위로 향하게 눕혔다. 니치의 두 눈은 터질 듯 부풀었고, 목과 이마의 혈관들은 불룩불룩 솟아 있었다. 니치는 머리를 흔들면서 오른쪽 팔을 들어올려 산토리니 방향을 가리켰다. 선장이 시동을 걸고 병원을 향해 일직선으로 내달리기 시작했다.

그날 밤, 니치의 심장은 정지했다. 의사들은 심폐소생술로 니치의 심장을 회복시킨 뒤 약물로 혼수상태에 빠지도록 유도했다. 의료진은 니치를 병실과 고압 산소실로 번갈아 옮겨가며 회복을 시도했지만, 이런 그들의 노력은 때가 너무 늦었다. 이미 뇌에 침투한 질소 거품이 운동 기능을 통제하는 부위로의 혈액 공급을 차단한 상태였다. 니치는 여섯 번이나 뇌졸중을 일으켰다. 며칠이 지나 의식이 돌아왔을 때도 걷거나 말을 할 수 없었고, 가족과 친구들의 얼굴도 알아보지 못했다.

나중에 안 사실이지만, 니치의 슬레드는 목표 수심을 지나 830피트까지 수직으로 하강했다. 니치는 터치다운을 하기도 전에 이미 의식을 잃었다가 상승하던 중에 깨어났다. 그리고 330피트 지점에서 또다시 의식을 잃었다. 구조 다이버들이 그를 발견한 것은 수심 30피트 지점이었다. 그의 몸은 여전히 슬레드에 묶인 채였고 의식도 없었다. 그나마도 구조 다이버들에게 발견되지 못했다면 니치는 익사했을 것이다. 하지만 혈류에 쌓인 질소를 제거할 틈도 없이 서둘러 상승하는 바람에 결국 니치는 감압병으로 심신에 손상을 입을 수밖에 없었다.

6개월이 지나도록 니치는 바다를 굶어야 했다.

거의 익사할 뻔한 데이비드 킹과 바다에서 실종될 뻔한 미할 리시안 그리고 산토리니에서 니치의 경악스러운 잠수를 보고 나서, 나는 결단코 두번 다시 프리다이빙 경기 따위는 보지 않겠노라고 굳게 다짐했다. 물론 인간의 몸은 과학자들이 가능하다고 여기는 것보다 훨씬 더 깊이 잠수할 수 있겠지만, 거기에도 한계는 분명히 있다. 우리는 모두 그 한계를 알고 있다. 그리고 나는 여태껏 그 한계를 넘으려다가 피투성이가 되고 시퍼렇게 질린 얼굴들을 보려고 사서 고생을 했던 것이다.

프리다이빙에서 자존심은 그야말로 치명적인 자극제다. 어떤 면에서 자존심은 눈가리개와 같다. 내가 만난 프리다이빙 선수들 대부분은 끔찍한 고통을 견디면서 몸을 단련하고 들어간 심해를 탐험하는 데는 눈

곱만큼도 관심이 없는 듯했다. 그들은 눈을 감은 채 잠수했고, 질소 마취로 멍해져서 자신이 어디에 있고 왜 거기에 있는지조차 잊어버리기 일쑤였다. 그들은 긴장성 혼수상태에 빠져 물속에 있다는 실재감마저 전혀 느끼지 못했다. 오로지 로프에 매겨진 숫자를 깨는 것만이 그들의 목표였다. 경쟁자를 누르고 메달을 따는 것. 전리품에만 집착하고 있었다.

물론, 프리다이버들은 지금까지 인간이 들어가본 적 없는 곳에서 헤엄친다. 하지만 내게는 미친 짓으로밖에 보이지 않았다. GPS 좌표만 보고 미지의 황무지에 도달했다고 큰소리치는 허풍쟁이 탐험가와 무엇이 다를까.

다이버들과 바다 사이의 이런 단절감에 대한 생각에 나는 집으로 돌아온 지 몇 달이 지나도록 산토리니와 칼라마타에서 본 장면들을 되감기하고 있었다. 밤마다 잔뜩 부푼 목과 생명이 사라진 눈동자들이 나오는 악몽을 꾸었다. 하지만 깨어 있는 동안에는 좀더 포부가 원대하고 열망이 들끓는 프리다이빙을 상상하곤 했다. 상어들과 마음이 통하는 프레드 뷜르를 만났기 때문일까? 프리다이빙은 이전에는 알지 못했던 곳으로 뷜르를 데려다줬고, 이전에는 보지 못했던 광경을 그에게 보여줬으며 숨어 있던 능력들을 깨어나게 해줬다. 어쩌면 나도 그 세계에 다가갈 수 있을지 모른다. 뷜르의 말마따나 '심해의 문'은 모두에게 열려 있으니까.

그 문까지 가본 사람들은 종교적인 색채를 띤 초월, 거듭남, 영혼의 정화 같은 어휘를 들먹이며 그곳을 묘사한다. 희미하게 빛나는 새로운 우주에 진입하는 것 같다나. 폐가 터지거나 후두가 찢어지지 않아도 그 문에 이를 수 있다고 한다. 다만 약간의 훈련과 믿음이면 족하다면서. 가사상태에 이르러서도 마음을 조금 편안하게 먹으면 된다는 것이다.

그동안 목격했던 끔찍한 장면들에도 불구하고, 이런 부류의 프리다이버들에 대해 생각하면 할수록 그 세계에 빠져보고 싶은 마음도 점점 더 커졌다. 나의 마스터 스위치를 올려보고 싶어졌다.

일본의 아마海女들보다 마스터 스위치에 대해 더 빠삭하게 알고 있는 사람은 없을 것이다. 아마는 일본의 고대 해녀 집단을 일컫는데 한 때는 그 수가 수천 명에 육박했다고 전해진다. 2500년이 넘는 세월 동안 아마는 동일한 기술을 이용해 바다 밑에서 해산물을 채취했고 어머니에게서 딸들에게로 그 기술을 전수했다. 아마 해녀 문화에 대해 기술한 어떤 문서에도 익사했다거나 의식을 잃었다거나 피투성이 얼굴로 올라왔다는 내용은 눈 씻고 찾아봐도 없었다. 수심 150피트 아래로 잠수하고 한 번에 3분가량 잠수할 수 있었음에도 아마들은 결코 경쟁하지 않았다. 아마 해녀들에게 프리다이빙은 일종의 도구이자 생계 수단이었고, 정신적인 훈련이기도 했다. 맨몸으로 바다에 들어갈 때마다 아마들은 자신들이 세상과 균형을 맞추고 있다고 믿었다. "[물속에서] 나는 내 몸으로 물이 들어오는 소리를 들어요. 햇빛이 물을 뚫고 들어오는 소리가 들립니다." 한 아마가 한 말이다. 그들은 바다의 손님이 아닌 바다의 일부였다.

아마에 관한 이야기를 하려면 기원전 500년으로 거슬러 올라가야 한다. 중앙아시아를 출발한 유목민들의 배가 노토반도의 바위투성이 해안에서 좌초되었는데, 하필이면 그곳은 식물도 거의 없고 사냥할 동물도 별로 없는 곳이었다. 유목민들은 바다로 눈을 돌렸고 바닷속의 풍부한 식량을 수확하기 위해 재빨리 몸을 적응시켰다. 유목민 부족의 여성들은 — 이유는 알 수 없지만 여성들만이 — 날마다 잠수를 했는데, 훗날 그 여성들이 '바다의 여자들'을 뜻하는 아마로 불리게 된다. 새로운 수중 생활 방식에 적응한 아마들은 단순히 근근이 연명한 게 아니라 오히려 꽤 번성했고 머지않아 일본의 해안을 점령했다. 한때는 수천, 아니 어쩌면 수만 명이 활동하면서 1800년대 즈음까지 아마들은 어떤 면에서 세계에서 가장 거대한 상업적 어업권을 확보한 집단이 되었다. 운 좋게 이 반라의 해녀들을 마주친 유럽 선원들은 해녀들이 숨 한 번 들이켜고 수백 피트 아래까지 수직으로 잠수했다고 기록했다. 어떤 이들은 해녀들이 물속에서 한 번에 15분 동안이나 머물렀다고 주장했다.[3]

19세기와 20세기에 어업 기술이 발달하면서 아마의 수는 급격하게 줄었다. 해녀 마을들은 사라졌고, 잠수 전통을 이어받은 아마의 딸들은 좀더 편안한 도시의 삶을 택했다. 2013년에 조사한 바에 따르면, 활동하는 아마는 많아 봤자 수백 명이었고 아예 다 사라진 마을도 있었다.

인터넷에서 본 짧은 다큐멘터리를 통해 나는 도쿄에서 동남쪽으로 200여 킬로미터 떨어진 이즈반도 니시나라는 마을 외곽의 바다에서 소수의 아마가 아직 현업에 종사하고 있다는 정보를 입수했다. 일본의 여러 역사학자와 여행자 단체에 편지를 보냈지만 니시나의 해녀들이 지금도 존재하느냐는 질문에 확답을 얻지 못했다. 최근 몇 년 동안 그곳에서 해녀들을 봤다는 사람도 없었다. 해녀들이 아직도 잠수하고 있는지는 고사하고 심지어 그들이 존재하는지조차 아는 사람이 없었다.

몇 주 뒤에 나는 도쿄로 날아가 기차를 타고 이즈반도로 가서 시모다라는 어촌에서 차를 한 대 빌렸다. 시모다 현지 주민들은 하나같이 내가 환상을 좇고 있다는 말만 되풀이했다. 주민들은 해안에서 약 16킬로미터 떨어진 니시마에 아마가 살고 있었으나 이미 몇 년 전에 죽었다고 말했다. 혹자는 그 해녀가 물에 들어가기는 하는데, 대개 휴일에만 들어가고 그것도 일 년에 몇 번 안 된다고 말했다. 너무 늙고 허약해서 사람을 만나지 못한다고 말하는 이도 있었다. 이런 안티가이드들은 나를 애처로운 눈길로 바라보면서 축축하게 젖은 막다른 길들만 가리켰다. 이틀 동안 그들의 손가락이 가리킨 길들을 따라가봤지만 허탕만 쳤다. 그렇게 실의에 빠져 니시나 해안 도로를 따라 달리던 셋째 날, 나는 부서진 보트들과 악취로 가득한 지저분한 작은 항구 사와다에 이르렀다. 거기서 나는 행운을 잡았다.

내 가이드는 니시나 관광안내소에서 만난 다카얀이라는 빼빼 마른 남자였다. 다카얀과 나는 방파제 위에 나란히 서서 납빛 바다에서 위아래로 까딱거리는 여섯 명의 해녀에게서 눈을 떼지 못했다. 세계에서 가장 오래된 프리다이빙 문화의 마지막 명맥을 잇고 있는 것일지도 모를 광경이었다.

"아마인가요?" 나는 다카얀에게 재차 물었다. 우리가 찾고 있던 게 맞는지 확인하고 싶었다. "하이." 다카얀이 일본어로 먼저 대답하고 다시 영어로 번역했다. "예, 아마입니다."

나는 돌아서서 허둥지둥 자갈길을 뛰어가 렌터카에서 녹음기과 카메라를 집어 들었다. 몇 분 뒤 방파제로 돌아왔을 때 해녀들은 방파제 자갈 위로 해산물이 가득한 그물을 끌어올리고 있었다. 그러고는 접착 테이프로 봉한 스티로폼 상자 안에 수확물을 옮겨 담았다.

"오늘 작업을 마친 모양입니다." 다카얀이 말했다. "아침 내내 잠수했나봐요. 우리가 한 발 늦었습니다." 다카얀 뒤로 몇 미터 떨어진 곳에서 해녀들 중 키가 제일 작은 해녀가 잠수복 바지를 벗고 알몸으로 서 있었다. 못 본 체라도 해야 할 것 같아서 몇 걸음 비켜섰더니 해녀는 키득거리면서 일본어로 옆에 있던 다른 해녀들과 이야기를 나누었다. 그러자 모두 깔깔거리면서 웃고는 약속이라도 한 듯 일제히 잠수복을 훌렁훌렁 벗었다.

일본 사회는 여러 가지 풍습이 복잡하게 얽혀서 돌아간다. 불청객으로 아마들에게 다가간 것부터가 (선물이라도 준비했거나 일본어라도 하든지 아니면 최소한 남자가 아니었다면 모를까) 중요한 금기를 깨뜨린 셈이었다. 하지만 인터넷에서 본 짧은 영상만 믿고서 한달음에 수천 킬로미터를 달려왔지 않은가. 게다가 해녀들을 만나기까지 얼마나 허탕을 쳤던가. 지금이 아니면 해녀들을 언제 또 만나서 이야기를 나눈단 말인가.

나는 물가로 걸어가 몇 분쯤 쪼그리고 앉아서 해녀들이 헐렁한 바지와 나달나달한 비옷으로 갈아입기를 기다렸다. 그런 뒤 다시 해녀들에게 미소를 지으며 다가갔다. 해녀들은 나를 본체만체했다.

"저분들은 지금 너무 피곤해요." 다카얀은 나를 말렸다. "지금은 말도 하기 싫을 겁니다." 다카얀은 내일 새벽에 해녀들이 잠수하기 전에 다시 오는 게 좋겠다고 했다. 내게는 열정을 증명해야 한다는 말로 들렸다. 내일 새벽에 다시 온다면, 그들의 문화에 대한 관심이 지대하다는 사실과 또 내가 단순히 관광만 하러 온 관광객이 아니라는 사실을 해녀들에게 증명할 수 있을 것이다.

나는 차로 걸어가 뿌연 유리창 너머로 아마 해녀들이 장비를 챙겨 녹슨 쇼핑카트에 싣고 있는 모습을 바라보았다. 그리고 해녀들이 일렬로 천천히, 부서진 보트들을 지나고 텅 빈 사와다 항구를 벗어나 하얀 안개

속으로 사라지는 내내 눈을 떼지 못했다.

해녀들이 역사상 가장 인원이 많은 프리다이버 집단일 수는 있지만, 최초는 아니다. 프리다이빙 문화의 고고학적 증거는 1만 년 전까지 거슬러 올라간다. 프리다이빙에 대해서는 기원전 2500년의 것으로 추정되는 기록이 남아 있으며 그 범위도 태평양과 대서양, 인도양까지 폭넓다.

기원전 700년경, 호메로스는 커다란 돌덩이를 몸에 매달고 수심 100피트 아래로 내려가 해저에서 해면을 따는 잠수부들에 대해 기록했다. 기원전 1세기에는 지중해 연안과 아시아 사이에서 무역이 폭발적으로 증가했는데, 그 품목 가운데는 중국과 인도에서 만병통치약으로 통하던 붉은산호가 있었다. 붉은산호는 보통 수심 100피트 아래의 깊은 바닷속에 서식하기 때문에 잠수를 하지 않으면 채취할 수 없다. 8세기 즈음 북해를 휘젓던 바이킹은 적군의 배 아래로 잠수해 들어가 선체에 구멍을 뚫어서 침몰시키곤 했다.

곧이어 진주잡이들이 등장했는데, 이들은 카리브해와 남태평양, 페르시아만, 아시아 등지에서 3000년 이상 호황을 누렸다. 14세기 말엽에 실론섬(지금의 스리랑카)을 방문했던 마르코 폴로는 그곳에서 120피트 아래까지 잠수하여 3분에서 4분가량 버티는 진주잡이들을 목격했다.

1534년에 곤살로 페르난데스 데 오비에도라는 스페인의 역사가는 카리브해 마르가리타섬에서 루케이언 원주민들이 100피트 아래까지 잠수하여 무려 15분이나 버티는 걸 보았다고 기록했다.•

물론 이들을 챔피언이라고 할 수는 없다. 오비에도의 기록에 따르면 루케이언 원주민들 가운데 이런 믿기지 않을 잠수 실력을 보유한 사람은 수백 명이나 됐다. 게다가 그들은 보통 해 뜰 때부터 해 질 때까지, 일주일 내내 밥 먹듯 잠수했고, 그러고서도 피곤한 기색 하나 없었다고 한다.

하지만 질병으로 사망하거나 다른 섬에 진주잡이 노예로 잡혀가는 등 루케이언 진주잡이들의 명맥은 불과 몇 년 만에 완전히 끊겼다. 스페인은 그 빈자리를 아프리카 노예들로 채웠다. 아프리카 노예들은 순식간에 잠수를 배웠고, 기록을 보면 잠수를 배우자마자 100피트까지 잠수했으며 15분가량 물속에서 숨을 참았다고 한다.

지구 반대편 인도네시아에서는 영국의 명망 있는 과학 단체인 왕립학회 소속의 현장 과학자 필리베르트 페르나티 경이 '15분' 동안 물속에서 숨을 참고 잠수하는 진주잡이들을 봤다고 기록했다. 15분 잠수에 대한 기록은 일본과 자와섬 등지에서도 발견된다.

그렇다고 장시간 잠수가 쉽다는 의미는 아니다. 그 기록들에도 수면으로 올라왔을 때 많은 잠수부가 격렬한 발작을 일으키거나 눈, 코, 입, 귀에서 물과 피를 쏟았다는 내용이 적혀 있다. 하지만 잠수부들은 몇 분 동안 가만히 앉아 숨을 깊이 들이마시면서 몸을 회복했고, 그러고는 다시 물속으로 들어갔다. 어떤 잠수부들은 하루에 40~50번 잠수했다.

수세기에 걸쳐 단순 여행객에서 타지 사람들에 이르기까지, 비슷한 상황을 목격하고 기록한 사례는 수십 건이 넘는다. 전부 단 한 번 숨을 마시고 수심 100피트까지 잠수해서 15분까지 버텼다는 내용이다. 게다가 그 기록들 어디에도 산소줄을 소지했다거나 특별한 식이요법을 했다

• 오비에도가 본래는 15분이 아니라 5분으로 적으려 했을 것이라고 주장하는 사람도 있고, 그의 기록이 정확하다고 주장하는 사람도 있다.

는 내용은 없다. 잠수부의 대사 활동을 억제하는 약물 따위도 언급된 바 없다. 사실 카리브해 연안의 잠수부들은 대부분 열악한 환경에 갇혀 살았고 잠수 전후로 담배나 궐련을 피우기 일쑤였다. 더러는 물속에서도 잠수 직전에 담배를 피우곤 했다.

그다음부터 잠수부에 대한 기록은 싹 사라졌다. 20세기에 이르면서 출현한 진주 양식과 새로운 어업 기술들은 프리다이빙을 쓸모없게 만들었다. 인간의 몸이 지닌 기막힌 잠수 능력과 인간의 머릿속에 있던 잠수 지식들이 사라지기 시작한 것이다. 바닷가에서 수십 년을 시시때때로 헤엄치며 살았던 나 같은 사람도 고의가 아닐 바에야 30초 이상은 숨을 참으려 들지 않는다.

오늘날 프리다이빙 선수들이 옛날 잠수부들의 능력을 재발견하고는 있지만, 만일 역사 기록들이 사실이라면 다이빙 선수들의 숨 참기 실력은 조상들의 그것에 한참 못 미친다. 오래된 문명은 지금 우리가 모르는 비결을 알고 있었을까? 고대 일본에 숨 오래 참기 비결 같은 게 있었을까? 그걸 알면 나도 더 깊이 잠수하고 더 오래 숨을 참을 수 있을까? 물속에서 견딜 수 있는 우리의 진짜 잠재력을 이제서야 다시 발견하고 있는 걸까?

내게 그 대답을 들려줄 사람이 있다면, 그것은 바로 아마들일 것이다.

이튿날 새벽, 다카얀과 나는 사와다로 달려가 콘크리트 방파제 바닥에 동그랗게 모여 앉아 있는 아마들을 발견했다. 해녀들은 녹차와 함께 말린 해초를 먹고 요구르트를 마시면서 서로 농담을 주고받고 있었다. 가끔씩 뒤로 넘어갈 듯 웃다가 음식을 토하기도 했다. 잠시도 조용할 틈

없이 모두 고개가 꺾일 듯 웃고 떠드느라 정신이 없었다.

아마들은 내가 일본의 다른 지역에서 만난 수줍고 차분한 여자들과는 거리가 한참 멀었다. 그뿐 아니라 영화나 오래된 목판화들, 세기가 바뀔 무렵에 찍은 은판 사진들 속의 이미지와도 닮은 데가 전혀 없었다.

사와다 항구의 해녀들은 음탕하고 노골적이면서 걸걸했다. 짠 바닷물과 햇빛에 수십 년간 단련되어서 그런지 유난히 주름도 많고 피부도 황갈색이었다. 빗질을 언제 했는지 머리카락도 헝클어진 채였고 나달나달 해진 옷을 입고 있었다. 한마디로 아마 해녀들은 나 같은 사람이 자기들을 어떻게 생각하는지 따위는 안중에도 없는, 강단 있고 재기 넘치는 여걸들이었다.

다카얀이 다가가 일본어로 몇 마디 주고받자 해녀들이 고개를 끄덕였다. 그러고 나서 다카얀은 해녀들에게 나를 소개했다.

불그스름한 머리에 얼굴이 길고 키가 큰 요시코는 올해로 예순 살이고 열여덟 살부터 잠수를 했다. 요시코보다 적어도 열 살은 더 들어 보이는 두 해녀는 열다섯 살부터 잠수를 했다고 한다. 이 세 해녀는 친척은 아니지만 성이 ('스즈키'로) 같았고 몇 대째 해녀 전통을 이어왔노라고 주장했다. 키가 좀더 작고 치아 펫Chia pet(머리카락 대신 치아라는 식물을 심은 동물이나 사람 인형 — 옮긴이)처럼 머리가 곱슬거리는 해녀는 올해로 무려 여든두 살이었다. 마누산케 후쿠요라는 이름의 그 해녀는 서른 살 때부터 잠수를 했다는데, 무리에서 목소리가 가장 컸다.

다카얀에게 통역하게 하고서 나는 우선 마누산케에게 몇 가지 질문을 던졌다. 여자들만 아마가 된 이유가 있느냐는 질문에 마누산케는 많은 역사책에서 주장하듯 여자가 남자에게 복종해서가 아니라 여자만이 바다의 리듬을 잘 읽기 때문이라고 말했다. 마누산케는 사와다 항구에서 바다로 나가 상업적으로 물고기를 낚는 저인망 어선들을 언급하면서 말을 이었다. 옆구리에 거대한 그물을 매단 그런 어선들은 주변의 모든 것을 무차별적으로 건져 올린다. 저인망 어선에 걸린 물고기나 해파리, 기타 해양 동물 중 다수가 사실은 상업적으로 쓸모 없는 것들이라서 곧바로 쓰레기처럼 버려진다. 마누산케는 저인망 어선들이 환경을 파괴하고 있으며 바다의 자연스러운 균형을 망가뜨린다고 주장했다.

"남자는 바다에 오면 바다를 착취하고 아주 거덜을 내버려요." 마누산케가 말했다. 반면에 여자가 바다에 손을 담그면 균형이 회복된다. 마누산케는 사람이 자연 그대로의 모습으로 바다에 들어오면 바다는 늘 사람의 필요를 채워준다고 설명했다. 남자든 여자든 가져갈 수 있을 만큼만 가져가야지 그 이상을 탐내서는 안 된다는 것이다. 그러지 않으면 결국 바다에는 남아나는 게 없을 거라는 것이 그녀의 설명이었다.

60년 전만 해도 아마 해녀들은 물안경조차 쓰지 않았다고 한다. 이유인즉, 물안경을 쓰면 앞이 너무 잘 보여서 바다에 사는 다른 생물들에 비해 부당한 이점을 얻기 때문이란다. 1980년대까지 해녀들은 잠수복도 입지 않았다. 지금도 일부 해녀들은 상의를 입지 않고 잠수한다.

한때는 니시나 근방에만 60명 정도의 해녀가 활동하고 있었다. 마누산케에 따르면 지난 20년 동안 그 수가 20명 안팎으로 줄었다. 남은 해녀들도 잠수를 이전만큼 자주 하지 않는다. 2500년간 이어온 아마들의 전통은 곧 사라질 위기에 처했다. "우리가 마지막 해녀일 게요." 마누산케는 말했다.

해녀들은 미안하다고 말하고는 잠수복과 잠수 도구들이 들어 있는 낡은 쇼핑카트 쪽으로 걸어갔다. 인터뷰는 끝났다고, 해녀들이 내게 말했다. 이제 잠수하러 갈 시간이라고.

나는 혹시 해녀들을 따라 잠수해서 그들의 전통적인 숨 참기 기법을 물속에서 볼 수 있지 않을까 기대하며 샌프란시스코에서 출발할 때 미리 잠수 장비를 챙겨왔다. 내 청을 썩 달가워하는 것 같진 않았지만 해녀들은 몇 시간 동안 내가 따라다니는 걸 허락해줬다. 나는 잽싸게 차로 달려가 잠수 장비들을 챙겨서 마누산케 일행에 합류했다.

해녀들이 여기저기 구멍 나고 색 바랜 잠수복을 입는 동안에 나는 일전에 이탈리아에서 주문 제작으로 맞춘 400달러짜리 프리다이빙 슈트에 몸을 밀어 넣었다. 해녀들이 김이 서리지 않게 요구미라는 나무의 잎으로 물안경을 닦을 때 나는 최신 초경량 고글에 김 서림 방지액을 짜서 발랐다. 해녀들이 누군가 쓰다 버린 부기보드 핀을 발에 쏙 끼우는 동안 나는 길이 3피트에 고효율 카무플라주 프이다이빙 핀 중에서도 최신 핀에 내 발을 쑤셔 넣었다. 마누산케는 내 핀을 손가락으로 가리키더니 깔깔거리며 웃었다. 요시코는 내가 쓴 잠수 마스크 유리를 톡톡 치고는 고개를 절레절레 흔들었다. 곱슬곱슬한 머리카락이 제멋대로 뻗어 후광처럼 보이는 스즈키 도시에라는 해녀는 내 잠수복을 만지더니 더러운 오물이라도 만진 양 잽싸게 손가락을 털었다. 제대로 바보가 된 기분이었다.

그렇게 한참 놀림거리가 된 뒤에 나는 해녀들이 지금까지 몇 세기가 지나도록 왜 바다를 그들만의 비밀로 간직하려 했는지 그리고 왜 그 비밀을 외부인들, 특히 남자들과 공유하기를 꺼려했는지를 내 눈으로 확인하기 시작했다. 해녀들에게 나는, 어렴풋하게밖에 이해하지 못하는 어떤 세계로 들어가는 지름길을 찾기 위해 최첨단 기술로 무장한 전형적인 남성이었다. 어떤 면에서 나는 우리 뒤편에서 저인망 어선을 몰고 있는 어부들과 다를 게 없었다. 2500년 동안 해녀들이 지키려고 애써왔던 바다의 균형을 깨뜨리고 있는 불한당이었다.

마누산케와 나머지 해녀들은 방파제의 둥근 자갈 위를 어기적어기적 걸어 내려가 첨벙거리며 물속으로 들어갔다. 해녀들은 물속에서도 웃고 떠들었고, 돌고래와 비슷한 끽끽, 하는 소리를 냈다. 나는 해녀들을 따라 사와다 항구가 안개 속으로 사라질 때까지 수평선을 향해 헤엄쳤다. 스즈키 성을 가진 해녀들이 동쪽으로 방향을 틀어 만의 바위투성이 절벽 바깥쪽으로 헤엄치는 동안 마누산케와 나는 그대로 있었다. 나는 마누산케가 잠수 마스크를 쓰고 숨을 깊게 마신 후, 다른 해녀들에게 휘파람으로 잠수를 알린 다음 몸을 홱 뒤집어 물속으로 내려가는 모습을 지켜보았다. 마누산케는 여든두 살의 노구로 힘차게 발을 차더니 5피트, 10피트, 20피트를 지나 더 깊이 내려갔다. 동작이 점차 부드러워지더니 어느새 킥도 멈추었다. 마누산케의 몸은 스르르, 저절로, 검은 물 아래로 빨려 들어갔다.

나도 숨을 마시고 마누산케를 따라 잠수를 시도했지만, 최첨단 장비에도 불구하고 내 몸은 수면으로 자꾸만 떠올랐다. 그날 나의 잠수 최고 수심은 약 20피트였고 숨 참기 기록은 겨우 20초였다. 조금 더 욕심을 내보고 싶었지만, 그놈의 밀실공포증이 스멀스멀 피어오르면서 극심한 공포가 느껴지기 시작했다. 귀와 머리의 통증도 견딜 수 없을 만큼 심해졌다. 더 버티려고 하면 할수록 잠수의 고통도 커졌다. 결국, 나는 포기했다.

정오쯤 되어서 우리는 육지로 올라와 방파제에 둘러앉았다. 해녀들은 콘크리트 바닥에 그물을 쏟았다. 해녀들은 각자 성게를 수십 마리씩 잡았다. 인근의 스시 음식점들에 팔아서 생활비에 보탤 것들이다. 나는 장비들을 주워 들고 해녀들에게 고맙다고 인사했다. 다카얀이 일본어로 마누산케와 다른 해녀들과 몇 마디 주고받았다. 해녀들은 이번에도 깔깔거리며 웃더니 내게 미소를 지으며 손을 흔들었다.

차로 걸어오면서 나는 무엇 때문에 그리 재미있게 웃었느냐고 다카얀에게 물었다. 다카얀은 마누산케에게 조상들에게서 전수받은 잠수 비결 같은 게 있다면 나에게 알려주겠느냐고 물었단다.

"그래요? 마누산케가 뭐라고 하던가요?"

"그냥 잠수하랍니다." 마누산케가 다카얀에게 한 말을 그대로 옮기면 이렇다. "물속으로 그냥 들어가요!"

아쿠아리우스의 오토 루텐도, 프레드 빌르와 한리 프린슬루도, 그리고 그리스에서 만난 몇몇 다이버도 내게 똑같은 말을 했다. 나를 물속으로 데려다줄 지름길이나 규정집 따위는 없다는 것이다. 비밀 전수 비법도, 비장의 장비도, 식이요법이나 알약도 없다. 깊이 내려가는 비결은, 어쩌면 모두가 이 말을 하려 했던 모양인데, 그 비결은 우리 각자의 몸 안에 있다. 우리는 그걸 갖고 태어난다.

하지만 그 비결을 푸는 일은 내가 상상했던 것보다 훨씬 더 복잡하고 어려웠다.

-1000

수심 1000피트

"사후 세계를 다녀온 기분이랄까요? 전혀 다른 세상으로, 또 다른 차원으로 이동한 것 같았습니다." 파브리스 슈뇔러는 이렇게 말했다.

나는 지금 슈뇔러와 함께 레위니옹의 수도 생드니 번화가에 있는 플래닛 네이처라는 이름의 레스토랑에 앉아 있다. 플래닛 네이처는 슈뇔러와 그의 아내가 운영하는 자연 식품 레스토랑이다. 슈뇔러는 이 레스토랑 2층을 자신의 사무실로 쓰고 있는데, 사무실이라기보다 창고에 더 가까워 보였다. USB 케이블과 전선들이 담쟁이덩굴처럼 책상을 덮고 있었다. 테이블마다 과학 논문들이 금방이라도 무너질 것처럼 위태롭게 쌓여 있고 구석의 책꽂이에는 귀가 접힌 책들이 수북하게 꽂혀 있었다.

해녀들을 만난 지 몇 달이 지난 지금, 나는 허리가 쑤시는 고통을 감수하고 슈뇔러의 유혹에 못 이겨 다시 레위니옹으로 날아왔다. 몇 주 전, 슈뇔러는 자신이 뭔가 '대단한 발견'을 눈앞에 두고 있다면서 내게 이메일을 보냈다. 고래와 돌고래의 끽끽거리는 소리와 관련이 있는 모양인데, 이메일에서는 구체적인 설명이 없었다. 슈뇔러는 자신의 발견에 대해 토론할 자리를 마련하기 위해 일주일간 레위니옹에서 학회를 열기로 했고, 전 세계의 과학자와 연구자들, 프리다이버들로 학회를 꾸렸노라고 말했다.

"당신도 참석해야 할 것 같아서요." 슈뇔러가 말했다. 나는 제안을 수락했고 무려 32시간을 날아서 슈뇔러, 그리고 그가 얘기한 팀과 재회했다. 애초 계획은 열흘 정도 머무를 예정이었다.

학회를 몇 시간 앞둔 지금, 슈뇔러는 나를 앉혀놓고 자신이 사업을 접고 흔히 클릭음이라고 하는 고래와 돌고래들의 끽끽거리는 의사소통 소리를 연구하는 데 전념하게 된 사연을 조목조목 설명했다.

"5년 전 모리셔스로 배를 타고 가면서 시작됐습니다." 슈뇔러는 도도 맥주를 홀짝거리며 이야기를 시작했다. "그때부터 모든 게 달라졌지요."

슈뇔러는 루크라는 한 친구가 파블로 피카소의 딸 팔로마 피카소에게서 사들인 애너벨이라는 이름의 6피트짜리 범선을 몰고 있었다.(선체에는 아직도 '피카소'라는 명패가 달려 있다.) 총 36시간으로 계획한 항해가 시작된 지 몇 시간 채 되지 않아서 루크와 다른 여섯 승선자는 뱃멀미로 기진맥진해져 선실에 내려가 있었다. 선상의 허드렛일들은 오롯이 슈뇔러의 차지가 되었다.

슈뇔러는 그런 일쯤은 전혀 개의치 않았다. 오히려 그는 애너벨을 모는 게 즐거웠다. 망망대해에, 특히 한밤중에 혼자인 것 같은 기분도 나쁘지 않았다. 항해 첫날밤 11시쯤 되었을 때, 슈뇔러는 선장 의자에 기댄 채 별이 총총한 뻥 뚫린 하늘을 바라보았다. 왼손에는 뜨거운 커피가 든 보온병을 들고, 오른손으로는 커다란 타륜을 동북쪽으로 돌리고 있었다. 당김음 조로 뱃머리를 때리는 파도 소리를 들으면서 슈뇔러는 커다란 손이 배 밑으로 다가와 봉고를 치듯 일정한 간격으로 배를 두드리는 상상을 했다. 머리에 쓴 헤드폰에서는 도어스의 명곡 「라이더스 온 더 스톰」의 베이스 멜로디가 점점 더 커지고 있었다. 노래의 배경으로 깔린 바람 소리와 빗소리가 현실의 바람 소리와 그의 얼굴과 머리 위로 흩뿌리는 짠 물보라 소리와 뒤섞여 들려왔다. 마냥 기분이 좋았던 슈뇔러는 배를 몰면서 하수구로 더러운 물이 빠지듯 밤의 어둠이 사라지고 투명에 가까운 푸른빛과 오렌지색으로 깨어나는 하늘을 바라보았다. 다시 아침이 밝았다.

오전 10시쯤 되자 바람도 잦아들고 물결도 잔잔해졌다. 선실에서 하나둘씩 올라오는 승선자들은 탈진한 탓인지 하나같이 눈은 퀭하고 얼굴은 팅팅 부어 있었다. 선장인 루크가 슈뇔러에게 밤새 불침번을 서게 해서 미안하다며 사과했다. 슈뇔러는 고개를 끄덕였다. 그리고 커피를 한 모금 마시고는 루크가 나중에 먹으려고 싸 온 샌드위치의 마지막 한 조각을 삼켰다. 슈뇔러는 수평선을 바라보고 있었다. 그때 루크가 배 바로 옆에서 물보라가 기둥처럼 솟구치는 걸 목격했다. 물속에서 수류탄이라도 폭발하는 것 같았다. 곧이어 작은 물보라 기둥이 폭발하고 또 하나가 솟아올랐다. 슈뇔러는 인도양의 이 구간에서 고래를 봤다는 선원들의 이야기를 들은 적이 있었다. 멀찌감치 지나가는 고래를 보는 일은 흔했지만, 고래들이 배를 에워쌌다는 말은 들어본 적이 없었다. 슈뇔러는 물속으로 뛰어 들어가 고래들과 헤엄치고 싶은 강렬한 충동을 느꼈다.

그는 선실로 달려 내려가 마스크와 핀, 스노클과 방수 카메라를 집어 들었다. 선미 쪽에서 슈뇔러를 본 루크가 한사코 만류했지만, 또 한 명의 승선자 장마리가 선미로 와서 슈뇔러와 합류했다. 두 사람은 곧장 물속으로 뛰어 들어갔다.

바다는 대체로 고요했지만, 그들 근처의 물에서는 쉴 새 없이 끽-꽉-끽-꽉 거리는 클릭음이 정신없이 울려 퍼지고 있었다. 마치 가스레인지 천 대를 반복해서 점화하는 소리처럼 들렸다. 슈뇔러는 처음에는 이 소음이 배의 기계 장치에서 나는 소리일 거라고 판단했다. 배에서 점점 더 멀리 헤엄쳐 가봤지만 소리는 점점 더 커지기만 했다. 슈뇔러도 난생처음 듣는 터라 소리의 출처를 종잡을 수 없었다. 그 순간 슈뇔러는 아래쪽을 바라보았다.

방첨탑처럼 몸을 곧추 세운 고래 한 무리가 사방에서 슈뇔러를 에워싸고 커다란 눈으로 그를 바라보고 있었다. 고래들은 수면으로 헤엄쳐 올라오고 있었는데, 수면에 가까워질수록 더 큰 소리로 울고 있었다. 고래들은 슈뇔러에게 다가오더니 그의 얼굴에 머리를 비벼댔다. 고래들의 끽끽거리는 소리가 피부를 관통해 뼈와 흉강까지 떨리는 기분이 들었다.

"ET와 접촉하는 기분이었죠. 그거 있잖아요, 다른 행성의 존재와 연결되는 기분이요." 슈뇔러가 말했다. 그와 장마리는 그날 두 시간을 고래와 헤엄쳤다. 그날 이전까지만 해도 슈뇔러는 고래에 대해 아는 게 전혀 없었다. 그날 이후로 고래는 슈뇔러와 장마리의 관심을 사로잡았다.

레위니옹에 있는 집에 돌아오자마자 슈뇔러는 구글에서 검색한 고래 이미지와 자신이 찍은 사진을 비교했다. 향유고래는 고래 중에서도 이빨을 가진 가장 큰 고래로, 과거의 기록들에 따르면 제일 포악한 바다의 포식자였다. 슈뇔러가 검색한 향유고래는 사람을 죽이고 배를 부수고 대왕오징어들을 게걸스럽게 먹어치우는 난폭한 이미지로 그려지고 있었다. 그런데 잠깐의 만남이긴 했지만 슈뇔러가 본 향유고래는 순하고 호기심 많으며 총명해 보였다. 과거의 기록들이 얼마나 정확한 건지 의심스러웠다. 물론 20센티미터의 이빨로 충분히 사람을 죽일 순 있겠지만, 슈뇔러가 만난 고래들은 다정하게 다가왔고, 자기들 무리에 그를 기꺼이 끼워주려는 모습이었다. 슈뇔러는 기록과 현실이 얼마나 차이가 있는지 확인하고 싶어졌다. 향유고래의 습성에 관한 최근 연구 자료가 있는지 찾아보았지만 한 건도 발견하지 못했다.

"전 세계 군사 기관이나 수천 명의 과학자 중 틀림없이 누군가는 이 동물들에 관해 연구하고 있을 거라고 생각했어요. 그런데 정말 하나도 없더라고요. 연구는커녕 동영상이나 사진도 발견하지 못했습니다."

슈뇔러는 자기 부인, 배에 함께 타고 있는 다른 승선자들 또 그 밖의 다른 모든 이에게 자신의 경험을 이해시키기 위해서는 직접 체계적인 연구를 시작하는 방법밖에 없다는 사실을 깨달았다. 향유고래와 조우한 지 6개월 뒤, 슈뇔러는 잡화상을 팔고 비영리 단체인 데어윈을 출범시켰다. 레위니옹대 생물학과에 입학한 그는 돌고래와 흰돌고래, 범고래를 비롯하여 그가 향유고래와 헤엄치면서 듣고 느꼈던 독특한 클릭음을 내는 해양 동물들(주로 이빨이 있는 해양 포유류들)에 대해 공부했다.

향유고래가 레위니옹 앞바다에 출몰하는 일은 드물지만, 1000피트까지 잠수할 수 있는 병코돌고래는 흔하게 눈에 띈다. 슈뇔러는 돌고래들 사이의 의사소통을 녹음하고 녀석들의 발성을 분석하는 데 주력했다.

병코돌고래의 발성에는 클릭음뿐 아니라 파열하듯 울리는 고동 소리와 휘파람 비슷한 소리도 있다.

지난 5년간 슈닐러는 소수의 자원봉사자와 함께 야생 돌고래의 습성을 100여 시간이 넘는 분량으로 녹화했다. 이 분야에서는 세계에서 가장 방대한 기록인 셈이다.

슈닐러는 자리에서 일어나 나를 책상 앞으로 데려갔다. 산더미처럼 쌓인 서류 뭉치 뒤쪽, 음성 신호를 시각적으로 보여주는 스펙트로그램 프로그램이 돌아가는 커다란 컴퓨터 모니터에는 일전에 그가 녹음한 돌고래의 클릭음과 다른 여러 소리가 흐르고 있었다. 슈닐러는 트랙 하나를 열면서, 클릭음 패턴이 빠르게 반복되는 일명 파열 고동 소리라고 설명했다. 스피커에서 마치 파티 호루라기와 기관총을 발사하는 것 같은 소리가 터져 나왔다. "이 소리들이 전부 돌고래 한 마리가 내는 소리랍니다." 슈닐러는 또 한 번 강조한다. "한 마리가요."

돌고래를 비롯한 다른 고래목의 동물들은 반향정위echolocation라고 불리는 정교한 음파 탐지 능력에 이 클릭음을 이용한다. 음의 세기만 조금 더 약할 뿐, 몇 년 전 슈닐러의 몸을 진동시킨 향유고래의 소리와 비슷했다.

고래목 동물들의 반향정위를 이해하려면 음파 탐지가 무엇인지 먼저 알아야 한다고 슈닐러는 말한다.

단순한 음파탐지기는 스피커와 수중 청음기(수중 마이크라고 생각하면 된다) 한 대씩으로 이루어져 있다. 먼저 물속에서 고동 소리나 '핑' 소리를 내보낸다. 물속에서 퍼지던 '핑' 소리가 어떤 물체에 부딪히면 그 반향이 돌아오는데, 수중 청음기로 이 반향을 녹음한다. 그런 다음 컴퓨터 프로세서로 반향이 되돌아오는 데 걸리는 시간을 계산한다. 이런 탐지기로는 물체까지의 거리와 물체가 움직이는 방향만을 알 수 있다. 그 이상의 정보는 얻기 힘들다.

그보다 좀더 복잡한 음파 탐지 시스템은 수십 대의 수중 청음기를 이용하기 때문에 좀더 넓은 지역을 탐색할 수 있다. 핑 소리를 송출하고 각각의 청음기로 매우 미세한 시차를 두고 돌아오는 반향들을 녹음한다. 이런 시스템으로는 물체까지의 거리뿐만 아니라 물체의 모양과 깊이까지도 알 수 있다. 대강의 윤곽을 파악할 수 있다는 의미다.

돌고래와 일부 고래들은 두개골 안에 수천 개에서 많게는 수만 개에 이르는 반향 수집 청음기를 내장하고 있다. 고래목의 동물은 클릭음을 내고(핑 소리를 송출하는 효과를 낸다), 아래턱 바로 밑에 있는 멜론melon이라고 불리는 지방 주머니로 반향 정보를 수집한다. 단 두 개의 방향 출처를 파악하여 정보를 수집하는 귀와 달리, 멜론은 수천 개의 데이터 지점들에 관한 정보를 수집할 수 있다. 이 정보를 바탕으로 고래목의 동물들은 물체의 위치와 모양, 깊이뿐 아니라 내부 구조와 외형 그리고 더 나아가 대상 주변의 생물들까지도 파악할 수 있다.

돌고래들은 약 10킬로미터 떨어진 물체의 크기와 모양, 위치를 감지할 수 있다. 돌고래의 반향정위 능력은 워낙 강력하고 민감해서 모래 속 30센티미터까지도 꿰뚫을 수 있고, 피부 속까지 투시할 수 있다. 돌고래들은 주변에 있는 동물들의 폐와 위, 심지어 뇌 속까지도 들여다볼 수 있다. 과학자들은 돌고래가 이런 정보를 바탕으로 물체의 위치는 물론 내부 구조와 겉모양까지 HD 화질의 투시도처럼 선명하게 파악할 수 있다

고 생각한다. 간단히 말해서 돌고래를 비롯한 몇몇 고래목의 동물은 투시력을 지니고 있다.[1]

반향정위는 신기하기만 한 게 아니라 고래목의 생존을 좌우할 만큼 중요한 능력이다. 바다의 90퍼센트는 영구적인 암흑으로 덮여 있고, 수면에서 가까운 물속도 밤에는 칠흑 같다. 이런 약광의 환경에 적응하기 위해서 일부 동물은 고감도의 눈을 지니도록 진화했다. 또 어떤 동물은 생물발광을 통해 스스로 빛을 내도록 진화했고, 가오리와 상어는 전자기 수용능력을 발달시켰다. 고래목의 동물들은 반향정위라는 놀라운 능력을 지니도록 진화했다.

이 '감각'이 바다에만 한정된 것은 아니다. 박쥐는 반향정위 감각을 이용해서 완벽한 어둠 속에서도 5000만 년 동안 번성했다. 인간도 수백 년 아니 어쩌면 수천 년 동안 반향정위 감각을 지니고 있었다.

1700년대 중반에 프랑스의 철학자 드니 디드로는 '맹시盲視'의 사례를 언급했다. 거의 한 세기가 지난 1820년대에 영국의 맹인 탐험가 제임스 홀먼은 독학으로 터득한 반향정위 기술을 이용해 세계를 여행했다. 제임스 홀먼을 비롯한 몇몇 사람의 반향정위 감각에 대해 대중은 회의적이었다. 대부분의 사람은 그들이 일부나마 시력을 갖고 있었거나 아니면 물체에 다가갈 때 얼굴에서 느껴지는 압력을 감지하는 소위 안면 시각을 갖고 있었다고 생각했다. 1941년에 코넬대의 심리학자 카를 달렌바흐가 검증에 나섰다.

달렌바흐는 맹인 피험자들 한 그룹을 모집하여 실험에 착수했다. 피험자들을 벽을 향해 걸어가게 한 후, 벽을 감지하는 순간에 왼손을 들게 했다. 그리고 계속 걸어가다가 벽에 부딪히기 직전에는 오른손을 들게 했다. 맹인 피험자들은 벽에 수십 센티미터 가까이 다가갔을 때 벽을 감지했고, 몇 센티미터 앞까지 다가갔을 때 걸음을 멈추었다. 그다음 달렌바흐는 정상 시력을 가진 피험자 한 그룹을 모집하여 눈가리개를 씌우고 같은 실험을 반복했다. 정상 시력의 피험자들 역시 맹인 피험자들과 거의 같은 수준으로 정확하게 벽을 감지했다.

또 달렌바흐는 통로에 무작위한 간격으로 널빤지를 세워놓고 통로를 걸어가면서 널빤지의 위치를 파악하는 실험을 실시했다. 30차례에 걸쳐 실험한 결과, 눈가리개를 한 정상 시력의 피험자들도 맹인 피험자들 못지않게 신뢰할 만한 수준으로 널빤지의 위치를 알아냈다. 이어서 그는 주변의 물체들로부터 감지할 수 있는 압력을 최소화하기 위해 피험자들의 머리에 펠트 천으로 만든 두건을 씌우고 안면 시각을 검증했다. 두건 쓴 피험자들은 두건을 착용하지 않았을 때와 마찬가지로 쉽사리 널빤지와 벽을 감지했다. 달렌바흐의 결론은 정확했다. 인간은 안면 시각을 이용하지 않는다. 그리고 우리 역시 반향정위라는 여섯 번째 감각을 지니고 있다.

슈뇔러에게 반향정위라는 초자연적인 개념을 소개받은 지 몇 주가 지난 뒤에 나는 로스앤젤레스 교외의 한 거리를 브라이언 부시웨이라는 남자와 함께 걸었다. 부시웨이는 반향정위 감각에 대해서만큼은 세상에서 가장 축복받은 사람일 것이다. 점심을 먹기 위해 그가 고른 레스토랑까지 걸어가는 동안 부시웨이는 입으로 강렬하고 짧은 클릭음을 내면서 오른쪽에 도로가 있고 왼쪽에 밴이 주차되어 있으며 앞쪽 모퉁이에 나뭇잎이 무성한 가로수들이 있다고 내게 알려줬다. 다른 방향을 향해 클릭음을 내더니 이번에는 방금 우리가 지나친 집이 석고로 치장된 자그마한 집이었고, 도로 건너편에 있는 집에는 커다란 퇴창이 나 있다고 설명했다. 바로 앞의 아파트 단지 정원에서는 잔디를 깎아달라는 성화가 들리는 것 같다고도 했다. 부시웨이는 인도 가장자리로 가더니 잠시 멈추었다가 곧바로 나를 데리고 주차된 차 두 대를 지난 뒤 도로를 건너 반대편 인도로 올라갔다. 오른쪽으로 방향을 틀자마자 다시 클릭음을 내더니 차들이 빼곡한 주차장을 가로질러 갔다. 그러고는 이 길 끝에 우리가 가려는 쿠바 레스토랑이 있다고 말했다. 나는 잠자코 그를 따라 입구를 지나 식당 안으로 들어갔다. 레스토랑 직원이 우리를 구석에 있는 테이블로 안내하고 메뉴판을 건네줬다. 부시웨이는 메뉴판을 보지도 않고 내려놓더니 내게 자기의 메뉴도 주문해달라고 부탁했다. 그는 메뉴를 읽지 못한다. 심지어 메뉴판을 볼 수도 없다. 부시웨이는 맹인이다.

내가 부시웨이에 대해 알게 된 건 유튜브 동영상을 통해서였다. 영상에서 그는 산악자전거를 타고 산길을 달렸다. 나뭇가지와 관목, 큰 자갈을 요리조리 날래게 피하면서 산길을 올랐고, 가파른 계단 역시 자전거를 타고 빠르게 내려왔다. 그다음 영상에서 부시웨이는 강변을 따라 조깅을 했고 폭이 9미터쯤 되는 진흙 웅덩이도 가뿐히 통과했다. 공원에서 어떤 나무가 있는 곳까지 자연스럽게 걸어가서 그 나무를 기어오르는 동영상도 있었다.

다부진 체격에 부스스한 곱슬머리의 부시웨이의 시력에 문제가 생긴 것은 그가 열네 살 때였다. 하루는 칠판에 쓰인 글자가 잘 보이지 않더란다. 그리고 몇 주 뒤 하키를 하던 도중에는 퍽이 보이지 않았다. 친구들 얼굴도 분간하기 어려워졌다. 콘택트렌즈를 새로 바꿔서 착용해봤지만 소용이 없었다. 어느 날 아침에 일어나 주위를 둘러보니 모든 게 밝은 흰색으로만 보였다. 어머니는 부시웨이를 데리고 병원으로 달려갔다. 의사는 부시웨이의 동공을 커다랗게 확장시키더니 곧 불을 끄고 몇 가지 상투적인 검사를 실시했다.

"그 뒤로는 어떤 전등도 다시 켜지지 않더군요." 부시웨이는 테이블에서 냅킨을 집어 무릎 위에 올려놓으면서 말했다. "검사를 마치고 진료실을 나오면서 어머니에게 '해가 떴나요?'라고 여쭤본 게 기억납니다."

해는 떴지만, 부시웨이는 난생처음으로 해를 볼 수 없었다. 해만이 아니라 그 어느 것도 다시 못 볼 터였다.

부시웨이는 시신경위축증을 앓았다. 양쪽 눈의 시신경이 망가지는 희귀병이었다. 진료를 받고 집으로 돌아온 뒤부터 그는 몇 달 동안 실의에 빠져 있었다. 의사들은 그에게 시신경 조직 검사를 권했다. 시신경이 손상된 게 유전적 원인 때문인지 알아보기 위해서였다. 외과 의사들은 그의 머리 절반을 면도하고 두개골 일부를 절단한 다음 뇌를 옆으로 밀어놓고 시신경 일부를 떼어냈다. 수술 후 그의 뇌에는 반흔 조직이 형성되었고, 그로 인해 발작이 시작되었다. 의사들은 항발작제를 그에게 투여했는데, 극심한 현기증과 몸이 계속 떨리는 부작용이 수반됐다. "몸을 움직이는 것도 불편했습니다." 부시웨이는 말을 이었다. "그냥 온종일 소파에 앉아서 라디오 토크쇼나 오디오북을 들으면서 지냈어요." 당시 부시웨이에게 최고의 행복은 어머니와 함께 차를 타고 드라이브스루 레스토랑에 가서 음식을 사서 집으로 돌아와 먹는 것이었다.

부시웨이는 시력을 완전히 잃었고, 몇 달 만에 학교로 돌아갔다. 예전에는 자주적이고 활동적인 학교생활로 상까지 받았지만, 이제는 교내에서도 자원봉사자의 도움을 받아야 하는 처지가 되었다. 운동은커녕 더 이상 혼자서 교내를 걸어 다니지도 못했고 친구들과 어울릴 수도 없었다. 따돌림당해서 완전히 외톨이가 된 기분이었다. 계속 이렇게 살아야 한다는 생각에 몹시 두려웠다.

몇 주가 지난 어느 날, 교정 안마당에 서 있을 때 부시웨이는 별안간 정면에 무언가 있다는 느낌을 받았다. 기둥이었다. 그 기둥 옆으로 몇 개의 기둥이 더 있음을 감지했다. "기둥을 만진 게 아니었어요. 기둥에서 1.5미터 정도 떨어져 있었지만, 맹세컨대 그 기둥들이 보이는 것 같았죠. 기둥을 셀 수도 있을 것 같았으니까요. 제6의 감각이란 게 이런 것이구나, 싶었습니다. 마법 같은 힘이었어요."

얼마 지나지 않아 부시웨이는 다시 스케이트보드를 타고 농구도 하고 롤러블레이드를 타는 생활로 돌아왔다. 산악자전거 팀과 어울려 산길을 질주하기도 했다. 시력이 돌아온 게 아니었다. 시신경 손상은 되돌릴 수 없었다. 하지만 시신경 대신 또 하나의 감각이 부시웨이 몸 안에서 느닷없이 켜졌고 실명한 눈 사이로 세상을 '볼' 수 있게 해줬다. 이 감각 덕분에 부시웨이는 100여 미터 떨어진 주차장에 있는 차를 가리킬 수도 있고 건너편 인도에 있는 가로수의 둘레를 말할 수도 있으며 기다란 식탁 맞은편에 있는 루빅 큐브와 테니스공을 구별할 수도 있다.

부시웨이가 이 기술을 연마하도록 도와준 이가 있었다. 학교에서 기둥을 처음으로 감지하고 몇 주 뒤, 시각장애 학생들의 점심 모임에서 알게 된 시각장애인 자활 도우미 대니얼 키시였다. 생후 1년 만에 시력을 완전히 잃어버린 키시는 '시각장애인과 더불어 살기 모임World Access for the

Blind'이라는 비영리 단체를 운영하고 있다. 이 단체에서 그는 플래시소나Flashsonar라는 프로그램을 개발하여 시각장애를 가진 사람들에게 반향정위 감각을 사용하는 법을 가르친다.

플래시소나는 어떤 장치를 말하는 게 아니라 인간의 몸 안에 존재하는 감각을 이용하는 방법을 일컫는다. 부시웨이에게 기둥을 처음 보여준 바로 그 '마법 같은 힘'은 진짜 마법이 아니라고, 키시는 설명했다. 지난 5000만 년 동안 돌고래와 고래들이 깊고 어두운 바닷속을 헤엄쳐 다닐 때 이용한 반향정위 감각과 동일하다. 키시는 인간도 어둠 속에서 '볼' 수 있다고 설명한다. 다만 우리 대부분이 그것을 이용하는 법을 잊은 것뿐이라고.

쿠바 레스토랑에서 내가 지켜보는 가운데 부시웨이는 입으로 빠르고 경쾌하게 딸깍하는 소리를 내고 잠시 후에 테이블 위로 손을 뻗어 물 컵을 집어 들었다. 자리에서 계산한 뒤에도 부시웨이는 테이블에서 일어서면서 다시 딸깍 소리를 냈다. 손님들로 붐비는 레스토랑에서 나를 데리고 나와서 주차장을 지나 사람들이 분주히 걸어다니는 인도를 걷는 내내 부시웨이는 딸깍거리는 소리를 냈다. 그가 사는 아파트로 이어진 좁은 골목에 이르러서는 발밑을 조심하라고 말하고는 자기 집 현관으로 나를 안내했다.

플래시소나 첫 번째 강습이 시작됐다. 부시웨이는 거실 한가운데 자기와 양팔 간격으로 나란히 서보라고 말했다. 그는 혀를 입천장에 댔다가 아랫니 바로 뒤로 잽싸게 떨어뜨리면서 딸깍 소리를 냈다. 그리고 그 반향을 듣고는 주변에 있는 물체의 크기와 모양을 파악했다.

가령 1미터 전방에 있는 벽은 더 멀리 있는 물체보다 반향을 더 빠르게 들려준다. 물체마다 반향이 다른데, 그 이유는 물체의 구조와 그것을 구성하는 물질이 다르기 때문이다. "말랑말랑한 물체는 반향도 말랑말랑합니다." 예컨대, 목재로 된 벽은 유리로 된 문보다 소리를 조금 더 많이 흡수하기 때문에 반향도 약하다. 부시웨이는 이 반향의 차이를 거의 즉각적으로 알아차린다.•

부시웨이는 딸깍 소리를 내고 바로 거실을 가로질러 부엌으로 들어갔다. 그는 허리를 굽혀 서랍에서 도마를 꺼내고 다시 딸깍 소리를 내더니 내게 다가와 두 발짝 앞에 섰다. 도마를 내 머리 좌측으로 한 팔 간격 떨어진 곳에 놓아두고는 내 눈에 눈가리개를 묶었다.

"자, 딸깍 소리를 내보세요." 혀끝을 잽싸게 떨어뜨리자 거품 터지는 소리가 났다. 눈가리개를 하고 있었는데도 그가 내 오른쪽으로 걸어오는 소리가 들렸다. 부시웨이는 도마를 들어올리고(눈가리개 때문에 정말 들어올렸는지 볼 수는 없었지만) 다시 딸깍 소리를 내보라고 했다. 반향에서 차이가 있다는 걸 곧바로 느낄 수 있었다. 몇 분 만에 나는 부시웨이가 내게서 2미터가 조금 안 되는 간격을 두고 도마를 이리저리 옮길 때마다 그 위치를 분간할 수 있게 되었다.

눈가리개를 풀었다. 꽤 뿌듯한 마음이 들었지만, 부시웨이는 너무 호들갑 떨지 말라고 장난조로 말했다. 다섯 살짜리도 그 정도는 한다는 것이다. 어쩌면 더 잘할지도 모른다나?

• 반향정위 감각을 사용하는 사람이 '딸깍' 소리를 낸 뒤에 이 소리가 초속 약 335미터로 달려갔다가 다시 사용자의 귀로 되돌아와서 뇌에 하나의 이미지를 만들기까지는 100만 분의 3초가 걸린다.

부시웨이는 스페인에서 실시됐던 한 연구를 언급하면서 플래시소나에 대해 자세히 설명했다. 스페인의 한 연구진이 정상 시력의 피험자 열 명에게 플래시소나의 기초 원리를 한 번에 한 시간 남짓 2회에 걸쳐 학습시켰다. 그런 다음 피험자들을 사방 15미터쯤 되는 방에 들어가게 했다. 실제 생활환경과 비슷한 효과를 내기 위해 방 안에는 입체음향 시스템을 통해 백색소음과 복잡한 패턴의 반향음을 배경으로 깔아줬다. 피험자들은 벽과 널빤지 같은 편평한 표면, 그리고 약 9미터 떨어져 있는 모니터를 감지했다. 방 안을 걷게 했을 때도 피험자들은 벽에 부딪히지 않고 약 50센티미터 앞에서 걸음을 멈추었다.

2011년에는 캐나다의 한 연구진이 키시를 포함하여 반향정위 감각을 지닌 다른 몇 명의 시각장애인이 플래시소나 기법을 이용할 때 뇌의 어떤 부위가 활성화되는지를 알아보기 위해 자기공명영상fMRI을 촬영했다. 그리고 플래시소나 사용자들과 정상인들의 뇌 영상을 비교했다. 키시를 포함한 플래시소나 사용자들의 경우 대뇌겉질에서 시각을 담당하는 부위가 활성화되었다. 반면에 정상 시력의 피험자들의 경우 딸깍 소리를 낼 때도 이 부위가 전혀 활성화되지 않았다.

이러한 연구들은 플래시소나 사용자들이 우리 대다수가 '시각' 정보를 처리하는 방식으로 '청각' 정보를 처리하고 있음을 보여줬다. 반향정위 감각은 한마디로 소리의 반향을 통해 대상을 '보는' 감각이었던 것이다.

마스터 스위치와 자기수용 감각은 잠재적이고 무의식적인 감각이다. 우리는 이 감각들이 작동하고 있어도 결코 이를 알지 못한다. 그에 비해 인간의 반향정위 감각은 명백하다. 우리는 그것의 효과를 '듣고' 그것의 효과를 '볼' 수 있다. 게다가 어느 정도 연습만 하면, 그리고 청력이 손상된 사람만 아니라면 누구든지 이 비시각적인 시력을 연마할 수 있다.

부시웨이는 현재 키시와 함께 '시각장애인과 더불어 살기 모임'에서 강사로 활동하고 있다. 지난 5년 동안 부시웨이는 14개 국가에서 500명이 넘는 시각장애인에게 플래시소나를 가르쳤다. "만일 당신이 시력을 잃으면 시작장애인 협회는 당신에게 지팡이 하나와 안내견 한 마리를 주고, 우체국이나 레스토랑에 어떻게 가고 또 어떻게 귀가하는지 알려줄 겁니다." 부시웨이는 덧붙여 말했다. 하지만 플래시소나는 완전한 자유를 돌려준다고.

부시웨이는 내게 다시 눈가리개를 묶으라고 말했다. 그러고는 현관문을 열고 바닷속 깊은 곳만큼이나 깜깜해진 세상으로 나를 데리고 나왔다. 나는 가만히 서서 내 귀가 한밤중 도시의 소리들에 적응하기를 기다렸다. LA 시가지가 예전보다 한결 더 또렷하고 풍부한 소리들로 새롭게 내게 다가왔다.

"자, 이제 해봐요." 부시웨이가 말했다. "딸깍."

고래목의 동물들과 마찬가지로 우리도 클릭음과 그 반향을 이용해 우리 세상을 감지하고 헤엄쳐다닐 수 있다. 파브리스 슈뉠러는 더 나아가 고래목 동물들이 이런 소리를 이용해 서로 의사소통을 한다고 생각한다.

다시 레위니옹으로 돌아와, 슈뉠러는 컴퓨터에 띄웠던 파일을 닫고 다른 음성 파일을 열었다. 그리고 이어서 반향정위에 관한 논의는 이쯤에서 멈추자고 말했다. 레위니옹에서 몇 주간 열리는 과학자, 프리다이버, 연구자들의 학회에 나를 초대한 이유를 이제야 설명하려는가 싶었다. 먼저 그는 이 자리가 고래목 동물들의 클릭음과 관련된 학회이기는 하나, 어둠 속에서 보는 것과는 하등의 관계가 없다고 운을 뗐다.

"이걸 좀 보셨으면 해요." 난장판 같은 사무실 한편에 있는 컴퓨터 모니터를 가리키며 그가 말했다. "얼마나 조화로운지 보세요." 모니터에는 돌고래의 발성 중에서도 휘슬이라고 불리는 소리를 판독한 두 개의 스펙트로그램이 흐르고 있었다. 휘슬 패턴들은 각각이 정확하게 1000분의 1초 간격으로 구분되어 나타났다.

슈뇔러는 고래목 동물들의 클릭음과 휘슬음이 정교한 의사소통의 뼈대라고 믿는다. 그는 돌고래의 휘슬음 두 개를 모니터에 띄웠는데, 앞서 보여준 두 개의 스펙트로그램과 패턴이 동일해 보였다. 돌고래는 이런 휘슬음을 정확히 똑같은 빈도와 길이로 얼마든지 반복해서 낼 수 있다. 휘슬음을 변형시킬 수도 있고, 이렇게 변형된 휘슬음을 여러 번 반복할 수도 있다. 슈뇔러는 휘슬음에서 나타나는 각각의 패턴이 모종의 언어를 나타낼지도 모른다고 생각한다. "당신도 알겠지만, 이건 개가 짖는 소리와는 차원부터가 다르죠." 그가 웃으며 말했다.

슈뇔러의 첫 번째 실험은 2008년에 방수 휴대전화에 돌고래 휘슬음을 다운로드해서 열두 살 난 딸 모건과 함께 레위니옹의 해안을 따라 모터보트를 몰고 나갔을 때 시작되었다. 출발한 지 한 시간쯤 되었을 때 돌고래들이 보트로 다가왔다. 슈뇔러는 수중 카메라를 들고, 모건은 휴대전화를 든 채, 두 사람은 물속으로 뛰어 들었다. 돌고래들을 몇 미터 앞에 두고 모건이 휴대전화의 플레이 버튼을 눌렀다.

"돌고래 한 마리가 물 밖으로 머리를 쏙 내밀고 '안녕 제임스'라고 인사하는 것 같았죠." 슈뇔러가 그날 일을 들려줬다. "그런데 우리가 그 녀석에게 정확히 무슨 말을 한 건지 도무지 확신이 안 서더라고요. 우리가 녹음한 소리가 '안녕'일 수도 있고, 아니면 '저리 꺼져!'일 수도 있었으니까요."

무리 중 한 마리가 별안간 멈추더니, 뭔가 갑자기 알아차린 것처럼 높은 톤의 휘슬음을 연달아 내고는 헤엄쳐 가더란다. 이 녀석에게 슈뇔러는 '꽉꽉이'라는 이름을 붙여줬다. 모건은 휴대전화 볼륨을 높이고 다시 플레이 버튼을 눌렀다. 그러자 꽉꽉이가 제자리에 멈추더니 뒤로 돌아 응답했다.

"꽉꽉이는 우리가 자기에게 뭐라고 말하는지 생각하는 눈치였죠. 언어였는지 뭔지는 모르지만 우리가 그 녀석들의 소통방식을 배웠던 것처럼 말이에요!"

그렇게 몇 달이 지나자 슈뇔러가 바다로 나갈 때마다 꽉꽉이는 그의 보트를 알아보고 찾아오곤 했다. 그러고는 마치 끊겼던 대화를 이어가려는 듯 꽉꽉거리며 수다를 떨기 시작했다.

슈뇔러는 돌고래들이 대단히 섬세하고 특별한 휘슬음 신호를 이용해서 큰 무리 안에서도 서로를 구별한다고 말한다. 어미 돌고래는 새끼가 생후 며칠이 될 동안 동일한 패턴의 휘슬음을 — 일부 해양생물학자는 이 휘슬음으로 새끼에게 이름을 각인시킨다고 생각한다 — 자주 낼 것이다. 돌고래들은 다른 돌고래에게 접근할 때 바로 이런 이름 신호로 자신의 존재를 알린다. 인간에게 접근할 때도 자신의 이름 신호를 낸다. 슈뇔러는 꽉꽉이가 휴대전화에서 나오는 휘슬음을 들었을 때도 곧바로 자신의 이름 신호로 응답했을 것으로 추론한다. 말하자면 자기소개를 한 것이다.

작년에 슈뉠러는 자신의 휘슬음 신호를 만들었다. 쉽게 말해 돌고래들에게 자신을 소개하기 위해 돌고래식으로 이름을 지은 것이다. 다른 돌고래들의 휘슬음과 혼동하지 않도록 특별하게 변형시킨 휘슬음을 고안했다. 그래야만 다른 돌고래들이 그 소리를 듣고 슈뉠러를 부를 수 있을 테니까 말이다. 지금까지 녹음된 돌고래들의 모든 휘슬음은 매끄러운 음파 형태였다. 슈뉠러의 휘슬음은 음향학적 용어로 말해서 몹시 거칠었다. 각이 날카로운 사각 파형을 갖는 휘슬음으로 현재까지 녹음된 돌고래 휘슬음의 음파 형태와는 완전히 달랐다. 그는 해안으로 나가 돌고래 한 무리를 찾아내고 물속으로 들어가 자신의 요상한 신호 휘슬음을 틀어보았다.

"처음으로 신호음을 틀었을 때, 녀석들은 굉장한 관심을 보였죠. 하지만 따라하지는 않더군요." 여섯 달 뒤 슈뉠러는 다시 바다로 나가 다른 돌고래 무리의 휘슬음을 녹음했다. 사무실로 돌아와 녹음된 소리를 분석하면서 슈뉠러는 무리에 있던 열 마리 모두가 자기들의 휘슬음에 그가 만든 사각 파형 휘슬음을 차용했다는 사실을 발견했다.

"녀석들이 제 휘슬음을 자기들 언어로 사용하고 있었다니까요!" 슈뉠러가 흥분한 목소리로 내게 말했다. 그것은 마치 중국의 한 오지 마을로 여행을 갔는데 그곳 주민이 모두 그의 이름을 알고 있는 것과 같은 놀라운 경험이었다.

고래목의 동물은 다른 동물에 비해 유난히 크고 복잡한 뇌를 갖고 있다. 일례로 병코돌고래의 뇌는 인간의 뇌보다 10퍼센트가량 더 크고, 여러 면에서 더 복잡하다. 문제 해결과 같은 고차원적인 사고를 관장하는 뇌의 한 부분인 새겉질의 면적도 뇌 크기에 비례해 더 넓다. 대학에 다니는 동안 뇌 실험실에서 몇 달간 일한 적이 있는 슈뇔러에게 이런 크기 차이는 결코 우연으로 보이지 않았다. 그것은 돌고래를 비롯한 고래목의 동물들이 대단히 지적이고 정교한 의사소통을 할 능력이 있음을 방증하는 증거였다.

돌고래는 성대나 후두가 없어서 인간이 말하는 것과 같은 소리를 낼 수 없다. 그 대신 돌고래는 머리 안에 내장된 입술 모양의 두 구조(콧구멍의 흔적기관)를 이용해 소리를 낸다. 포닉 립스phonic lips라고 불리는 이 콧구멍을 자유롭게 수축하고 구부려 다양한 소리, 이를테면 휘슬음과 클릭음, 파열 고동음과 같은 소리를 75헤르츠에서 15만 헤르츠 사이의 광범위한 주파수 대역에서 만들어낸다. 여러 해 동안 과학자들이 돌고래의 소리 중 많은 부분을 찾아내지 못한 원인은 인간의 귀로는 이 소리들을 들을 수 없기 때문이었다.(인간은 85헤르츠에서 260헤르츠 사이의 주파수 대역에서 발성하고, 20헤르츠에서 2만 헤르츠 사이의 주파수 대역에서 듣는다.) 이처럼 고주파 대역에서 돌고래들이 의사소통을 한다는 사실을 발견할 방법은 돌고래들의 소리를 녹음하고 스펙트로그램을 통해 분석하는 방법뿐이었다. 실제로 이 방법으로 분석해보니, 돌고래의 휘슬음과 클릭음의 음파는 원시적인 상형문자의 형태와 비슷했다.

슈뇔러는 이 모든 것이 터무니없는 것처럼 보일 수 있다는 사실을 안다. 그렇기 때문에 이것이 소위 '신세대들의 황당무계한 헛소리'로 전락하지 않도록 지켜야겠다고 결심했다. 지금까지 그가 수집한 모든 데이터는 이 분야에서 발군의 실력을 자랑하는 연구진들에게 분석을 맡기기로 했다. 데어윈에서 출판될 모든 논문도 제일 먼저 동료심사를 거칠 예정이다. "이건 진짜 과학이 될 겁니다"라고 슈뇔러는 단언한다.

슈뵐러가 이렇게 방어적인 데는 그럴 만한 이유가 있다. 고래목 동물들의 언어를 해독하는 데 있어서, 제정신이 아니거나 아니면 적어도 명성이 실추된 괴짜 연구자들은 슈뵐러 이전에도 있었다. 모르긴 몰라도 이런 연구자들의 대표로 존 릴리 박사만 한 적임자는 없을 것이다. 릴리 박사는 미 국립보건원에서 연구 활동을 시작한 신경생리학자다.

1958년, 처음으로 돌고래 실험을 진행하던 중에 릴리는 돌고래끼리 주고받는 클릭음과 휘슬음을 녹음한 후 느리게 재생해보았다. 돌고래들이 물속에서 주고받는 소리를 지상에서 인간이 말하는 속도와 주파수에 맞게 조율해보니 그 비율이 4.5대 1이었다. 이것은 실로 놀라운 발견이었다. 원래 물속에서 소리가 퍼지는 속도는 지상에서보다 4.5배 더 빠르기 때문이다. 그 말인즉 돌고래들이 소통하는 소리의 주파수를 물의 밀도를 감안하여 조정하면 지상에서 인간이 말하는 소리의 주파수와 정확히 일치한다는 의미다. 그래서 릴리 박사가 돌고래들의 소리를 이 비율에 맞추어 느리게 재생했을 때 그 소리가 인간의 말소리와 놀랍도록 유사하게 들린 것이다. 릴리 박사는 돌고래들이 우리 인간과 유사한 언어로 말한다고 결론을 내렸다. 다만 그 속도가 너무 빨라서 우리가 알아들을 수 없을 뿐이다. 그해 말에 샌프란시스코에서 열린 미국 정신의학회 모임에서 릴리 박사는 자신의 발견을 공식적으로 발표했고, 이 소식은 곧 전 세계 언론의 헤드라인을 장식했다.

1960년대 초반, 릴리 박사는 미국령 버진 아일랜드의 세인트토머스섬 해안가에 약 11만 리터의 바닷물을 채운 풀 및 사무실과 실험실을 갖춘 대규모 복합 연구단지를 건설했다. 그가 손수 이름을 지은 '의사소통연구협회Communications Research Institute, CRI'라는 이 연구단지의 건립 취지는 단 하나, 돌고래의 언어를 해독하는 것이었다.

1961년에 릴리 박사는 유수의 천체물리학자와 세계의 지성 가운데서도 특히 명성이 높은 칼 세이건과 노벨상 수상자인 화학자 멜빈 캘빈이 속해 있던 '돌고래회Order of the Dolphin'라는 비공개 조직에 합류했다. 돌고래회는 외계 생명체와의 소통을 위해 창립된 단체로서, 돌고래의 언어를 해독하는 것을 1차 목표로 삼았다. 회원들은 병코돌고래 모양의 배지를 달고 있었다. 세이건은 CRI에 있는 릴리 박사를 여러 차례 찾아와 당시 릴리 박사가 진행하던 실험들의 설계를 돕기도 했다.

그중 하나를 소개하면, 돌고래 두 마리를 실험실 건물의 양쪽 끝에 있는 두 개의 풀에 한 마리씩 넣고, 두 마리가 서로의 소리를 들을 수 있도록 각각의 풀에 수중 청음기와 스피커를 — 일종의 내부 통화 장치처럼— 설치한 실험이었다. 그리고 릴리는 각자의 풀에 있는 돌고래들의 행동을 감시했다. 그가 두 풀의 스피커를 켤 때마다 돌고래들은 즉각적으로 휘슬음과 클릭음을 내기 시작했다. 돌고래들이 머물고 있던 풀은 너비도 몇 피트 안 되고 길이도 돌고래 몸길이보다 몇 피트 더 긴 정도였기 때문에 자기들이 내는 소리를 반향정위로 이용할 가능성은 없었다. 다시 말해서 돌고래들은 서로 대화를 나눈 것이다.

릴리는 돌고래들이 포닉 립스를 구성하는 입술 모양의 두 구조를 따로따로 움직인다는 사실을 발견했다. 그래서 하나로는 휘슬음을 내는 동시에 또 하나로는 클릭음을 내거나 혹은 그 반대로 소리를 낼 수 있다. 돌고래 한 마리가 클릭음을 내면 다른 한 마리는 휘슬음을 내기도 했고, 또 어떤 때는 한 마리가 잠자코 있는 동안 다른 한 마리가 클릭음과 휘슬음을 한꺼번에 내기도 했다. 훈련받지 않은 사람이 듣기에는 불협화음처럼 들리겠지만, 이 소리들을 녹음하고 연구한 릴리 박사는 소리의 교환이 늘 일관성 있게 진행된다는 사실을 알아차렸다. 한쪽에서 클릭음이나 휘슬음을 보내는 동안에 다른 한쪽은 클릭음도 휘슬음도 보내지 않았다. 즉, 돌고래들은 상대방의 말을 끊는 법이 없었다.

릴리는 돌고래들이 클릭음과 휘슬음이라는 독립적인 소통 모드로 두 가지 대화를 동시에 진행할 수 있다고 추론했다. 인간으로 따지면 전화 통화를 하면서 동시에 온라인 채팅을 하는 것과 같다.[2]

릴리가 두 풀 사이의 소리 통로를 차단하여 대화를 중단시켰을 때도 돌고래들은 똑같은 휘슬음을 연거푸 냈다. 그 소리는 마치 "여보세요? 여보세요?"라고 말하는 것처럼 들렸다. 이 실험의 결과는 『사이언스』 지에 실렸다.•

릴리는 돌고래들이 인간의 말보다 훨씬 더 빠르고, 더 효율적이며 더 정교한 언어로 소통한다고 확신했다. 그러나 돌고래의 휘슬음과 클릭음을 영어로 어떻게 번역해야 할지는 여전히 실마리도 잡지 못했다. 그는 내부 통화 실험을 지속하면서 『사이언스』 지와 다른 동료심사 저널에

• 1963년에 캘리포니아 포인트무구에 있는 한 실험실 연구진이 릴리의 발견을 재검증했다. 도리스와 대시라는 이름의 돌고래 두 마리를 방음 설비된 두 개의 실험 풀에 넣고 릴리가 했던 것처럼 내부 통화 장치를 연결했다. 연구진은 돌고래들 각각이 내는 소리를 녹음하고 두 풀의 연결을 끊었다. 그런 다음 도리스가 대시에게 보냈던 소리를 재생하여 대시에게 들려주자 대시는 서로 대화했을 때 냈던 것과 똑같은 소리로 응답했다. 하지만 응답은 32분 만에 멈추었다. 이튿날 연구진은 도리스의 소리를 다시 대시에게 들려줬다. 이번에도 대시는 동일한 시간 동안 응답한 후 멈추었다. 실험을 반복했지만 결과는 늘 같았다. 연구진은 일련의 휘슬음과 클릭음의 구성을 파악하고 그 안에서 특정한 휘슬음 신호를 구별해냈다. 그들은 이 신호가 일종의 경고성 단어라고 생각했다. "입 다물어. 누군가 엿듣고 있어!"라는 의미를 담고 있는 듯했다. 하지만 그 신호가 정말 무슨 의미였는지는 끝내 밝혀내지 못했다.

정기적으로 그 결과를 발표했다.

안타깝게도 1960년대 중반 무렵부터 릴리는 그릇된 길로 들어서기 시작했다. 칼 세이건을 비롯한 돌고래회 소속 다른 회원들의 바람과 달리, 릴리는 돌파구를 찾으려는 욕심에서 야만적이고 종종 폭력적인 일련의 실험들을 개시했다. 일부 동물들에게 LSD라는 환각제를 주사하여 그 행동을 관찰하기도 했다. 환각제를 투여하면 동물들이 별안간 영어를 말할지도 모른다는 생각에서였다.(환각제는 동물들을 지나치게 다정하고 수다스럽게 만들 뿐이었다.) 또 릴리는 돌고래가 인간보다 훨씬 더 영리하다는 점에 착안하여 돌고래에게 영어를 가르쳐보기로 했다. 돌고래에게 성대는 없지만, 대신 분수공이 인간의 음성을 낼 수 있을 만큼 유연할 것으로 생각했다.

마침내 1965년 릴리는 돌고래를 위한 영어 몰입 수업을 개시했다.

수업을 이끈 이는 CRI의 연구조교 마거릿 하우였다. 하우는 수중 실험실에서 난폭한 수컷 돌고래 피터에게 10주 동안 영어를 가르치기로 했다. 낮이면 하우는 피터에게 영어를 가르치고 먹이도 주면서 교감을 나누었다. 밤에는 피터가 까딱거리며 헤엄치는 풀 한가운데에 플라스틱 시트가 깔린 수상 침대를 띄우고 그 위에서 잠을 잤다.

실험은 한마디로 대실패였다. 실험 풀의 습기로 인해 수면 장애와 피부병에 시달리면서 하우는 부쩍 쇠약해졌다. 실험이 개시되고 3주 만에 피터는 성적으로 매우 공격성을 띠기 시작했다. 하우가 풀 안에서 헤엄을 칠 때면 피터는 그녀를 구석으로 몰고 가 자신의 발기된 성기를 하우의 허벅지에 대고 문지르기도 했다. 5주째가 되자 피터는 성욕에 사로잡힌 나머지 영어 수업에 집중하지 못했다. 결국에는 하우도 피터의 성적인 접근에 굴복하고 말았다.

나중에 하우는 이렇게 기록했다. "손으로 피터의 성기를 꽉 잡아주고 문지르게 해주면, 피터는 오르가즘 같은 상태에 이르러 입을 벌리고 눈을 감은 채 몸을 흔들고는 했다. 그러고 나면 피터의 성기는 부드럽게 오그라들었다. 이런 행위를 두세 번 정도 반복했던 것 같다. 그러고 나면 발기가 풀어지고, 만족스러워 하는 것처럼 보였다."

한 가지 측면에서는 효과가 있었다. 일을 치르고 나면 피터는 영어 수업에 다시 관심을 보였다. 억양과 음의 높낮이가 향상되었고, '볼ball' '헬로hello' '하이hi' 같은 간단한 단어를 분명하게 발음할 수 있었다. 혼자 있을 때도 피터는 '유사 인간'의 언어를 말하기 시작했다. 가끔 하우가 실험실 밖에 있는 사람들과 전화 통화를 할 때면 피터는 질투심에 사로잡혀 더 큰 소리로 영어를 말하면서 그녀의 주의를 끌려고 했다. 피터가 발기한 성기를 내밀며 다가 올 때를 떠올리며 하우는 "피터의 끈질긴 집착에 좀 으쓱해지기도 했다. 이 돌고래의 노골적인 '구애' 행위가 마냥 나쁜 것은 아니었다"고 적었다.

실험 막바지에 하우는 피터의 영어 실력이 상당히 발전했다고 생각했고, 수업을 더 지속하면 어쩌면 대화가 가능할 정도로 피터의 어휘력이 향상될 수 있으리라고 확신하기에 이르렀다. 영어 몰입 수업의 결과는 과학적으로 설득력이 떨어졌지만, 릴리에게는 향후 10년 안에 인간이 돌고래와 대화할 수 있음을 장담하는 증거로 보였다.

릴리는 머지않아 돌고래들이 UN 회의장으로 전화를 걸 수 있으리라고 기록했다. 그는 돌고래들이 텔레비전 쇼의 주연이 될 수도 있다고 생각했다. 수중 발레단을 만들거나 라디오에서 최신 팝송을 부르기도 하고 수중 산업을 선도할 날도 머지않았다고 생각했다. 그러나 CRI에서 몇 해가 바뀌도록 두 종 사이의 의사소통은 아무런 진전 없이 교착 상태에 빠졌고 릴리는 하염없이 실의에 빠졌다. 나중에 그는 CRI에서 실시했던 돌고래를 위한 '영어 몰입 캠프'가 부끄러워졌다고 기록했다. 1968년에는 CRI에서 돌고래 세 마리가 죽었다. 릴리는 그 세 마리 모두 스스로 숨쉬기를 멈추고 자살했다고 생각했다. 결국 릴리 스스로 CRI의 문을 닫고 실험실의 다른 돌고래들을 풀어주는 것으로 일단락되었다.

세인트토머스섬을 떠난 뒤에도 릴리는 강력한 동물 마취제의 일종인 케타민과 감각 격리 탱크sensory-deprivation tank 실험을 하면서 5년을 보냈다. 1972년에 리처드 닉슨 대통령이 해양동물보호법을 통과시켰다. 이 법이 발효됨에 따라 미국 내에서는 해양동물의 살상과 포획, 학대, 수입 및 수출, 판매가 전면 금지되었다. 돌고래와 고래의 도살뿐만 아니라 미국의 영해 안에서는 야생 돌고래에 대한 연구도 금지되었다.

"단적으로 말해서 릴리는 그 후 30년 동안 이 분야의 파멸을 자초한 셈입니다." 서던미시시피대에서 해양 포유류의 행동 및 인지 연구소를 운영하고 있는 스탠 쿠차이 교수는 말했다.(스탠 쿠차이 교수는 2016년 4월에 65세를 일기로 세상을 떠났다. 고인의 명복을 빈다.— 옮긴이) "초반에는 정말 훌륭한 연구를 수행했죠. 『사이언스』 지에 실린 논문들은 굉장히 밀도 있고 믿음직합니다. 하지만 금세 엇나가고 말았어요."

레위니옹에서 맞는 네 번째 아침, 새벽 여섯 시 반. 나는 쿠차이 교수와 함께 라포세시옹 항구에 면한 잡초 무성한 들판에 서 있었다. 우리 뒤에 자리한 녹슨 컨테이너 두 개가 데어윈의 현장 사무실이자 이번 주에 열리는 학회의 본부였다.

학회는 두 컨테이너 사이에 매달아놓은 플라스틱 트랩 그늘 아래서 열릴 예정이다. 좌석은 10여 개의 테라스용 의자와 나무 그루터기 두 개가 전부였다. 좌석 중앙에는 우유 운반용 나무상자 위에 낡은 문짝 하나가 비닐로 덮여 있다. 토론용 테이블로 쓸 모양이었다. 배가 고플 때를 대비해 한쪽 컨테이너에는 인스턴트 국수 한 상자와 전자레인지가 구비되어 있었다.

미국의 밴드 '톰 패티 앤 더 하트브레이커스'의 톰 패티를 빼닮은 쿠차이는 돌고래의 행동과 소통을 25년 동안 연구한 베테랑이자 이 분야에서는 세계 최고의 과학자로 꼽히는 인물이다. 그가 레위니옹을 찾은 까닭은 여러 가지가 있겠지만, 미국에서는 금지된 야생 돌고래 연구도 그중 하나를 차지했다. 하지만 진짜 관심사는 그의 말마따나 "대단히 이례적이고 특별한" 야생 돌고래와 향유고래의 소리를 녹음한 슈뇔러의 자료들이다.

매일 아침 쿠차이와 우리는 데어윈의 야외 학회장에 모여 커피를 마시고 크루아상을 먹은 다음 보트를 몰고 레위니옹 해안을 순찰하면서 돌고래와 고래들을 찾기로 했다. 뭔가를 발견하면 보트를 세우고 비디오 카메라와 오디오 기기들을 챙겨서 물속으로 들어가 최대한 모든 걸 놓치지 않고 녹화할 것이다. 정오쯤 되면 다시 라포세시옹으로 돌아와 슈뇔러의 노트북에 녹화한 파일을 띄우고 다 함께 관찰한다. 밤이면 새로 발견한 사실이나 연구에 대해 돌아가면서 발표하고, 향후 몇 년 동안 고래목의 언어를 해독하게 될 슈뇔러의 프로젝트에 그 내용을 기증하기로

했다.[3]

쿠차이 교수는 인간이 고래목의 동물들과 대화를 나누게 될 것이라는 전망에 대해서는 몹시 회의적이지만, 만에 하나 그런 일이 벌어진다면 그 대화는 인간의 언어가 아닌 고래목의 언어로 이루어질 것이라고 확신한다.

그는 1971년에 샌프란시스코 동물원에서 태어난 고릴라 코코를 데리고 시도했던 이종 간 소통에 관한 연구를 언급했다. 코코는 미국의 공식 수화 중 1000개의 동작을 이해했다. 또 칸지라는 보노보의 사례도 언급했는데, 1980년대에서 1990년대 사이에 칸지는 3000개 이상의 영어 단어를 배웠다고 한다.

"코코와 칸지도 우리가 하는 말을 들을 수는 있었겠지요. 하지만 지극히 제한적인 방식으로만 이해했을 겁니다." 이렇게 말하면서 쿠차이는 당시의 연구자들이 이종 간의 소통은 차치하고라도 고릴라든 침팬지든 이들이 동종 간에 소리로 소통을 할 능력이 있는지조차 알지 못했던 게 문제였다고 지적했다. 그걸 알고 코코와 칸지에게 꼭 영어가 아니더라도 '말'의 형태로 의사소통을 하도록 가르쳤다면 실로 비약적 발전을 목격했을지도 모른다.

어쨌든, 돌고래는 매우 풍부한 음성 체계로 소통할 가능성이 상당히 높다. 동물들에게 말을 걸고 싶다면, 동물들이 이미 사용하고 있는 휘슬과 클릭 언어를 해독하려는 데어윈의 접근 방식이 훌륭한 출발점이 될 것이라고 쿠차이는 설명했다.

오늘도 어김없이 똑같은 패턴으로 시작했다. 지난 사흘간 슈뇔러의 학회는 똑같은 일상을 반복했다. 동 트기 전에 일어나 모터보트를 타고 예닐곱 시간 동안 돌고래나 고래를 찾아 바다를 헤매다가 허탕 치고 돌아온다. 고래는커녕 지느러미 하나 못 찾고 항구로 돌아오면 늦은 점심을 먹고 오후 학회와 저녁 학회를 잇달아 열고 다시 숙소로 돌아와 잠을 청한다. 고작 다섯 시간 남짓 잠을 자고 일어나면, 또다시 반복이다.

주 중반쯤 되자 나는 슈뇔러가 아침마다 방문을 두드리는 소리에 겁부터 나기 시작했다. 어떤 환경에서든 혹사당하는 걸 반길 사람은 없다. 게다가 아름다운 열대의 섬에서 일에 혹사당하는 건 범죄나 마찬가지 아닌가. 쿠차이 교수도 그렇고 나머지 사람들도 단 며칠만이라도 쉬면서 레위니옹 관광을 — 슈뇔러의 시간표에는 결코 없을 테지만 — 할 수 있길 바랐다. 그러나 노상 할 일이 태산 같았고 시간은 늘 부족했다.

어찌됐건 그렇게 저렇게 닷새째가 되었다. 그날도 나는 새벽 5시 20분에 노크 소리를 듣고 일어나 어두운 방안을 더듬어 수영복을 찾은 다음, 물병과 자외선차단 크림과 노트패드를 배낭에 던져 넣고, 슈뇔러가 당장 나오지 않으면 그냥 두고 떠날 기세로 경적을 울려대기 전에 달려 나갔다.

바로 그날, 우리에게 행운의 여신이 찾아왔다. 오전 11시 무렵에 우리는 라포세시옹 해안에서 몇 킬로미터 떨어진 바다에 있었다. 슈뇔러가 갑자기 보트를 세우더니 선언하듯 말했다. "돌고래다." 그러고는 이어서 말했다. "장비 챙기고 준비하세요."

돌고래와 헤엄치기 위해 필요한 덕목은 첫째도 끈기요 둘째도 끈기다. 슈뇔러는 언젠가 내게 말하기를 자기 시야에서 돌고래를 목격할 확률은 고작 1퍼센트밖에 안 된다고 했다. 돌고래와 헤엄칠 확률은 그 1퍼센트의 1퍼센트뿐이라고 했다. 좀 과장한 숫자 같지만, 어쨌든 그의 말은 돌고래와 헤엄치기가 대단히 어렵고 보상도 거의 없는 일이라는 뜻일 게다.

"선택권은 돌고래에게 줘야 합니다." 뱃전에 있는 모터의 우르릉거리는 소리 너머로 슈뇔러가 말했다. "녀석들에게 다가가서는 절대로 안 됩니다." 돌고래들을 뒤쫓아 가면 녀석들의 엉덩이를 슬쩍 엿볼 수 있을지는 모르지만, 물속에서 그랬다가는 돌고래들이 겁을 집어먹고 십중팔구 깊이 잠수해버린다. 녀석들에게 다가갈 때는 45도 각도에서 아주 천천히, 녀석들에게 우리를 관찰하고 수작을 걸지 말지 판단할 시간을 주면서 다가가야 한다.

돌고래 무리와 300미터쯤 거리를 두고 접근했을 때, 슈뇔러는 내게 마스크를 끼고 잠수할 준비를 하라고 일렀다. 쿠차이가 나와 한패를 이루기로 했다.

"좋아요. 갑시다." 슈뇔러가 나지막하게 말했다. 조종키는 이번 주에 우리 학회에 합류하기 위해 파리에서 날아온 연구조교 바네사가 맡았다. 슈뇔러는 카메라를 들고 나를 가리키며 말했다. "제 뒤쪽에 있어야 합니다. 아셨죠?" 나는 고개를 끄덕였다. 돌고래들은 우리 보트와 평행으로 헤엄치고 있는 물고기 떼를 바싹 뒤쫓고 있었다. 슈뇔러는 카메라를 들고 물속으로 살그머니 들어가 킥을 하더니 순식간에 사라졌다.

돌고래들은 사냥할 때만큼은 꽤 포악해질 수 있다. 슈뇔러는 보트를 타고 가다 돌고래 한 무리가 길이 1.5미터쯤 되는 참치 떼를 공격하는 장면을 목격한 적이 있다고 했다. 돌고래들은 빙글빙글 헤엄치면서 속력을 얻더니 창으로 찌르듯 뾰족한 코로 커다란 참치의 옆구리를 공격했다. 순식간에 물은 피로 물들었다.(그때도 슈뇔러는 재주 좋게 물속으로 들어갔고 이 놀라운 장면을 일부나마 녹화했다.)

내가 물에 들어갈 때는 참치가 없었다. 적어도 우리에게는 보이지 않았다. 쿠차이와 나는 핀과 마스크를 착용하고 물속으로 들어가 돌고래들의 진로를 훼방하기 위해 무리 앞에서 헤엄쳤다.

물속에서 사람들이 여기저기 모여 있는 걸 보더니 돌고래들이 흥분하기 시작했다. 우리는 두 패로 갈라져서 — 슈뇔러와 현지 다이버 한 명 그리고 쿠차이와 나 — 돌고래들의 선택을 기다렸다. 두 패를 다 마음에 들어 하지 않고 멀리 가버리는 한이 있어도 결코 돌고래들을 쫓아가면 안 된다. 돌고래들이 우리와 상대하길 거부하기로 한 이상, 우리는 그들의 결정을 존중하는 수밖에 없다.

주위를 살펴보니 불과 60미터의 거리를 두고 돌고래들이 보였다. 돌고래들은 우리를 향해 곧장 헤엄쳐왔다.

슈뇔러가 우리에게 가만히 있으라고 신호를 보냈다. 최대한 움직이지 말고 소리도 내지 않아야 한다. 그래야 돌고래들이 겁먹지 않을 테니까 말이다.

쿠차이와 내가 수면에 조용히 떠 있는 동안 15미터 전방에 있던 슈뇔러는 돌고래와의 만남을 포착하기 위해 카메라를 들고 6미터쯤 아래로 잠수했다. 그때까지 우리는 아무것도 볼 수 없었다. 그날은 가시거리가 100미터도 채 안 되었기 때문이다. 레위니옹의 평균 가시거리에도 못 미쳤다. 하지만 돌고래들의 클릭음 소리는 또렷하게 들렸다. 타자수 100명이 낡은 언더우드 타자기들을 일제히 두드리는 소리 같았다. 도저히 자연계의 소리라고는 믿기지 않는, 도시적이고 귀에 거슬리는 불협화음이 나를 덮쳐왔다.

물속에 비스듬히 떠 있는 동안 나는, 내가 돌고래들을 볼 수는 없지만 돌고래들은 나를 보고 있다는 사실을 떠올렸다. 내 귀에 들리는 클릭음 하나하나가 내 몸에 부딪혀 돌고래들에게 되돌아가고, 그 메아리는 수천 장의 작은 스냅 사진처럼 녀석들의 머릿속에서 내 이미지를 그려내고 있을 터였다.

그날의 만남은 몇 분간 지속됐고, 클릭음은 곧 멀어졌다. 매끈한 돌고래들의 등이 수평선 쪽으로 멀어지다가 이내 시야에서 사라졌다. 우리는 보트로 돌아왔다.

"오늘은 별로 놀고 싶지 않았나봐요." 슈뇔러가 말했다. "배가 고픈 모양이에요. 내일을 기약해야죠." 슈뇔러는 보트의 시동을 걸고 항구로 향했다. 그는 전혀 실망한 눈치가 아니었다. 물론 나도 그랬다. 마침내 반향정위가 작동하는 걸 느꼈으니까.

일요일, 레위니옹에서의 마지막 날이었다. 슈뇔러와 나는 한 가정집 뒤쪽에 마련된 원룸 베란다의 커다란 나무 테이블에 앉았다. 우리 왼쪽으로 난 계단을 올라가면 텅 빈 풀이 있다. 콘크리트 바닥에는 젖은 낙엽들과 흙이 지저분하게 깔려 있고, 기름이 둥둥 떠 있는 커피색 물웅덩이가 드문드문 보였다. 한쪽 구석에는 전선이 뒤엉킨 고장 난 로봇 청소기가 비웃는 듯 누워 있었다. 풀 위에서 모서리 창문을 통해 들어온 햇살이 소파와 보드 게임판, 옷가지와 오래된 잡동사니가 제멋대로 널브러진 방안을 비추고 있었다. 이 집 뒤쪽의 부서진 계단 위에 있는 너저분한 방이 슈뇔러의 사무실이었다. 마치 영화 「그레이 가든스Grey Gardens」의 세트장을 보는 것 같았다.(「그레이 가든스」는 미국 상류층의 한 모녀가 그레이 가든스라는 저택에서 몰락해가는 과정을 그린 영화다.— 옮긴이) 그날도 슈뵐러와 나는 거의 매일 밤 학회가 끝나고 그랬던 것처럼 뒤풀이 대화를 나누었다. 슈뵐러 사무실의 잡동사니 틈을 까치발로 걷기 싫어서 그날은 내 방에서 이야기를 나누었다.

열흘 전 내가 레위니옹에 도착했을 때 슈뵐러는 고래목의 클릭음이나 휘슬음과 관련해 '대단한 발견'을 눈앞에 두고 있다고 언질을 줬지만, 그게 정확히 무엇인지는 여태껏 밝히지 않았다. 일주일 내내 그를 사냥개처럼 따라다녔지만, 슈뵐러는 데어윈 학회에다 플래닛 네이처 일을 거들랴 세 아이를 돌보랴 도통 시간을 내지 못했다. 급기야 내가 공항으로 출발하기 두 시간 전이 되어서야 그는 내게 특별한 정보를 알려주겠다고 선언했다.

"이건 정말 미친 소리로 들릴 거예요." 슈뵐러는 입버릇처럼 자주 하는 말로 시작했다. "처음에는 이해하기가 좀 힘들 테니, 꾹 참고 들어주세요."

슈뵐러는 돌고래들이 무리 안에서 자신의 존재를 알리기 위한 신호로서 고유한 휘슬음을 이용하고, 자신들이 어디서 왔는지 또 함께 여행하는 무리가 누구인지 구별하기 위해 무리마다 독특한 방언을 사용한다고 말했다. 그리고 이런 사실은 과학자들도 알고 있다고 설명했다. 돌고래와 고래가 반향정위 클릭음을 정교한 언어의 하나로서 사용하는지 여부는 아직 미스터리다. 데어윈이 밝히고자 하는 것들 중 하나도 그것이다.

하지만 이런 청각적 의사소통 방법 외에, 슈뵐러는 고래목의 동물들이 시각적 언어도 사용한다고 여긴다. 일종의 홀로그램 의사소통이라고 할 수 있는 이 비음성 의사소통을 통해서 고래목의 동물들은 자기네끼리 완전한 3차원 이미지를 주고받을 수 있다는 것이다. 우리가 스마트폰으로 사진을 찍어서 친구에게 전송하는 것처럼 말이다. 슈뇔러는 고래목의 동물들이 귀나 눈을 열지 않고도 각자의 생각이나 시각적 정보를 서로 공유할 수 있다고 믿는다.

홀로그램 의사소통이 억측으로 들릴 수도 있지만, 지난 5000만 년 동안 고래목 동물들이 사용해온 의사소통 방법을 감안하면 마냥 터무니없지만은 않다. 슈뇔러는 고래목 동물들이 소리로부터 초음파 상像을 구축할 수 있다면, 3차원 이미지를 복사하고 전송하는 일도 충분히 가능하리라고 생각한다.

이것은 새로운 개념이 아니다. 1974년에 러시아의 과학자 V. A. 코자크는 향유고래가 시-청각 변환 시스템을 이용하여 반향정위 정보를 이미지로 바꿀 수 있다는 의견을 제시했다. 릴리 박사도 향유고래가 초음파 이미지를 이용해 서로 소통한다고 생각했지만, 릴리와 코자크는 이 가설을 검증하지 못했다.[4]

레위니옹 학회가 끝나는 대로 데어윈의 연구자들은 야생 돌고래와 향유고래가 홀로그램 의사소통을 이용하는가에 대해 최초로 과학적인 검증을 실시할 계획이다.

"아마도 이렇게 작동할 겁니다." 슈뇔러는 주머니에서 펜을 꺼내고 의자를 테이블 가까이 당겨 앉으면서 내 노트를 펼쳤다. 여백에 돌고래 모양을 그리고는 뭉게뭉게 피어오른 안개 같은 걸 그 주위에 그렸다. 이 안개를 소리라고 가정하자고 말하더니, 그는 돌고래의 정수리 아래에 동그라미를 그리고는 그것이 멜론이라고 말했다.

소리는 스펙트로그램상에 보이는 것과 달리 실제로는 일직선으로 나아가지 않는다. 안개처럼 3차원으로 흩어진다. (두 개의 채널로 소리를 처리하는) 귀와 달리, 고래목의 동물들이 지닌 멜론은 수천 개의 채널을 갖고 있어서 사방에서 바로 이 소리의 안개를 수집할 수 있다. "쉽게 말해서 멜론은 일종의 초음파 검사기와 같아요. 비교가 안 될 만큼 고화질이라는 점만 빼면 말이죠."

인간이 반향정위 감각을 통해 초음파 이미지를 인식하기는 쉽지 않다. 멜론 같은 정보 수용기관을 흉내 내려면 수천 개의 미세한 청음기를 장착한 인공 멜론과 여기서 수집한 데이터 전부를 처리할 수 있는 고성능 컴퓨터까지 만들어야 할 것이다. 물론 이런 일에 관심을 가진 과학자도 별로 없거니와 이런 모험적 시도에 돈을 댈 사람도 없다.

슈뇔러와 데어윈의 수석 엔지니어 마르쿠스 픽스는 열 개의 수중 청음기를 일렬로 연결한 패널로 로파이low-fi 버전의 멜론을 제작하고 있다. 고래목 멜론의 충실도에도 한참 못 미치고, "화질도 상당히 떨어질 겁니다. 10픽셀 이미지와 비슷하겠지요. 하지만 우리에게 정보를 줄 수준은 될 거라고 생각해요." 슈뇔러는 '초음파 이미지', 엄밀히 말하면 돌고래와 향유고래가 내는 클릭음의 반향을 녹음하고, 이 소리를 소프트웨어로 처리한 다음 39개의 스피커 패널로 재생하여 돌고래들에게 들려주고 녀석들의 반응을 관찰할 계획이라고 했다. "알다시피, 신중에 신중을 기해야 합니다. 괜히 부정적이거나 폭력적인 이미지를 전달했다간 큰일이니까요."

매우 단순하고 원시적인 방법이지만 이 시각 정보 교환을 통해 슈뇔러는 녀석들과의 접촉에 초석을 놓길 희망한다. 고래목의 동물들에게 이 세상이 어떤 식으로 보이는지 알아내고, 우리 세상의 이미지들을 녀석들의 방식으로 전송해줄 수 있는 날이 올지도 모른다. 서로 다른 땅에서 온 고대의 두 여행자가 모래 위에 각자의 상징들을 그릴 때의 심정으로 말이다.

새벽 6시 정각, 창밖으로 대나무들이 그림자를 길게 드리우고, 태양은 수평선 위에서 게으른 기지개를 펴고 있었다. 모기들은 어느새 다 사라졌다. 이제부터 나는 장장 36시간에 걸친 비행을 위해 짐을 싸야 한다.

내가 떠나기 전에 슈뉠러는 향유고래의 클릭음을 녹음하는 데어윈의 원정 탐사에 새로운 장비를 도입할 예정이라고 말했다. 그 장비가 홀로그램 연구에 새로운 활력을 불어넣어주길 바란다는 말과 함께.

그의 팀은 4개월 후에 레위니옹을 출발할 예정이다.

내게 자격 조건 하나를 완수할 시간이 생긴 셈이다. 프리다이빙 말이다.

-2500

수심 2500피트

에릭 피넌은 작은 키에 호리호리하고, 잠이 덜 깬 것 같은 눈에 머리숱도 적었다. 대신 양끝으로 가늘게 늘어진 푸만추 스타일의 콧수염만큼은 꽤나 신경 써서 다듬은 모양새다. 지상에서 그는 걸음걸이도 나긋나긋하고 말도 좀 더듬거리고, 표정이나 태도 역시 온화한 편이다. 그러나 일단 물속에 들어가면 폭군이 따로 없다. 38킬로그램이 넘는 거대한 붉은가라지를 작살로 잡은 적도 있다. 건물 6층 깊이의 바닷물 속에서 작살로 가라지의 창자를 찌르고 물속 동굴까지 추격하여 아가미 속에 양손을 찔러 넣은 채로, 마치 로데오 경기를 하듯 날뛰는 가라지를 올라타고서 수면으로 올라왔다고 한다. 물속에서 5분 이상 숨을 참을 수도 있고, 수심 150피트까지 잠수할 수도 있다.

하지만 피넌이 플로리다주 마이애미에 있는 집에서 탬파에 있는 콘크리트 건물의 강의실까지 500여 킬로미터를 달려온 까닭은 우리에게 사냥을 가르치고 싶어서가 아니다. 그는 우리에게 바다에서 생존하는 법을 가르치고자 한다.

피넌은 30년 전에 죽다 살아났다. 카리브해 연안의 한 부두 근처에서 친구들 몇 명과 프리다이빙을 하던 피넌은 숨 오래 참기로 친구들에게 감동을 주고 싶었다. 피넌은 10피트 아래로 잠수하여 잔교의 철탑을 붙잡고 눈을 감은 채로 최대한 오랫동안 숨 참기를 시도했다. 그렇게 몇 분이 흘렀다. 정확히 언제였는지 모르지만 도중에 그는 의식을 잃었다. 몸이 수면으로 떠오르자 피넌은 무의식적으로 폐 속의 공기를 모조리 내뱉었다. 그런 직후에 물을 들이마시고는 돌덩이처럼 다시 바다 아래로 가라앉았다.

영문을 모르는 친구들은 피넌이 수면으로 올라왔다가 다시 가라앉는 걸 보고 감탄했다. 그것도 묘기의 일부라고 생각했던 것이다. 몇 분이 더 지나서야 친구들은 뭔가 잘못됐다는 걸 깨달았다. 친구들은 물속으로 들어가 피넌을 찾아 해변으로 끌어올렸다. 비번이었던 한 응급의료원이 심폐소생술을 실시하자 피넌의 심장은 다시 뛰기 시작했다. 하지만 얼마 가지 않아 그의 심장은 다시 멈추었다. 15분 뒤에 응급 헬리콥터가 도착했고 피넌은 인근 병원으로 후송되었다. 병원에서 그는 8일 동안 혼수상태에 빠져 있었고, 깨어난 뒤에도 3주 동안 치료를 받았다. 이 사고로 피넌은 영구적인 뇌 손상을 입었다. 이따금씩 물건을 놔둔 곳이나 지난 일들이 기억나지 않기도 하고, 단어를 조합해 문장을 만드는 게 어려울 때도 있다. 피넌은 그런 일이 나와 다른 프리다이버들에게 벌어지지 않기를 원한다.

지난 3년 동안 주말마다 피넌은 양어장에 사료를 공급하는 본업을 잠시 접고, 플로리다 인근에서 PFI가 주관하는 프리다이빙 강습과 안전교육 과정에 강사로 참여하고 있다. PFI는 캐나다에 본부를 둔 프리다이빙 협회로서 '퍼포먼스 프리다이빙 인터내셔널Performance Freediving International'의 줄임말이다. 이번 주말에 PFI는 탬파에 있는 1층짜리 건물을 통째로 빌렸다. 치장 벽토가 발린 걸로 봐서는 한때 패스트푸드 레스토랑이 세 들어 있었던 건물 같았다.

우리 반 수강생들은 아무렇게나 놓인 플라스틱 피크닉 테이블 네 개에 나누어 앉았다. 다부진 체격의 젊은 친구는 이름이 벤이었다. 벤의 헤진 티셔츠 사이로 금목걸이가 살짝 비어져 나와 있었다. 벤의 죽마고우라고 자신을 소개한 조시는 무지개 색깔이 번지는 미러 선글라스를 끼고 앉아 있었다. 그리고 보기 좋게 그을린 남부 출신의 미녀 로런. 텁수룩한 검은 머리에 크롬 도금을 한 커다란 정장용 시계를 차고 있는 카타르 출신의 학생 모하마드. 피넌과 나를 제외하곤 모두 스물세 살 안팎의 젊은이들이었다.

앞으로 몇 시간 동안 피넌은 강의실 오른편에 있는 야외 풀에서 우리에게 최소한 1분 30초 동안 숨을 참는 법을 가르칠 예정이다. 내일은 북쪽으로 올라가 담수가 고인 웅덩이에서 수심 약 66피트까지 잠수하면서 숨 참는 법을 배울 것이다.

어쨌든 지금은 안전교육 시간이다. 이번 시간에 피넌은 분홍색 구름, 쉽게 말해서 프리다이버들이 의식을 잃기 직전에 보곤 하는 환영에 걸려들지 않고 생존하는 법을 구체적으로 가르쳐줄 것이다.

"분홍색 구름 자체는 전혀 위험하지 않아요. 하지만 그 구름이 보이면 의식을 잃은 겁니다." 피넌이 말했다. 올해로 마흔네 살인 피넌은 프랑스 툴루즈 출신답게 억양이 좀 강하다. "그때 수면으로 올라와서 숨을 쉬면 괜찮습니다. 그렇게 하지 못하면……" 피넌은 잠시 멈추었다가 말했다. "그러면 아주 안 좋겠지요." 아마도 죽는다는 말일 게다.

피넌은 이튿날 잠수 시간에 우리 각자가 원하는 만큼 깊이 잠수하도록 해주겠다고 말했다. 하지만 수면으로 데리고 올라온다는 약속은 할 수 없다고 말했다. 자신의 한계를 아느냐 모르느냐는 각자의 소관이라는 의미다. 오늘과 내일 진행할 숨 오래 참기 훈련은 바로 그 한계를 파악하기 위한 훈련이다. 훈련에 앞서 우리는 이 소관을 외면할 경우, 다시 말해서 각자의 한계를 초과할 경우에는 분홍색 구름 속을 영원히 떠다니는 불상사가 발생하더라도, 가족이 피넌과 PFI측에 3급 살인죄를 덮어씌울 수 없음을 명시한 여섯 쪽짜리 동의서에 서명했다. 피넌은 우리가 서명한 동의서를 일일이 확인하고 서명했다. 서명이 끝나자 피넌은 헛기침을 한 번 하고 콧수염을 매만진 뒤 강의를 시작했다.

바다에 관한 내 연구 진도는 수심 2500피트를 곧 눈앞에 두고 있었지만, 실전 경험은 그에 한참 못 미치는 10여 피트 근처에서 진도를 나가지 못하고 있었다. 관찰하고 훈련받고 질투하고, 그러기를 몇 달, 그런데도 아직 나는 수면에서만 꼬무락거리고 있었다.

프리다이빙 선수들이 다림줄을 내리듯 수직으로 수심 300피트까지 내려가는 모습을 보트 갑판에서 지켜봤고, 마스터 스위치의 위력을 설명하는 그들의 말에도 귀 기울여봤지만, 여전히 나는 '수륙 양용 반사 신경 풀코스 요리'를 맛은커녕 냄새도 못 맡아봤다. 고대의 잠수 비법을 귀동냥이라도 할 수 있을까 기대하며 일본의 해녀들을 찾아가보기도 했지만 웃음거리만 되고 말았다. 상어들과 자기적으로 연결된 기분을 느낀다는 프레드 뷜르의 이야기도 몇 시간 들어봤지만, 상어와 헤엄은커녕 여태 바다에서 상어를 본 적도 없다. 파브리스 슈뇔러와 몇 주를 함께 지내면서 돌고래나 고래들과 마음이 통하는 순간의 초월적인 기분에 대한 이야기를 수없이 들었건만, 돌고래든 고래든 나는 아직 코빼기도 본 적이 없다.

내가 주춤거리는 이유는 단 하나, 프리다이빙을 못해서다. 프리다이빙의 문은 모든 이에게 열려 있지만 사실 입장료가 꽤 비싸다. 견디기 힘든 귀 통증, 폐소공포증, 억제할 수 없는 발작 등. 향유고래와의 잠수에 합류하자고 한 슈뇔러의 제안은 내 평생 다시 오지 않을 기회였지만, 동시에 내가 물속으로 들어갈 줄 모르면 결코 잡을 수 없는 기회이기도 했다.

PFI는 프리다이빙 훈련 기관으로는 세계 최고를 자랑한다. 프리다이빙 세계 기록 보유자 여섯 명이 이곳을 거쳤고, 영화배우 우디 해럴슨과 골프 선수 타이거 우즈를 포함하여 6000명 이상이 이곳을 통해 프리다이빙계에 입문했으니, 가히 프리다이빙의 등용문이라고 할 수 있다. 입문 과정인 '프리다이버'에서는 수강생들에게 기본적인 안전 교육과 심도 확보 및 숨 참기 기술을 가르친다. 그리스에서 한리 프린슬루에게 맛보기 식으로 이 과정을 조금 배우긴 했지만, 아무래도 그냥 처음부터 다시 시작하는 게 최선인 것 같았다.

강의실 안으로 들어가보자. 피넌이 노트북 앞으로 걸어가 동영상 하나를 띄웠다. PFI는 수강생들에게 프리다이빙의 위험성을 특히 더 강조한다. 그리고 초보자 과정 때부터 치명적인 상황들에 대처하는 방법을 가르친다. 피넌은 사고 영상들만 모아서 편집한, 운전자 교육 프로그램에서 보여주는 쇼큐멘터리 필름 「레드 아스팔트Red Asphalt」의 물속 버전 동영상으로 강의를 시작했다.

"이걸 삼바samba라고 부릅니다. 언뜻 보면 춤추는 것 같죠." 피넌이 설명했다. 격렬한 록 음악이 스피커에서 흘러나오고 발작 경련을 일으키는 다이버들의 모습을 담은 비디오 클립 여러 개가 이어졌다. 예비 블랙아웃 상태라고 할 수 있는 이런 발작은 주로 수면에서 발생한다. 산소가 고갈되면서 뇌에서 근육으로 무작위 전기신호를 보내기 시작하는 것이다.

"만취한 것처럼 보이는 사람도 있고 행복해 보이거나 슬퍼 보이는 사람도 있습니다. (영상에서 굉장히 황홀한 표정을 짓고 있는 한 다이버 얼굴을 손가락으로 가리키며) 이 다이버의 얼굴을 좀 보세요. 표정에서 나타나지만 감동적이고 근사한 꿈을 꾸는 것처럼 보입니다." 다이버가 물을 삼키기 시작하거나 블랙아웃에 빠지지 않는 한, 삼바 자체가 위험한 것은 아니라고 피넌은 말했다.

수면으로 올라온 뒤에 숨을 쉬거나 말을 하는 등 전혀 이상이 없는 것처럼 보이는 다이버도 있는데, 공기가 입과 기도를 지나 폐를 통과하고 혈류 속으로 퍼지자마자— 여기까지 보통 몇 초밖에 안 걸린다— 별안간 삼바 상태에 빠질 수 있다. 삼바 상태에 빠진 다이버를 보면 그 즉시 조심스럽게 다가가 다이버의 입이 수면 아래로 가라앉지 않도록 약 30초간 받쳐주어야 한다. 절대로 혼자서 다이빙을 해서는 안 되는 이유가 바로 여기 있다. 수면으로 올라온 다음에도 반드시 30초 이상 상태를 지켜봐야 하는 이유도 이 때문이다. 피넌은 이 부분을 반복해서 강조했다.

그다음으로 피넌은 삼바 상태를 지나 의식을 잃은 다이버들을 보여줬다. 숨을 쉬지 못하는 한, "블랙아웃은 장소를 따지지 않습니다. 깊은 바다, 얕은 호수, 심지어 욕조에서도, 정말로 어디서나 일어나죠." 그의 설명에 따르면, 삼바와 블랙아웃의 90퍼센트가 수면에서 일어나고, 9퍼센트는 수심 15피트 이내의 구간에서 일어난다. 프리다이버들이 흔히 위험지대라고 부르는 이 수심은 물속에서 압력이 가장 극적으로 변하는 구간이다. 바다 바닥에서 의식을 잃는 프리다이버는 매우 드물다. 대개 수면에서 의식을 잃고, 피넌이 그랬던 것처럼 다시 아래로 가라앉는다.

블랙아웃에 빠진 다이버를 구조하는 첫 단계는 귀에 대고 "호흡!"이라고 소리치며 이름을 불러주는 것이다. 블랙아웃 상태에서는 시력을 비롯한 다른 신체 감각들은 사라지지만 귀는 열려 있다. 그것도 매우 예민하게 말이다. 피넌은 고함 소리가 뇌에서 아직 기능이 정지하지 않은 부분들을 일깨운다고 설명했다. 이런 청각적 충격은 후두를 닫으려는 몸의 반사신경을 묵살시켜서 신선한 공기가 폐에 들어갈 수 있도록 해준다.

고함이 먹히지 않을 때는 다이버의 잠수 마스크를 벗기고 뺨을 가볍게 치면서 입김을 불어 눈을 뜨게 해야 한다. 이 처치만으로도 블랙아웃 상태에 빠진 다이버들이 회복하는 경우가 이따금 있다. 그러면 대개 의식을 되찾고 숨을 쉬기 시작한다.

만일 고함과 뺨 때리기, 입김도 먹히지 않는다면 "상황은 더 심각해질 겁니다"라고 피넌이 말했다. 이때는 강제로 후두를 열고 폐에 공기를 넣어주어야 한다.

우리 몸은 물과 접촉했을 때 자동으로 후두를 폐쇄함으로써 익사를 방지한다. 모두 이런 반사신경을 지니고 태어난다. 신생아를 물속에 넣으면 즉각적으로 후두가 폐쇄되고, 아기는 눈을 뜬 채로 본능적으로 물속에서 헤엄치기 시작할 것이다.

블랙아웃 상태에서 후두가 닫히면 (다행히) 폐로 물이 들어가지 못하지만, (불행하게도) 신선한 공기 역시 폐로 들어가지 못한다. 익사의 많은 경우가 건조 익사로 알려져 있는데, 이는 후두가 닫혀서 폐 안에 물이 차지 않았음을 의미한다.

피넌은 우리에게 손가락으로 다이버의 입을 열고 잽싸게 두 번 입김을 불어넣는 기술을 보여줬다. 첫 번째 입김으로 후두를 열어주고 두 번째 입김은 폐로 공기를 주입하여, 다시 숨을 쉴 수 있도록 다이버의 몸을 자극하는 것이다. 거의 대부분의 경우 여기까지 처치하면 다이버들의 의식이 돌아온다고 피넌은 자신 있게 말했다.

이런 상황에 처하면 응급처치를 해주는 사람도 겁을 먹고 긴장하겠지만, 실제로 블랙아웃 상태에 빠지는 것에는 비할 게 못 된다. "시간이 지나면 고통은 다 사라지기 마련이죠." 피넌이 옅게 웃으며 말했다.

블랙아웃은 시각적인 방향감각 상실을 동반한 가벼운 환각 상태에 빠지면서 시작되고, 곧이어 손가락과 발가락, 손과 발에 욱신거리는 통증이 찾아온다. 근육 통제력을 상실한 것이다. 이런 증상들은 앞서 말한 분홍색 구름에 휩싸여 극도로 다채로운 꿈을 꾸면서 몽롱한 행복감을 느끼는 상태에 돌입할 때까지 진행된다. 블랙아웃 상태에 빠졌던 다이버들은 유체 이탈을 경험했다고 보고하기도 한다. 그리스에서 한 다이버는 내게 미래를 보았다고 말했다.(정확히 무엇을 보았는지는 말하지 않았지만 말이다.)

정신이 몸을 벗어나는 블랙아웃일지라도 어쨌든 피하는 게 상책이다. 블랙아웃 상태가 지속되면 자칫 사망에 이를 수 있다. 사망까진 아니더라도 뇌 손상이나 전신마비, 심정지나 뇌졸중을 일으킬 확률이 높다.

일단 숨을 참기 시작하면 몸 안의 산소도 줄어들기 시작한다. 뇌 속의 산소량이 일정 수준 이하로 떨어지면, 곧바로 블랙아웃이다. 뇌 속의 산소가 줄어들다가 산소 결핍 상태에 돌입하기까지, 이런 블랙아웃 상태에서 우리가 버틸 수 있는 시간은 약 2분이다. 무산소증에 빠지는 즉시 우리 몸은 사력을 다해 숨을 쉬려고 한다. 최후의 헐떡임이 그것이다. 그런데 만일 이 순간에조차 마실 산소가 없다면(이를테면 물속에 있다면) 뇌는 손상을 입기 시작하고 결국에는 사망에 이른다.

블랙아웃과 그 결과로 인한 뇌 손상을 피하는 길은 몽롱한 꿈에 빠지거나 근육 통제력이 사라지는 순간 또는 환각 증세가 시작되자마자—만일 자신의 잠수 능력을 오판해서 수심 200피트 언저리에서 근육이 욱신거리기 시작하면 상당히 어려운 일이겠지만—수면으로 올라오는 것이다. "항상 자신의 한계 범위 안에서 잠수해야 하는 이유를 확실히 아시겠죠?" 피넌은 단호했다.

점심시간이 되자 피넌은 수강생들에게 식사는 되도록 가볍게, 채식 위주로 하라고 충고했다. 카페인도 피하라고 말했다. 그의 설명에 따르면, 유제품은 부비강을 막아서 압력의 균형을 맞추기 어렵게 만들고, 카페인은 심장박동과 대사 속도를 증가시켜 산소 소비를 촉진하기 때문에 잠수 시간을 단축시킬 수 있다. 그는 점심을 먹은 뒤 풀로 들어가 각자의 한계를 확인할 것이라고 말했다.

일반적으로 풀에서 숨 참는 시간을 겨루는 종목인 스태틱 앱니아STA는 프리다이빙 종목 중에서도 가장 괴상한 종목이다. 경기를 보는 건 따분하고, 직접 하는 건 고통스럽고, 훈련은 지루하다. 하지만 프리다이버가 되겠다는 사람이 심해 잠수에 필요한 정신력을 기르고 신체적 스트레스를 견디는 능력을 배양하는 데에 이보다 더 좋은 훈련은 없다.

2001년에 체코의 마르틴 슈테파네크는 8분 이상 숨을 참아서 스태틱 앱니아 세계 신기록을 수립했다. 2009년에는 프랑스의 스테판 미프쉬드가 11분 35초 잠수에 성공하여 기존 기록을 27퍼센트나 연장시켰다.• 2013년에도 미프쉬드와 독일의 톰 시에스타스가 10분 이상 숨 참기에 성공했다. 스태틱 앱니아 선수들이 만일 현재의 기록 경신 속도를 그대로 밀고 나간다면, 2017년쯤에는 고대의 진주잡이들과 해면 채집가들이 남긴 15분 잠수 기록도 갈아치우게 될 것이다.

스태틱 앱니아 종목 안에도 상어 수조에서 숨 참기, 얼음물 속에서 숨 참기, 플라스틱 버블 안에서 숨 참기 등 여러 세부 종목이 있다. 대중에게 점점 인기를 끌고 있는 세부 종목의 하나인 순수 산소 스태틱 앱니아는 표준 스태틱 앱니아의 규정을 그대로 따르되, 다이버가 잠수하기 반 시간 전에 순수 산소를 마실 수 있다는 점만 다르다. 순수 산소를 마시면 혈액에 산소가 과포화되는데, (산소 함유량이 20퍼센트에 불과한) 자연 상태의 산소를 마실 때보다 뇌를 비롯한 여타의 기관이 그 기능을 훨씬 더 오래 유지할 수 있다는 이점이 있다. PFI에서 훈련받은 미국의 마술사

• 2012년 1월에는 세르비아 선수 브랑코 페테로비치가 12분 11초로 미프쉬드의 기록을 깨면서 스태틱 앱니아 최강자로 부상했다. 그러나 국제 심판이 동석하지 않은 가운데 달성했다는 이유로 페테로비치의 잠수 기록은 AIDA 측으로부터 인정받지 못했다.

이자 스턴트맨인 데이비드 블레인은 2008년 생방송 「오프라 윈프리 쇼」에서 17분 4초 동안 숨을 참는 묘기를 선보이며 순수 산소 스태틱 앱니아 분야에서 신기록을 세웠다. 그로부터 5개월 뒤 시에스타스가 블레인의 기록을 깼다. 현재 그는 22분 22초라는 전대미문의 기록으로 스태틱 앱니아 부동의 최강자로 군림하고 있다.

다행히 우리 교육 과정에 그런 엄청난 도전 따위는 없었다. 프리다이버로서 공식적인 승인을 받기 위해 우리가 통과해야 할 관문은 최소한 1분 30초간 숨 참기다. 신체적 측면에서, 건강 상태가 양호한 사람이라면 누구나 깰 수 있는, 그다지 과한 관문은 아니다. 하지만 정신적 측면에서라면 얘기가 다르다. 뇌가 환각을 일으키고 근육이 덜덜 떨릴 때까지 물속에 얼굴을 처박고 있는 건 누가 봐도 직관적이지도 자연스럽지도 않다. 하지만 누차 들었듯, 이것이 잠수의 기본 중의 기본이요, 프리다이빙의 전부다.

오후 1시 30분, 우리는 잠수복에 몸을 밀어 넣고 풀 가장자리 얕은 물속에 조별로 모였다. 우리 옆 강의실에서 교육을 받았던 PFI 중급반 수강생들도 풀에 들어와 있었다. 중급반의 남자 강사 중 한 명이 웃통을 벗고 풀의 깊은 쪽 끝에 서 있었다. 그의 양쪽 늑골 위로 물고기의 아가미 문신이 움찔거렸다.

강의실에서 내 옆에 앉았던 크롬제 시계를 찬 과묵한 카타르인 모하마드가 내 잠수를 모니터해주겠다고 나섰다. 모하마드는 내가 의식을 잃지 않는지 내 몸이 떠내려가지 않는지 주기적으로 나를 감시할 것이다.

머리가 빙빙 도는 느낌은 숨 오래 참기를 하는 동안 매우 흔하게 일어나는 증상인데, 이는 우리 몸이 경계를 인지하는 감각을 잃기 때문이다. 이것도 일종의 환각 증세지만 크게 걱정할 일은 아니라고 피넌은 말했다. 누군가 옆에서 지켜본다고 해서 스태틱 다이버의 갑작스러운 블랙아웃을 방지해주는 것도 아니지만, 환각 상태에 빠진 채로 별안간 몸이 가라앉거나 떠오를 위험은 줄일 수 있으니 다이버로서는 안심이 된다.

피넌이 잠수 1분 전임을 알렸다. 나는 잠수 마스크를 끼고 조금 더 깊이 숨을 쉬기 시작했다. 피넌과 모하마드가 잠수 전 호흡 패턴을 큰 소리로 복창했다. "하나 들이쉬고, 둘 참고, 셋, 넷, 다섯, 여섯, 일곱, 여덟, 아홉, 열, 내쉰다. 다시 둘 참는다." 피넌의 명령에 따라 나는 크게 네 번 숨을 쉰 뒤 머리부터 거꾸로 물속에 몸을 박았다.

1분까지는 거뜬히 숨을 참았다. 몇 분 뒤에 2분 숨 참기를 할 때는 몸부림을 치며 간신히 견뎠다. 그런데 신기하게도 3분 숨 참기에 도전하는 동안 나는 뭔가 보이지 않는 경계를 지나는 것처럼 몽롱한 기분에 취했다. 의식을 잃지도 않았다. 그 후 몇 분 동안 약간 어지럽고 현기증이 나면서 웃음 가스를 마신 것처럼 기분이 고조되었다. 실은 기분이 꽤 좋았다.

아무리 못해도 뇌 세포 수천 개가 파괴되었으니 이런 기분 좋은 느낌도 어떤 면에서는 뇌 손상을 입은 것이나 마찬가지다. 하지만 수십 건의 연구 결과에 의하면 숨 오래 참기 자체는 해롭지 않다. 신경학적인 손상은 뇌 속 혈관들이 산소를 너무 적게 운반하거나 아예 혈액의 흐름이 멈추었을 때 일어난다. 블랙아웃이 시작되고 2분 정도 지나야 이런 상태가 된다. 달리 말하면 의식을 잃지 않는 한 또는 블랙아웃이 오더라도 2분 안에 의식을 되찾는 한, 숨 참기로 인한 손상은 거의 일어나지 않는다. 물은 말초혈관들에서 뇌와 장기들로 혈액을 밀어 보냄으로써 최소한의 산소로도 지상에서보다 그 기능을 더 오래 유지하게끔 해준다. 즉, 물이 마스터 스위치의 방아쇠를 당겨준다는 말이다.

정상적인 상태에서 인체의 혈중 산소 농도는 약 98퍼센트 내지 100퍼센트에 이른다.(숫자가 클수록 혈액이 보유할 수 있는 산소가 더 많다고 보면 된다.) 신체적 스트레스 또는 질병은 산소 농도를 95퍼센트까지 감소시킬 수 있다. 이 수준 이하에서 버틸 수 있는 사람은 거의 없지만, 전문적인 다이버들은 잠수하는 동안 혈중 산소 농도가, 엄청나게 낮은 수준인 50퍼센트까지 떨어져도 견딘다. 혈중 산소 농도가 85퍼센트 이하로 떨어지면 일반적으로 심장박동 수가 증가하고 시력이 감퇴한다. 65퍼센트에서는 의식을 잃는다. 그러나 무슨 영문인지 모르지만 전문 다이버들은 혈중 산소 농도 50퍼센트에서도 의식을 잃지 않고 근육 통제력도 유지하며 심장도 퍽 느리게 뛴다. 심장박동 수가 1분당 7회까지 떨어진 사례도 보고된 바 있다.

다시 풀로 돌아와서, 우리 반은 이제 오늘의 마지막 숨 참기를 할 참이다. 목표 시간은 4분. 초급 과정에서는 가장 긴 잠수가 될 것이다. 한 사람이 잠수하는 동안 파트너는 15초마다 규칙적으로 잠수자의 어깨를 두드려주기로 되어 있다. 잠수자는 파트너의 손길을 느끼면 2초 안에 왼쪽 손의 집게손가락을 뻗어서 아직 의식이 있고, 참을 만하다는 신호를 해야 한다. 잠수자가 반응이 없을 경우에는 파트너가 한 번 더 어깨를 두드려서 응답할 기회를 준다. 만일 그래도 반응하지 않으면 파트너는 잠수자를 물 밖으로 끌어내고 호흡하라고 외친 다음 고글을 벗기고 눈에 입김을 세게 불어야 한다.

파트너들이 준비 호흡 구호를 외치기 시작했다. "마시고, 내쉬고, 참고-둘-셋-넷-다섯-여섯-일곱-여덟-아홉-열, 참고 둘. 마시고 하나." 풀의 가장자리 깊은 쪽에서 중급반도 함께 구호를 외쳤다. 3분 잠수 시도의 여파가 가시지 않아서 그런지 깊이 숨을 쉴수록 머리가 멍해지는 것 같았다. 구호를 외치는 목소리는 콘크리트 벽에 메아리치며 마치 중세 교회에서 기도를 낭송하는 소리처럼 밀폐된 수영장 안에 점점 더 크게 울려 퍼졌다. 최면에 걸리는 것 같았다. 우리 각자를 물속 세상에서 거듭나게 해주기 위한 세례식처럼 느껴지기 시작했다.

한 번 더 숨을 깊게 마시고 우리는 물속으로 다시 들어갔다.

1분이 지나고, 2분이 지났다. 규칙대로 모하마드는 15초마다 내 어깨를 톡톡 두드렸다. 그때마다 나는 손가락을 뻗었다가 접었다.

그 2분 동안 나는 풀 안에서 생전 처음 들어보는 소리를 들었다. 배수관으로 물이 빠지는 소리 같기도 하고 기침을 참는 소리 같기도 했다. 바닥 깊은 곳에서 물이 튀기는 소리가 들려오는 것 같기도 했다. 내 몸 위쪽 어딘가에서 모하마드가 숫자를 세는 소리도 들렸고, 그가 내 등에 손을 살짝 대는 느낌도 들었다. 그러다가 어느 순간 내 몸의 거의 모든 감각이 멈추었다. 기차를 타고 사막을 여행하는 내 모습이 보였다. 정말 생생했다. 나의 일부는 내가 탬파의 한 수영장 풀 안에 있다는 사실을 알고 있었지만, 또 다른 일부는 기차를 타고 아득히 먼 곳으로 떠나고 있다고 확신하는 것 같았다. 양쪽 모두 어찌나 선명한지 서로의 거울상처럼 느껴졌다. 위가 뒤틀리기 시작할 즈음 나는 기차 여행 쪽으로 정신을 더 밀어 붙였고, 그러자 그쪽 문이 더 활짝 열리기 시작했다.

3분 뒤에 하차한다는 차장의 안내 방송이 들렸다. 그가 내 왼쪽 어깨를 툭 친다. 나는 왼손 집게손가락으로 차표를 그에게 건넸다. 좌석의 파란색 천이 실크처럼 보드라웠다. 나는 차표를 건넨 그 손가락으로 천을 쓰다듬었다. 차장이 다시 내 어깨를 툭 쳤다. 다시 차표를 꺼내려고 주머니에 손을 넣었지만 이번에는 차표가 없었다. 나는 차장에게 가방을 뒤져볼 테니 잠시 기다리라고 손가락으로 신호했다. 그런데 가방도 보이지 않았다. 객실이 너무 어두웠다. 햇빛도 사라졌다. 누군가 옆에서 배수구 안에 있는 물을 튀기는 소리가 들렸다. 차장이 또다시 내 어깨를 쳤다. 나는 기차 출입문을 가리키며 내려도 되겠느냐고 물었다. "당신은 할 수 있어요." 그가 말했다. "당신은 할 수 있어요."

정신을 차려보니 내 머리는 아직 물속에 있었고, 잠수 마스크 너머로 풀의 흰색 콘크리트 바닥이 시야에 들어왔다. 누군가 내 폐에 겨자 가스를 잔뜩 채워놓은 것 같은 기분이 들었다. "3분 45초. 거의 다 왔어요." 모하마드의 목소리가 들렸다. 별안간 몸이 점점 아래로 가라앉아 깊고 검은 구멍 속으로 빨려 들어갈 것 같은 느낌이 들어서 손으로 풀 옆면을 짚었다.

"호흡!" 피넌의 목소리가 들렸다. 나는 고개를 들었다. "호흡! 호흡!" 피넌이 외쳤다. 천장이 뱅글뱅글 돌았다. 폐에 찬 공기를 내뱉으려고 해봤지만 근육이 말을 듣지 않아 실패하고 말았다. 신선한 공기를 마시기 위해 다시 한번 안간힘을 써서 내뱉었다. 끽끽거리며 공기를 내뱉자 기도가 열렸다. 폐 안에 남은 공기를 다 비워내고 길게 숨을 들이마셨다. 들숨을 한 번 쉴 때마다 바늘구멍 만했던 시야가 조금씩 넓어졌다. 제임스 본드 영화의 오프닝 시퀀스 장면 같았다. 어렴풋이 수영장 윤곽이 보이면서 잠시 모든 게 정지된 것 같더니, 이내 눈에 초점이 돌아오기 시작했다.

늑골에 아가미 문신을 한 강사가 내게로 헤엄쳐 오더니 내 등을 가볍게 두드리면서 말했다. "대단해요. 잘하셨어요." 우리 반에서 4분 잠수를 완수한 사람은 나 혼자뿐이었다.

이튿날 우리 반은 탬파에서 160여 킬로미터 떨어진 섬의 오칼라라는 마을 외곽 비포장 주차 구역에 모였다. 주차 구역 건너편, 소귀나무 그늘 아래에 마치 거인이 분노의 주먹을 한 방 내리 꽂은 자리처럼 움푹 팬 웅덩이가 있었다. 포티 패덤 그로토Forty Fathom Grotto라는 이름에 걸맞게 이 탁한 초록색 물웅덩이는 수직으로 깊이가 240피트가 넘는다.

지난 40년 동안 이 웅덩이는 응급 구조대의 스쿠버 훈련장으로 쓰였다. 그 전에는 마을의 공동 쓰레기장이었다. 웅덩이 안에는 여전히 각종 폐기물이 남아 있었다. 녹슨 오토바이들, 위성 안테나 접시들, 1965년산 코르벳을 비롯해 시보레 몇 대, 올즈모빌 한 대, 유리병과 음료수 캔은 수를 셀 수도 없었다. 약 40피트 아래 불룩하게 솟은 암봉은 일명 요정의 도시Gnome City라고 불린다. 다이버들이 석고로 만든 요정들과 자그마한 성 모형들을 이곳에 모아놓았기 때문이다. 요정의 도시 뒤로는 5000만 년 된 연잎성게의 화석으로 뒤덮인 석회암 벽이 버티고 서 있다. 해안에서 80여 킬로미터 떨어진 이 웅덩이도 한때는 바다였다고 한다.

10시 정각이 되자 피넌은 그로토 한가운데로 부낭 두 개를 가져다 놓고 노란색 밧줄로 연결했다. 우리는 잠수복을 입고 마스크와 스노클, 핀을 착용하고서 웅덩이로 들어갔다. 뿌연 아침 햇살이 비친 물은 탁한 청록색이었고 가시거리는 20피트도 채 되지 않았다. 그 아래는 온통 검고 암울해 보였다. 우리는 부낭까지 헤엄쳐 가서 빨랫줄에 매달린 양말들처럼 일렬로 밧줄을 붙잡았다. 앞으로 네 시간 동안 이 웅덩이에서 66피트, 그러니까 약 20미터 아래까지 프리다이빙에 도전할 예정이다.

"처음에는 5미터까지만 잠수할 겁니다." 피넌이 이어서 설명했다. "별로 어렵지 않을 거예요. 그냥 몸풀기로 생각하세요." 그로토는 담수이기 때문에 바닷물보다 밀도가 낮다. 따라서 바다에서보다 우리 몸도 약 2.5퍼센트 정도 덜 떠오른다. 대수롭지 않은 수치지만 프리다이버에게는 그 차이가 엄청나다. 더 빨리 가라앉을 수 있는 이점도 있지만 반대로 상승할 때는 더 많은 에너지를 소비해야 한다.

아무 장비도 착용하지 않거나 거의 나체인 자연 상태의 인체는 프리다이빙에 이상적인 비중을 갖는다. 웨이트를 착용하지 않고도 하강할 수 있다는 말이다. 하지만 우리가 입은 두꺼운 잠수복은 이 균형을 깨뜨리기 때문에 번거롭지만 5킬로그램 정도의 웨이트를 착용해야 한다.

깊이 잠수하기 위한 열쇠는 자신의 몸을 가능하면 유체역학적으로 만드는 것이다. 헐렁한 옷을 입고 사지를 벌린다거나 또는 커다란 마스크를 착용하면 항력이 생겨서 하강 속도가 늦어질 수 있다. 그러면 당연히 수심 확보도 어렵고, 물속에 머무는 시간을 일컫는 프리다이버들만의 은어인 '다운 타임'도 줄어든다. 바다표범은 깊이 잠수할 때 항력을 줄이고 더 빨리 더 쉽게 수심을 확보하기 위해 대개 폐를 수축시키고 척추를 곧게 펴서 몸 안의 공기를 빼낸다. 프리다이버들도 그와 다르지 않다. "양팔은 가지런히 몸에 붙이고 머리는 바닥을 향하게 해서 몸을 미사일처럼 만드세요." 피넌이 말했다.

가라앉기는 비교적 쉽다. 수심 10피트 남짓까지는 거의 식은 죽 먹기나 다름없다. 하지만 상승도 그렇게 생각했다가는 큰코다친다. 프리다이빙이 위험하다고 말하는 까닭도 이 때문이다. 등산을 할 때처럼, 자신의 반환점을 정확히 알아야 함은 물론이고 수면으로 무사히 돌아오기 위해서는 적어도 자기가 보유한 에너지와 산소의 60퍼센트 정도는 남겨둬야 한다.

상승할 때는 수면에서 7피트 아래에 이르렀을 즈음 폐 안에 들어찬 공기를 모조리 뱉어내야 한다. 그래야만 수면에 올라왔을 때 날숨에 시간을 허비하지 않고 곧바로 신선한 공기를 양껏 들이마실 수 있다. 또한 얕은 수심에서 발생하는 블랙아웃을 예방하는 데도 도움이 된다. 불과 몇 초 사이에 성공적인 잠수냐 아니면 삼바 또는 블랙아웃이냐가 결정될 수 있다. 프리다이빙에서 말하는 (수면으로 올라올 때까지 의식을 잃지 않는) 성공적인 잠수는 피트나 분 단위가 아니라 몇 센티미터 혹은 몇 초로 판가름 난다.

피넌이 잠수 전략에 대해 설명하는 동안 나는 그로토의 다른 한쪽에 띄워놓은 나무판자 위에 있던 스쿠버다이버 한 무리를 눈여겨보았다. 그들은 마스크와 튜브, 탱크와 구명조끼를 비롯해 각종 장비로 머리부터 발끝까지 무장하고 있었다. 육상에서 걷는 것도 불편해 보였고 물에 들어와서도 우아함은 고사하고 굼벵이처럼 느리기만 했다. 몸에 걸친 게 많으니 동작도 과장될 수밖에 없었다. 그들의 동작은 어딘가 서툴고 사치스러워 보였다. 그러나 어쨌든 스쿠버다이버들은 폐가 내파하거나 블랙아웃에 빠질 걱정은 할 필요가 없다.

벤이 처음으로 잠수했다. 우리는 마스크를 끼고서 그가 숨을 쉬고 물속으로 들어가 로프를 따라 15피트 아래에 있는 플레이트까지 내려가는 모습을 지켜보았다. 벤은 플레이트를 찍고 몸을 돌려 수면으로 상승하여 노란색 밧줄 끝에 도착했다. 로런, 조시, 모하마드가 차례로 잠수했다. 모두 가뿐하게 잠수에 성공했다. 차례가 되어 나도 잠수했지만, 머리가 욱신거리는 바람에 10피트쯤에서 몸을 돌려 수면으로 올라왔다.

"자연스러운 겁니다. 시간이 좀 걸릴 거예요. 다음번 잠수 때 다시 시도해보세요." 피넌이 말했다.

나는 벤에게 그렇게 빠르게 하강하고 상승한 비결이 뭔지 물었다. 벤은 자신과 조시, 로런은 몇 년 동안 작살 낚시를 해본 경험이 있노라고 말했다. 그러면서 나도 틀림없이 그 비결을 터득하게 될 거라고 자신감을 줬다.

나를 비롯해 초보자 대부분이 가장 어려워하는 기술은 부비강의 압력평형을 유지하는 것, 즉 이퀄라이징이다. 프리다이버에게 최적의 잠수 속도는 초당 3피트인데, 이 속도를 유지하려면 1초에 한 번씩 (귀에서 바람을 내뿜어) 부비강의 압력평형을 유지해야 한다. 그러지 않으면 귀에 심각한 부상을 입을 수 있다. 피넌도 말했다시피, 이퀄라이징이 잘 안 되면 그 즉시 하강을 멈추고 수면으로 돌아왔다가 다시 잠수를 시도해야 한다.

피넌은 플레이트를 30피트, 40피트까지 차례로 낮추었다. 다른 사람들은 두 번 다 쉽게 성공했지만 나는 15피트도 성공하지 못했다.

두 시쯤 우리는 마지막 잠수를 시도했다. 지금 플레이트는 초보자에게는 가장 깊은 수심인 60피트 아래에 매달려 있다. 수면에서는 아예 보이지도 않는다. 우리가 볼 수 있는 거라고는 칙칙한 초록색 물속 어디쯤에서 가뭇없이 사라진 노란색 가이드로프뿐이었다.

어디가 어딘지 분간할 수도 없는 물속에서 로프 끝이 어디인지, 언제 다시 숨을 쉴 수 있는지 모르는 상태로 잠수해야 한다고 생각하니 온몸에 소름이 돋았다. 바다에서 생존하는 방법들이 저장된 내 머릿속에서 그냥 이쯤에서 발을 빼라고 아우성치는 소리가 들리는 것 같았다. 그럼에도 어쨌거나 나는 준비 호흡을 하면서 잠수할 태세를 갖추었다.

우리 팀의 리더는 벤이었다. 그는 마지막으로 숨을 한 번 들이마시고 물속으로 들어갔다. 45초쯤 지났고, 물은 고요하기만 했다. 그때 뿌연 물속에서 로프를 잡아당기고 있는 그의 형체가 보이기 시작했다. 벤은 천천히 수면으로 올라와 호흡을 하고는 우리가 매달린 밧줄 맨 뒤로 헤엄쳐 갔다. 66피트까지 잠수했는데도 힘들어하는 기색이 전혀 없었다. 로런과 조시도 차례로 잠수에 성공했다. 프리다이빙에 처음 입문한 모하마드는 50피트까지 잠수했다. 초보자치곤 꽤 좋은 성적이다.

내 차례가 다가오자 벌써부터 온몸에 수압이 느껴지기 시작했다. 마지막 숨을 들이마시면서 나는 가이드로프가 희미하게 사라져버린 지점에서 애써 눈을 돌렸다. 깊이 숨을 마시고, 더 깊이 숨을 내쉬었다. 다시 한번 마시고 내쉬고.

피넌이 밧줄을 당기면서 부낭 쪽으로 다가와 내 오른쪽에 자리를 잡았다. "이번엔 성공해야 해요. 자, '이번 잠수를 꼭 해낼 거다' 라고 생각하세요." 피넌의 말에 나는 고개를 끄덕이고 숨을 한껏 마신 다음 머리를 물속에 처박고 가이드로프를 당기며 하강을 시작했다.

오른팔로 로프를 당기는 순서가 될 때마다 나는 오른손으로 코를 꽉 쥐고서 귀로 바람을 내뿜어 이퀄라이징을 시도했다. 효과가 있었다. 콩나무를 타고 올랐던 잭과 반대로, 나는 몸을 꽉 움켜쥐는 듯한 물의 압력을 느끼면서 손을 바꿔가며 로프를 당겨 아래로 내려갔다. 몸을 좀더 유선형으로 만들기 위해 머리를 아래로 완전히 수그리니 마치 물을 수평으로 가로질러 걷고 있는 기분이 들었다. 로프 반대쪽에서는 피넌이 나를 따라 내려오면서 끊임없이 나를 주시했다. 그는 내가 숨을 내쉬지는 않는지, 경련을 일으키거나 블랙아웃에 빠지지는 않는지 조심스럽게 지켜보고 있었다.

피넌과 나는 내내 눈길을 주고받으면서 아래로 내려갔다. 우리를 둘러싼 물은 점점 더 어두워졌다. 어느 순간 뭔가 어깨를 움켜잡는 듯한 감각이 느껴졌다. 커다란 손이 나를 잡아당기는 것 같았다. 가이드로프를 쥐고 있던 손에 힘이 풀리는가 싶더니, 내가 아래쪽으로 내려가고 있기나 한 건지 헷갈리기 시작했다. 연녹빛 안개가 모든 방향을 다 지워버렸다. 거대한 대리석 구슬 안에 갇힌 기분이었다. 로프를 붙들고 있지 않았다면 위아래도 분간하지 못했을 것이다.

로프 반대편에서 피넌이 나를 바라보고는 어깨를 으쓱했다. 그는 내 마스크 정면으로 오른손을 뻗고는 아래쪽을 가리켰다. 피넌은 내가 더 깊이 내려가길 원하는 것 같았다. 나는 고개를 저었지만 피넌은 계속 아래를 가리켰다. 그제야 나는 우리 둘 다 가이드로프를 붙잡고 있지 않았다는 걸 깨달았다.

플로리다 한가운데, 한때 쓰레기장이었던 어둑한 담수 웅덩이 깊은 곳에서 중년의 남자 두 명이 거꾸로 선 채로 오도 가도 못한 채 부유하고 있었던 것이다.

그 순간, 아래쪽이 실은 위쪽일지도 모르고, 어쩌면 피넌은 내게 수면으로 올라가자는 신호를 보내고 있는 건지도 모른다는 생각이 퍼뜩 들었다. 뭔가가 잘못된 건지도 모른다. 이게 바로 분홍색 구름에 갇힌 기분일까?

정신을 바싹 차렸지만 오로지 숨을 쉬고 싶다는 생각뿐이었다. 지금 한 번이라도 꿀럭거리면 수면으로 멀쩡한 정신으로 돌아가기 위해 써야 할 산소가 오히려 내 몸을 망쳐버릴 터였다. 이런 생각이 들자 두려움이 엄습했다. 속히 수면으로 올라가서 신선한 공기를 마시고 싶은 강렬한 충동이 나를 사로잡았다. 배턴을 이어받은 선수처럼 나는 재빨리 로프를 잡고 몸을 돌려 위쪽으로 내 몸을 끌어 올렸다. 로프를 한 번 당길 때마다 물은 조금씩 더 밝아졌고 마침내 15피트쯤 위로 전깃줄에 거꾸로 매달려 있는 새들처럼 두 개의 부낭 사이에서 나란히 대롱거리는 핀들이 보이기 시작했다. 수심 7피트쯤 되는 지점에 이르렀을 때 나는 몸속의 공기를 남김없이 내뱉었다. 그리고 수면으로 올라왔다.

나중에 안 사실이지만 그때 나는 가이드로프의 중간지점, 그러니까 약 30피트까지 잠수했다. 아주 형편없는 것은 아니지만 그렇다고 썩 괜찮은 성적도 아니었다. 심해의 문까지는 아니지만 그 문 앞의 도어매트에 발을 비빌 만큼은 근접한 셈이다. 몸을 돌려 가이드로프를 위로 당기기 시작하기 직전에 자연적인 부력을 느꼈던 걸로 미루어보건대, 수심 10피트 근방에서 부유하고 있었던 모양이다. 잘했든 못했든 간에 그 지점에서 주저하고 있었다는 공포감은 도무지 가시질 않았다.

그리고 며칠 후 집으로 돌아가기 위해 공항에서 비행기를 기다리는 동안에도 내 몸은 여전히 흥분으로 들떠 있었으며, 기침을 하려다가도 나도 모르게 주위를 둘러보고 있었다.

언젠가는 프리다이빙이 향유고래와 헤엄칠 수 있게 나를 돕겠지만, 또 어쩌면 수심 40피트 아래로 나를 내려가게 해줄 수도 있겠지만, 수심 3300피트에서 1만3000피트까지 뻗어 있는 영구적이고 완벽한 암흑의 바다 세상인 점심해수층bathypelagic zone에 이르기는 그 문턱 근처조차 어림없다. 이 깊디깊은 물속에는 태곳적부터 지금까지 단 한 줄기의 햇살도 비친 적이 없다. 이곳의 수압은 수면의 100배에서 400배 사이로, 생각만 해도 다리가 후들거릴 정도다. 차디찬 수온은 3도 언저리에 머물러 있다. 열기도 없고 거주자도 없는, 그곳은 말 그대로 '지옥'이다.

스쿠버다이빙이든 프리다이빙이든 어떤 종목의 다이버도 수심 1044피트 아래로는 내려가본 적이 없다. 점심해수층에 이르려면 그보다 세 배는 더 깊이 내려가야 한다. 인간이 이 암흑의 세상에 접근하는 길은 심해 기계 장치를 이용하는 방법뿐이다. 수면 위의 보트에서 케이블로 연결되고 조명과 비디오카메라들로 뒤덮인 자동차 크기만 한 로봇, 일명 원격 조정 심해 장비ROV는 수만 피트 아래까지도 잠수가 가능하다. 하지만 인간을 운반할 수는 없다. 미국에는 대학과 해양연구소에서 운영하는 여섯 기의 ROV가 있다. 점심해수층까지 잠수한 ROV가 전송하는 비디오 영상을 보트 위에서 본 적이 있는데, 고립감만 더 깊어질 뿐이었다. 실제로 그 아래 내려가보는 걸 대신할 장치는 없다.

사실 이런 심해 여행이 가능한 잠수함도 극소수다. 세계에서 가장 유명한 연구 잠수함은 아마 미 해군이 1964년에 처음으로 진수한 앨빈 호일 것이다. 지난 50년에 걸친 운영 기간 동안 앨빈 호는 4600번 넘게 심해로 내려갔고 점심해수층에 진입한 경우도 많았다. 앨빈 호의 소유권과 운영권을 갖고 있는 우즈홀 해양연구소의 홍보 담당자에 따르면, 이 잠수함은 기자를 태운 적도 없고 과학자가 아닌 일반인에게는 승선 기회조차 없었다.(나중에 내가 알아본 바에 따르면 이 홍보 담당자는 모르쇠로 일관했거나 잘못된 정보를 주었거나 둘 중 하나였다. 아주 드물긴 했지만 앨빈 호에는 기자가 승선한 적이 있었고, 때로는 기자를 태우고 잠수를 하기도 했다. 그렇다고 홍보 담당자와 입씨름을 할 필요까지는 없었다. 앨빈 호는 그 후 2년 동안 정비를 받느라 드라이독에 정박해 있었기 때문이다.)

나에게 남은 유일한 선택지는 개인 잠수함을 얻어 타는 것이다. 지난 10여 년간 플로리다와 캘리포니아 일대에서는 맞춤식 잠수함을 제작하는 소규모 공장들이 속속 등장했고, 처음으로 심해 애호가들을 수심 3300피트까지 내려가게 해줬다. 하지만 이런 잠수함을 제작하려면 적게는 180만 달러에서 최대 8000만 달러라는 천문학적인 비용이 들 뿐 아니라 완성하기까지도 몇 년이 걸린다. 구매할 생각일랑 아예 접는 게 낫다. 밑져야 본전이라는 생각에 잠수함을 소유한 거부들에게 수차례 접촉을 시도했지만, 허락은커녕 답장도 한 번 못 받았다.

그즈음 친구에게서 뉴저지에 사는 칼 스탠리라는 사람에 관한 이야기를 들었다. 스탠리란 사람은 열다섯 살 때부터 집 뒤뜰에서 배관 부품들을 이용해 잠수함을 제작하기 시작했다. 열네 살 때 '권위 저항 증후군defiance-of-authority syndrome'이라는 진단을 받고 정신병원에 6주간 입원했는데, 퇴원 후에 스탠리는 공학에 대한 배경 지식도 없이 수제 잠수함을 뚝딱뚝딱 만들기 시작했다고 한다. 그리고 8년이 지난 1997년에 스탠리는 최초로 배수형 격실(부력을 조절하기 위해 물을 담아두는 선박의 한 부분)을 보유한 초경량 잠수함을 제작했다. 제작에 든 비용은 공학자들이 진행하는 프로젝트 비용의 100분의 1 수준인 단돈 2만 달러였다. 일명 부력 조절 수중 글라이더controlled-by-buoyancy underwater glider, CBUG라 이름 붙인 스탠리의 잠수함은 승객 두 사람을 태우고 수심 725피트까지 내려갈 수 있었다.

무허가 무보험 수제 잠수함에 사람을 태우고 건물 70층 높이의 물속으로 내려간다는 것에 대한 법적 부담감이 워낙 컸기 때문에 스탠리는 수중 장비에 대한 규제가 없는, 혹은 있더라도 매우 느슨한 온두라스의 로아탄섬으로 본거지를 옮겼다. 스탠리의 잠수함 관광은 큰 인기를 끌었다. 몇 년 뒤 그는 좀더 큰 잠수함을 설계하고 제작했다. 아이다벨Idabel이라고 이름 붙인 이 잠수함은 세 명의 승객을 태우고 수중 3000피트 아래까지 잠수할 수 있었다.

미드나이트 존이라고도 불리는 점심해수층은 태양빛이 투과할 수 없는 심도의 물속을 일컫는다. 로아탄섬을 둘러싼 카리브해는 수심이 1700피트쯤 되는데, 아이다벨 호의 잠수 성능으로는 식은 죽 먹기나 다름없다. 살아생전에 그렇게 깊은 곳까지 또 내려갈 수 있을지는 미지수이지만 어쨌든 아이다벨 호가 허락할 수 있는 수심까지는 한번 내려가 보고 싶었다. 어림잡아 2500피트까지 내려간다고 해도 해양학자들이 점심해수층이라고 간주하는 곳까지는 수백 피트가 모자라지만, 평범한 시민이 정상적인 수단으로 이보다 더 깊이 내려갈 수는 없을 것이다.

무엇보다 좋은 것은 스탠리는 권리 포기 각서나 면책 서류 따위를 들이밀지도 않았고 보험 증서를 요구하지도 않았다. 만에 하나 안 좋은 일이 발생하면, (매번 잠수함을 직접 운전하는) 스탠리 본인을 포함한 모든 승객은 죽을 것이다. 더 이상 할 말 없음. 잠수함도 사라지고 소송을 걸 사람도 없다. 이것저것 준비할 것도 없이 그냥 스탠리에게 잠수함 승선비로

1600달러를 송금하고 날짜를 선택하면 끝이다.

스탠리의 말대로라면 잠수했다가 올라오기까지는 약 4시간이 걸린다. 물속에 있는 동안 나는 자동차 트렁크만 한 크기의 강철 공 안에 쭈그리고 있어야 한다. 몸을 뻗거나 소변을 참으면서 잘 버티든지, 아니면 해저 탐사 시간 내내 실성하든지 둘 중 하나다.

스탠리도 구사일생으로 살아난 적이 있었다. 아이다벨 호를 타고 내려갔다가 해저 동굴에 갇혔던 적도 있고 200피트 아래서 케이블이 엉킨 적도 있었다. 임신한 아내와 로아탄 주민 한 사람을 태우고 잠수했다가 1960피트 지점에서 선체 일부가 파손된 적도 있었다. 유리창 두 개가 깨졌는데 천만다행히 부서지지는 않았다. 또 한번은 개스킷이 터진 적도 있었고 모터가 멈추거나 꺼져버리는 일도 더러 있었다. 그런 일이 있고난 뒤에는 매번 설계를 수정하여 재발을 막았다. 덕분에 거의 1000번가량 잠수하는 동안 사망자는 단 한 사람도 나오지 않았고 부상을 입은 사람도 없었다.

설계도 제 맘대로, 제작도 제 맘대로인 수제 잠수함을 타고 스탠리는 수심 1000피트에서 2000피트 사이의 깊은 물속에서 이 세상 그 누구보다 더 오랜 시간을 보냈다.

스탠리의 잠수함 관광 사업의 공식 명칭이기도 한 로아탄 심해 탐험 연구소는 백색 모래와 평온한 푸른 바닷물이 초승달 모양으로 만을 이루고 있는 로아탄의 관광지구 웨스트엔드 외곽에서 카리브해를 바라보고 있다. 웨스트엔드는 배낭 여행자들과 빠듯한 예산으로 놀러온 미국 가족들, 당일치기 크루즈 관광객들에게 인기가 많은 휴양지인데, 실제로 겉보기에도 딱 그렇게 보인다. 모래밭 위에는 분홍색 슬러시 음료를 파는 티키 바들이 즐비하고, 배는 풍선처럼 튀어 나오고 다리는 가느다란 햇볕에 그을린 남자들과 금발로 염색하고 분홍색 비키니를 입은 여자들이 북적거린다. 쓰레기더미 위에서는 주인 없는 개들이 털이 다 빠진 불기를 긁적이고 있다. 카니발 카페라는 간판이 달린 식당 야외 테이블에서는 현지 주민들이 가짜 말보로 담배를 피우고 있다. 포장용 테이프가 덕지덕지 붙은 대형 스피커에서 흘러나오는 밥 말리의 앨범 「레전드 Legend」와 웃통을 벗은 택시 기사의 바지 주머니에서 울려대는 노키아 휴대전화의 신호음이 뒤섞여 들려왔다.

이 모든 소음에서 반 마일쯤 벗어나 시든 야자나무 잎들이 우거진 길을 따라 가다가 물에서 수십 피트 떨어진 곳에 이르자, 식민지풍으로 물막이 판자를 댄 스탠리의 집이 나왔다. 나무로 만든 산책로가 작은 부두까지 이어져 있었다. 부두 차양에 가로로 써놓은 "더 깊이 가라 Go Deeper"라는 글자가 보였다. 차양 그늘에는 비틀스의 「옐로 서브머린 Yellow Submarine」에서 곧장 튀어나온 것 같은 잠수함이 강철 케이블에 매달려 있었다. 밝은 노란색에 사방에 동그란 유리창이 나 있고 뒷면에는 난로의 연통 비슷한 것이 불쑥 나와 있었다. 한쪽 면에 산세리프체로 쓴 'IDABEL'이라는 파란색 글자가 선명했다.

스탠리는 선체에서 떼어낸 강철로 된 큼직한 장치를 손에 들고 아이다벨 뒤에 서 있었다. 키가 크고 마른 체격의 그는 미러 선글라스를 끼고 몸에 딱 붙는 회색 티셔츠와 카키색 반바지 차림이었다. 발전기가 배기가스를 토해내는 소리 사이사이로 몇 초에 한 번씩 잠수함 밑에서 압축공기가 퐁퐁 터져 나오는 소리가 들렸다. 일찍 도착한 탓에 스탠리가 마지막으로 잠수함을 점검하고 있는 모습을 보게 된 것이다. 내가 악수하려고 다가가자 스탠리는 좀 성가셔하는 눈치였다. 민망한 기분이 들 만큼 오랫동안 나와 시선을 주고받고는 스탠리는 말 한마디 없이 잠수함 쪽으로 걸어갔다.

아이다벨은 2인 1실이 기본이다. 그러니까 내가 두 사람 몫의 (1인당 800달러씩) 요금을 내야 했다는 말이다. 몇 달 전에 레위니옹에서 만났던 돌고래 박사 스탠 쿠차이 교수에게 나와 함께 잠수함을 타겠느냐고 물어봤다. 마침 쿠차이는 몇 주 전에 로아탄에 와서 웨스트엔드에서 몇 마일 떨어진 곳에서 포획된 돌고래들에 대한 연구를 진행하고 있었다. 벌써 35년 넘게 바다와 해양 동물들을 연구하고 있었지만 쿠차이 교수는 잠수함을 한 번도 타보지 않았을 뿐 아니라, 스쿠버다이빙을 하면서도 수심 120피트 아래의 바닷속은 본 적도 없었다. 내 제안에 기뻐 날뛸 만도 했다.

그런데 아이다벨의 갑갑한 내부를 보더니 쿠차이 교수의 수다스럽던 흥분은 어느 새 겁에 질린 침묵으로 바뀌고 말았다. 아이다벨 호는 길이가 약 4미터에 폭은 2미터가 조금 안 된다. 윗부분에는 아홉 개의 둥근 창이 있어서 360도 관람이 가능하다. 스탠리는 바로 이 윗부분에 서서 밖을 내다보며 잠수함을 조종한다. 승객들은 잠수함 앞쪽에 승선하는데, 스탠리의 발 바로 아래에 있는 이 구역이 이른바 '승객 구역'이다. 직경이 1.3미터쯤 되는 이 구역에는 폭이 1미터가 채 안 되는 객실이 딸려 있다. 객실이라고 하지만 레이지보이 리클라이너 한 대가 간신히 들어갈 만한 공간이다. 쉽게 말해서 레이지보이 리클라이너 한 대에 키가 180센티미터인 남자 두 명이 끼어 앉아야 한다는 말이다. 이 좌석 정면으로 폭이 76센티미터쯤 되는 플렉스 유리로 된 볼록한 창이 나 있다.

로아탄에서 잠수함 투어가 특별히 인기 있는 까닭은 자메이카 인근 해저에서 케이맨 제도까지 이어진 심해 협곡, 케이맨 해구로의 접근이 용이하기 때문이다. 가장 깊은 곳은 수심 2만5000피트가 넘는 이 해구는 세계에서 가장 깊은 해저 화산 산맥을 품고 있는 것으로도 유명하다. 2010년에 영국 사우샘프턴대의 한 연구진은 이 해구로 ROV를 내려보냈고 이곳에서 지구상에서 가장 깊고 뜨거운 열수 분출구들을 발견했다.(열수 분출구는 해저에서 수백 미터가 넘는 독성 가스 기둥을 내뿜는 해저 화산이다.) 이 분출구들 주변의 온도는 400도가 넘는다. 납도 녹일 만큼 뜨겁다는 말이다. 2012년에 귀항 길에 오른 ROV는 행성 지구에서 가장 혹독한 환경이라고 할 수 있는 이 열수 분출구 주변에서 지구상의 다른 어느 곳에서도 발견된 적 없는 기묘한 동물들과 미생물들이 서식하고 있다는 사실을 밝혀냈다.

이번 잠수함 관광에서 우리가 열수 분출구 근처까지 갈 일은 없겠지만, 지금까지 그 누구도 본적 없는 칠흑 같이 어두운 물속을 지나 해저의 한 지점에 이를 것이다. 스탠리는 우리에게 이렇게 말했다. "잠수할 때마다 저는 매번 새로운 무언가를 발견한답니다."

잠수함에 승선할 시간이 됐다. 쿠차이가 먼저 타겠다고 나섰다. 나는 그가 잠수함 위쪽으로 난 폭이 60센티미터쯤 되는 구멍으로 어깨를 웅크린 채 기다란 상체를 집어넣는 모습을 지켜보았다. 구멍으로 쏙 들어가는 모습이 마치 두더지 잡기 게임의 두더지 같다. 잠수함 안으로 들어간 쿠차이는 전망 창이 있는 구역으로 발부터 기어들어가 무릎을 가슴까지 끌어올리고서 비좁은 좌석에 몸을 쑤셔넣었다. 정면 유리창 너머로 쿠차이가 엄지손가락을 세워 보였다. 그리고 고개를 절레절레 흔들더니 웃으면서 말했다. "제임스, 당신 몸이 좌석에 맞을지 모르겠어요!" 쿠차이가 소리쳤다. "농담 아닙니다. 자리가 정말 좁아요."

나는 쿠차이 옆에 앉아 몸을 꼼지락거리면서 그가 틀렸다는 걸 증명했다. 사실 쿠차이 옆에 앉은 게 아니라 포개 앉은 것이나 다름없었지만 말이다. 벽이 둥글어서 허리를 펴고 기댈 수 없었기 때문에 우리는 상체를 앞으로 숙여 몸을 괄호처럼 만들어야 했다. 머리 위쪽의 공간도 너무 좁아서 두피가 긁히지 않으려면 거북이처럼 목을 움츠려야 했다.

잠수함 투어를 다시 생각해봐야 하는 건 아닌지, 고민을 시작하기도 전에 스탠리가 우리 뒤쪽으로 기어 들어와 해치를 닫아버렸다. 아이다벨의 전기 모터가 우르릉거리며 돌아가기 시작했다. 아이다벨을 매달고 있던 케이블이 풀리면서 우리는 마침내 물속으로 내려갔다. 케이블에서 분리된 잠수함은 반쯤 물에 잠긴 채로 케이맨 해구가 있는 북쪽으로 항해를 시작했다.

승객 구역에서 쿠차이와 나는 전망 창으로 완전히 다른 두 세계를 바라보았다. 위로는 구릿빛의 햇살이 아래로는 은빛 물이 보였다. 직사광선을 받은 둥근 전망 창은 돋보기가 되어 잠수함 내부를 뜨겁게 달궜다. 항구를 출발하기도 전에 아이다벨 내부 온도는 36도까지 올라가 있었다. 쿠차이가 입은 티셔츠 밖으로 땀이 배어났다. 쿠차이는 잔뜩 긴장하고 화가 난 듯한 표정으로 바뀌기 시작했다. 동시에 그는 카메라 셔터를 계속 딸깍거리면서 신경성 틱 증상을 보이기 시작했다. 우리는 발이라도 식히기 위해 신발을 벗었다.

아이다벨은 더 아래로 가라앉았다. 수면의 빛과 생기가 차츰차츰 사라지기 시작했다.

“이제부터 조금 흔들리고 기울어질 겁니다.” 스탠리가 말했다. 덜컹 흔들리는가 싶더니 아이다벨이 45도 각도로 기울었다. 스탠리는 우리가 케이맨 해구의 목구멍을 들여다볼 수 있도록 각도를 유지하며 잠시 부근을 맴돌았다.

“자, 이제 진입합니다.” 스탠리의 말이 떨어짐과 동시에 우리는 하강하기 시작했다.

전망 창 위쪽을 보니 수면이 있는 방향으로 수평선을 따라 뻗어 있던 푸른색 띠가 마치 마크 로스코의 작품처럼 점점 더 짙어지기 시작했다. 색의 그레이디언트는 빛이 부린 마술도 아니고 신기루도 아니다. 아래로 내려갈수록 색이 단계적으로 더 짙게 변하는 것은 물 분자들이 햇빛의 스펙트럼을 천천히 집어삼키면서 나타나는 현상이다.

바다 표면에서 태양에너지는 물을 쉽사리 관통한다. 아래로 내려갈수록 에너지가 점차 약해지다가 3000피트쯤 되면 아예 사라진다. 빨간색과 주황색처럼 파장이 긴 빛은 물 분자에 가장 쉬운 먹잇감이다. 그래서 제일 먼저 사라진다. 수심 50피트만 내려가도 빨간색은 인간의 눈에 보이지 않는다. 노란색은 수심 150피트에서 사라지고 녹색은 200피트 부근에서 사라진다. 이 지점부터는 더 강하고 더 짧은 파장의 색만 남는데, 그것이 바로 파란색과 보라색이다.

우리가 수면에서 보는 파란 바닷물은 (그리고 하늘은) 실제 물이나 공기의 색과는 전혀 상관이 없다. 그 둘은 모두 색이 없다. 열대의 바닷물이 보랏빛이 감도는 새파란색으로 보이는 까닭은 파란빛과 보랏빛만이 투과될 수 있는 수백 피트 아래 깊은 곳까지 훤히 보이는 가시도 때문이다.

바다에 파란색 물고기가 극히 드문 까닭은 빛이 없는 점심해수층까지 내려가지 않는 이상 눈에 너무 잘 띄기 때문이다. 그와 반대로 붉은색 물고기가 매우 흔한 까닭은 물속에서 빨간색이 최고의 위장색이기 때문이다. 우리가 흔히 도미라고 부르는 붉돔과 같은 물고기는 수면에서는 붉은색으로 보이지만, 수심 100피트 정도의 깊은 물속으로 내려가면 몸에서 붉은색이 점차 사라지면서 녀석의 먹잇감에게는 물론이고 포식자에게도 거의 눈에 띄지 않는다. 도미가 일생의 거의 대부분을 수심 50피트에서 200피트 사이에 머무는 것도 바로 이런 까닭에서다.

스탠리가 아이다벨 호를 거의 직각에 가깝게 기울이자 우리는 아래를 향해 거의 곧추 내려가기 시작했다. 열기구를 타고 하늘로 올라가듯 우리는 우아하게 활강했다. 다른 점이라면 그 방향이 해저를 향하고 있었다는 것뿐. 심도계가 300피트를 가리켰다. 스탠리가 아이다벨 호 내부 전등을 아직 켜지 않았기 때문에 우리는 한 가지 색만 있는 세상 속으로 점점 더 깊이 잠겨 들어가는 기분이 들었다. 옷과 피부, 노트패드, 잠수함 바깥 쪽 세상이 전부 다 똑같이 파랗게 보였다.

몇 분 후 우리는 수심 800피트를 통과했다. 중층표영대에 진입한 것이다. 이 정도 깊이에서는 햇빛의 99퍼센트가 물에 모조리 흡수된다. 어떤 식물도 생존할 수 없다. 그래서 여기부터 그 아래로는 온통 동물과 광물의 세상이다. 이미 제곱인치당 350파운드를 넘어버린 수압으로 아이다벨 호의 선체에서는 쉭쉭, 삐걱삐걱 소리가 나기 시작했다. 스탠리가 잠수함 내부 압력 조절기를 해수면과 비슷한 15프사이에 맞추었지만, 제대로 작동되고 있기나 한 건지 나로서는 확신이 서지 않았다. 더 깊이 내려갈수록 어쩐지 압력도 꾸준히 높아지는 것 같았으니까 말이다. 대충 30초마다 한 번씩 우리는 고막이 터지지 않도록 부비강의 압력평형을 맞추어야 했다. 쿠차이는 무릎을 끌어안고 고개를 숙이고 있었는데, 구토를 할 것처럼 보였다. 그 순간 나도 갑자기 구역질이 나면서 망상증이 엄습했다.

"괜찮아요?" 쿠차이에게 물었다.

"힘들어요. 숨쉬기가 힘들어요." 쿠차이가 대답했다.

우주비행사들이 우주여행에 따르는 심리적, 신체적 트라우마를 극복하는 방법은 특정한 임무들에 더 집중하면서 이성을 잃지 않으려고 노력하고, 동료들과 끊임없이 교신하는 것이다. 그런데 쿠차이와 나는 그 반대로 행동하고 있었다. 유임 승객인 만큼 우리에게는 아이다벨 호 안에서 책임져야 할 어떤 임무도 없었고, 전망 창이 있는 승객 구역은 소음이 너무 커서 정상적인 대화를 나눌 수도 없었다. 그저 각자 머릿속에 떠오르는 생각들에 골몰할 뿐이었다. 나는 벌어질 수도 있는 끔찍한 사고들을 상상하기 시작했다. 밀실공포증이 30여 분째 지속되자 분별력을 유지하기가 점점 더 힘들어졌다. 쿠차이는 겁에 질린 표정으로 이를 악물고 있었다.

러시아의 우주비행사 바실리 치빌리예프도 이와 비슷한 문제를 겪었다. 우주정거장 미르에서 4개월 동안 임무를 수행한 뒤인 1997년, 그는 신경증과 우울증이 심해졌다. 미르 호의 도킹 모듈 쪽으로 무인 보급선을 유도하는 과정에서 갑자기 당황한 그는 보급선을 거의 다 망가뜨렸다. 2년 뒤 또 다른 우주비행사 두 명은 무턱대고 주먹 싸움을 일삼기도 했고, 들리는 바에 따르면 동승했던 여성 승무원을 성폭행하려고도 했다. 다행히 그 여성 승무원은 다른 격실로 도망가 문을 잠갔다고 한다.

우주비행사들을 괴롭힌 건 업무량이 아니었다. 협소한 공간에 또 다른 인간과 갇혀 있다는 데서 비롯된 밀실공포가 그 원인이었다. 러시아의 또 다른 우주비행사 발레리 류민은 이런 말을 했다. "살인 사건은 특별한 상황에서 일어나는 게 아니다. 두 사람을 1.5제곱미터쯤 될까 말까 한 공간에 가두어두면 두 달 안에 어김없이 일어난다."

특별히 쿠차이에게 맹렬한 살의를 느끼거나 주먹을 날리고 성폭행하고 싶은 마음이 든 것은 아니었지만, 한편으로 생각하면 우리가 강철로 된 조그마한 통 안에 함께 있은 지는 고작 30분밖에 되지 않았다. 하지만 다시 햇살을 보려면, 그리고 화장실에 가려면 앞으로 세 시간 하고도 30분은 족히 있어야 한다. 게다가 온도는 점점 더 떨어지고 있었다. 수온은 7도까지 떨어졌고 잠수함의 내벽은 만지면 소름이 돋을 만큼 차가워졌다. 벽이고 유리창이고 습기로 반들거렸다.

스탠리는 우리가 지금 막 수심 1100피트를 지났다고 알려줬다. 갑자기 잠수함 한쪽에서 조명이 켜졌다. 이어서 또 하나 그리고 두 개가 더 켜졌다. 스탠리는 아이다벨 호에 달려 있는 열한 개의 조명을 차례로 켰다. 우리 앞쪽의 물이 우유처럼 하얗게 빛나는 것 같았다. 눈이 빛에 적응되면서 물 빛깔은 회색이 감도는 초록색으로 점차 누그러졌다. 구식 텔레비전 화면 색깔과 비슷했다. 유리창 밖으로 수천수만 개의 눈송이 같은 것들이 시내처럼 우리를 스쳐 흘러 내려갔다.

스탠리가 말하길 눈송이들은 햇빛이 비추는 지역에서 떨어지는 부스러기들이다. 바다에서는 모든 것이 뜨거나 가라앉거나, 둘 중 하나다. 수심이 깊은 곳에서는 중력도 세기 때문에 플랑크톤의 유해, 물고기의 배설물, 벗겨진 허물 등의 온갖 것이 아래로 가라앉는다. 이 모든 것이 더 작은 조각으로 분해되어 끊임없는 소용돌이 춤을 추면서 바다 밑바닥으로 가라앉는다.

바닷속 깊은 곳이 쓸데없는 부스러기와 유해들만의 집합소는 아니다. 대기 중에 존재하는 이산화탄소도 바닷속으로 흡수된다. 해양 총 생물량의 최소한 반을 차지하는 미세한 조류들, 즉 식물성 플랑크톤은 대기 중 이산화탄소 가운데 적게는 3분의 1에서 많게는 절반에 가까운 양을 흡수한다. 그뿐 아니라 이 미세한 생물들은 지구가 보유한 산소의 50퍼센트 이상을 생산한다. 바다의 온도가 올라가면, 식물성 플랑크톤은 죽는다. 그렇게 되면 지구상의 이산화탄소 농도는 증가하고 산소 농도는 낮아질 것임이 자명하다.

1950년에서 2010년까지, 식물성 플랑크톤 종수는 무려 40퍼센트 가까이, 실로 어마어마하게 줄었다. 식물성 플랑크톤이 이 추세로 계속 감소한다면, 지상의 동물들도 점점 숨쉬기가 어려워질 것이다.

더 깊이 내려갈수록 흰색 파편들은 점점 더 빠르게 흘러내렸다. 유성우의 심해 버전 같기도 했다.

"정말 굉장하네요." 쿠차이는 카메라 전원을 켜고 사진을 몇 장 찍었다. 우리가 전망 창 너머로 펼쳐지는 은하수 같은 빛의 향연에 눈을 떼지 못하고 경외심을 막 느끼려던 찰나, 스탠리는 별안간 조명등을 모조리 꺼버렸다.

나는 조명을 다시 켜주면 안 되겠느냐고 스탠리에게 물었다. 심해의 장관에 넋을 빼앗기려는 순간에 찬물을 끼얹는 심보라니!

"창밖을 계속 보십시오. 보면 압니다." 스탠리가 대답했다. 조명이 꺼진 시야는 완전히 칠흑 같았다. 심도계를 흘끗 보니, 우리는 방금 수심 1700피트를 지나쳤다. 아무리 강렬한 햇빛도 결코 도달할 수 없는 지역, 점심해수층이다.

"보셨어요?" 스탠리가 물었다. "저기, 왼쪽 위를 보십시오."

40피트쯤 떨어진 곳에서 마치 밤하늘에서 폭발하는 폭죽처럼 빛이 터졌다. 잠시 후에는 우리의 아래쪽에서 또 빛의 폭죽이 터졌다. 그리고 오른쪽에서 또 한 번. 분홍색과 보라색, 초록색 섬광이 백색광에 뒤섞인 빛의 폭죽은 무척 다채롭고 눈부셨다. 고대의 뱃사람들은 우리가 방금 본 장면을 바다가 타오른다고 묘사했다. 사실 빛의 폭죽은 살아 있는 유기체가 만들어낸 화학적 빛, 즉 생물발광bioluminescence 현상이다. 박테리아에서 상어에 이르기까지 해양 생물의 약 80퍼센트에서 90퍼센트는 생물발광을 이용한다.

우리가 전망 창을 바라보는 동안 빛의 폭죽은 기계적으로 깜빡거리면서 점점 더 밝아졌다. 오른쪽에서 초록색 불꽃이 번쩍이면 10여 피트 떨어진 왼쪽에서 파란색 불꽃이 번쩍였다. 더 먼 곳에서는 밝기가 반쯤 되는 불꽃들이 번쩍였다. 반딧불이처럼 반짝이는 불꽃들만 보일 뿐, 형체를 가늠할 수는 없었다. 주변에서 헤엄치는 동물도 보이지 않았다. 우리가 어떤 생물의 무리 속으로 흘러 들어온 것이 분명했다. "모종의 의사소통을 하고 있는 것처럼 보입니다." 카메라를 다시 들어 올리면서 쿠차이가 말했다.

생물발광 동물들은 빛을 이용해 먹잇감을 유혹하거나 포식자를 깜짝 놀라게 해서 쫓아버리기도 하고, 서로 의사소통을 할 수도 있다. 기괴하게 생긴 아귀는 머리 꼭대기에 있는 작은 불빛을 이용해 먹이를 유인한다. 대왕오징어는 다 자랐을 때 1.8미터가 넘는 녀석도 있으며 보통 점심해수층보다 더 깊은 곳에서도 서식할 수 있다고 알려져 있는데, 불빛을 이용해서 모스부호와 유사한 신호를 만들어 서로 소통할 수도 있다. 대왕오징어와 아귀를 비롯해 평생 태양을 볼 일 없는 심해 동물들의 커다란 눈은 햇빛을 처리하도록 진화하지 않았지만 흐릿한 생물발광성 불빛 신호는 감지할 수 있다.

이런 불빛들이 의사소통에 어떤 식으로 이용되는지에 대해서는 거의 알려진 바가 없다. 지금까지 심해 동물에 관한 연구가 거의 없었다는 말이다. 대왕오징어가 영상에 기록된 것도 두 번뿐인 데다, 연구자들이 생물발광 신호를 보내는 대왕오징어를 포착한 것은 한 번뿐이다.

그럼에도 일부 연구자들은 생물발광에 대한 관심을 놓지 않고 자신들의 분야에 이를 응용할 방법을 모색하고 있다. 종양학자들은 해파리와 생김새가 비슷하고 젤리처럼 말랑말랑한 바다팬지의 생물발광 유전자를 이용해서 암세포와 병원균이 각종 치료법에 어떻게 반응하는지를 연구하고 있다. 바다팬지의 유전자는 줄기세포 안에서의 유전자 발현에 관한 연구에서 살아 있는 숙주를 감염시키는 바이러스 연구에 이르기까지 다양하게 이용된다.

2000년 1월에 미국의 예술가 에두아르도 칵은 프랑스의 한 유전학자를 고용하여 해파리에서 추출한 녹색형광단백질 유전자를 알비노 토끼의 게놈에 삽입함으로써 최초로, 그리고 뜨거운 논란을 일으키며 '빛나는 포유류' 아트 프로젝트를 진행했다. 2013년에는 유전자를 조작하여 어둠 속에서 빛이 나는 식물을 만들겠다는 계획을 제안한 미국의 한 연구진이 킥스타터 크라우드 펀딩 서비스를 통해 48만 달러를 모금하는 데 성공했다. 이 연구진은 언젠가는 빛나는 식물들이 가로등을 대체하게 되기를 고대한다.

칵이 형광 토끼를 선보이던 무렵, 과학자들은 형광 유전자를 제브라다니오의 어체에 삽입하여 글로피시GloFish를 창조하는 데 성공했다. 세계 최초의 유전자 조작 형광 물고기인 글로피시는 현재 미국 전역의 애완동물 상점에서 쉽게 구매할 수 있다.

스탠리가 조명등을 다시 켜자 우리 앞의 검은 물은 순식간에 눈송이 같은 잔해들이 쉴 새 없이 떨어지는 회색빛으로 돌변했다. 빛의 폭죽들도 사라졌다. 어쩐 일인지 우리에게는 이 장면이 더 낯설었다. 우리 앞으로 물고기 떼가 지나갔는데, 녀석들은 보통 물고기처럼 수평으로 헤엄치는 게 아니라 수면을 향해 수직으로 헤엄쳐 올라가고 있었다. 잠수함 조명등에 비친 녀석들은 마치 수십 개의 은색 느낌표처럼 보였다.

대부분의 육상 생물의 활동 영역이 지평면으로 한정돼 있는 반면, 중층해라 불리는 바다 영역에 거주하는 생물들은 수면과 해저 사이에서 어느 방향으로든 이동이 가능하다. 하지만 물속 세상은 단조롭기 그지없고 당황스러울 만큼 변함이 없다. 산이나 하늘도 없고, 좌우, 위아래를 구별하게 해줄 랜드마크도 없다. 밤이 가고 아침이 밝는 일 따위는 기대조차 할 수 없다. 계절도 없다. 기온은 언제나 똑같다. 이곳에 거주하는 동물들에게는 집이란 게 없다. 돌아갈 고향도 없고 찾아갈 목적지도 없다. 끊임없이 떠돌 뿐이다. 나는 이곳에서, 지금껏 내가 본 곳 중에 가장 어둡고 가장 고독한 이곳에서 한없이 심오한 존재론적 비애를 느꼈다.

중층해에서는 사방에 위험이 도사리고 있다. 어떤 동물들은 해가 뜨면 조금 더 밝아지는 얕은 물을 향해 수백 피트를 이동해 단조로움에서 벗어났다가 밤이 되면 다시 검은 물로 내려와 스스로를 위장한다. 바닷속에서 벌어지는 이 '출퇴근'은 지구를 통틀어 가장 규모가 거대한 동물의 이동이다. 이런 이동이 날마다 일어난다. 하지만 그보다 깊은 점심해수층에 거주하는 대부분의 동물에게는 그것마저 없다.

아이다벨이 2000피트를 지났다. 피식피식 소리와 삐걱삐걱 소리가 점점 더 크게 더 자주 들려온다. 외부 압력은 900프사이를 넘어섰다. 선체벽에 바늘구멍만 한 틈이라도 생긴다면, 아이다벨 호의 외벽은 외과용 메스로 살을 가르듯 순식간에 찢어지면서 전체가 산산조각 나고 말 것이다. 이런 심해에서의 죽음은 서서히 찾아오지 않는다. 눈 깜빡할 새도 없이 한순간에 뭉개지고 말 것이다.

정말 신기하게도 나는 그곳에서 마음이 편안해졌다. 잠수하기 전만 해도 심해로 내려가면 공황감이나 엄청난 긴장감을 느낄 것 같다고 생각했는데, 어찌된 영문인지 2000피트 아래의 물속에 있으니 오히려 마음이 차분하고 평온해졌다. 사실 내 마음대로 되는 건 하나도 없었다. 잠수함 밖으로 나갈 수도 없고, 설령 잠수함 선체가 함몰된다고 해도 할 수 있는 일이 아무것도 없었다. 불평은 물론이고, 앞으로 무슨 일이 벌어질지 걱정해도 소용없었다.

그때 내 머릿속에 조지 오웰의 소설 『파리와 런던의 따라지 인생』의 한 구절이 떠올랐다. 파리의 한 레스토랑에서 접시를 닦다가 쫓겨나 땡전 한

푼 없는 알거지가 된 오웰은 느닷없이 찾아온 밑바닥 생활의 기쁨을 이렇게 묘사했다. "마침내 땡전 한 푼 없는 빈털터리가 되었다는 걸 알고 나면 고통에서 해방된 기분, 거의 쾌감에 가까운 기분이 든다. 떠돌이 개 신세가 되었다는 말을 입에 달고 살았다. 그런데 이제 정말 무일푼 떠돌이가 되었고, 그런데도 잘 견디고 있다. 수많은 걱정거리가 다 사라졌다."

손바닥으로 턱을 감싼 채 아이다벨 호의 강철 뼈대에서 나는 삐걱거리는 신음 소리를 들으면서 나는 만일 우리 셋이 여기서 죽는다면 우리에게 무슨 일이 벌어졌는지는 아무도 모를 것이라는 생각이 들었다. 심지어 우리 자신조차도.

나의 마음이 평온해진 데는 스탠리의 역할이 컸다. 육지에서 본 스탠리는 과묵하고 비밀스러운 사람이었다. 내 질문도 무시했고, 나의 때 이른 등장 자체를 귀찮아하는 것처럼 보였다. 로아탄에서 성미가 까다롭기로 정평이 나 있는 사람이니 별로 놀랄 일도 아니었다.

그런데 수면에서 수천 피트 아래로 내려온 지금, 그는 우리 뒤에서 카스테레오를 만지작거리면서 디스코와 재즈 음악을 번갈아 틀어놓고 발을 까딱거리질 않나, 수다스럽게 떠들면서 웃지를 않나, 완전히 다른 사람이 되었다. 우리는 스탠리가 혼자서 뚝딱뚝딱 만든 싸구려 잠수함을 타고, 그가 이 세상 그 누구보다 더 오랜 시간을 보낸 바다 왕국을 순항 중이다. 우리는 스탠리의 집에 놀러온 손님이고, 스탠리는 우리에게 행복한 시간을 선사하기로 결심한 사람처럼 보였다.

우리는 2200피트, 2300피트, 2400피트를 차근차근 지났다. 눈 앞에 희미한 빛이 나타났다. 볼록한 전망 창 너머로 밖을 보니 마치 저 먼 달에 접근하고 있는 것 같았다. 이국적인 세상의 자잘한 세부들이 차츰 시야에 들어오기 시작했다. 스탠리는 잠수함 각도를 더 곧추 세우고 천천히 아래로 내려갔다. 그런 다음 전망 창이 해저와 평행이 되도록 아이다벨의 핸들을 돌렸다. 우리도 나름대로 착륙 준비를 했다. 쿠차이와 나는 심호흡을 했다. 아이다벨은 끽끽거리며 트림을 했다. 방금 우리는 수심 2500피트 지점을 터치다운했다.

아이다벨의 강철 벽은 얼음장같이 차가워졌다. 내부 온도는 진즉에 18도까지 떨어져 있었다. 쿠차이와 나는 발이 얼 것 같아서 신발을 다시 신었다. 큼지막한 자갈들, 얕게 팬 분화구들, 너른 평원까지 바깥으로 보이는 풍경은 실로 달 표면을 보는 듯했다. 조금 전까지 폭설이 내리기라도 한듯 사방이 하얗게 빛났다. 실제로 표면을 덮고 있는 하얀 가루는 헤아릴 수 없을 만큼 많은 미세한 유해에서 나온 칼슘과 규소다. 생물학자들은 이 분말을 연니軟泥라고 부른다. 햇빛도 바람도 비도 없으니 용해되거나 날려가거나 씻겨 나가지 않고 2000년마다 1인치씩 차곡차곡, 떨어진 그 자리에 그대로 쌓인 것이다.

우리는 지구상에서 가장 오래된 묘지에 착륙한 셈이다.

어떤 생물도 이곳에서는 생존할 수 없을 것처럼 보인다. 그럼에도 우리 주변 어디나 생명이, 그것도 내가 상상할 수 있는 것보다 훨씬 더 이색적이고 훨씬 더 못생긴 다양한 생명이 존재했다.

백색 평지를 가로질러 움직이는 물체가 보였다. 뱀장어와 비슷하고 길이가 약 60센티미터쯤 되는 붉은 물고기였는데, 짧고 뭉툭한 두 다리로 어기적거리며 걷고 있었다. 진화의 나무에서 혼자 떨어져 나온 듯한 이 물고기는 쿠차이도 나도 난생처음 보는 물고기였다. 우리 눈에는 술에 취해 바다 밑바닥을 휘적거리는 것처럼 보여서 녀석이 우리 앞을 지나가는 내내 도저히 웃음을 참을 수가 없었다.

그보다 더 멀리 바위 옆에는 애완용 강아지만 한 물고기 한 마리가 웅크리고 있는 게 보였다. 갈색 뾰루지 같은 게 피부를 전부 덮고 있어서 언뜻 보면 나무껍질 같았다. 그 녀석은 마치 공원 벤치에 앉아서 하품하는 노인처럼, 몇 초에 한 번씩 입을 크게 벌렸다가 다물었다. 우리 오른쪽으로는 기다란 등지느러미가 닳아 헤진 회색 상어가 빈둥거리듯 헤엄치고 있었다. 반원을 그리면서 느긋하게 헤엄치던 상어가 전망 창 밖에서 사시 눈을 하고서 우리를 멍하니 바라보았다.

이 깊은 곳에 사는 동물들은 죄다 진화하다 만 것처럼 부자연스럽고 굼뜨고, 어떤 면에서는 신의 부엌에서 실패작들을 모아놓은 듯 장애를 가진 것처럼 보였다. 빛이 없는 세상에서 외모는 중요하지 않다. 효율성과 적응력만 뛰어나면 그만이다. 혐오감을 불러일으킬 만큼 보기 흉하게 생겼는지는 모르지만, 어쨌든 이 녀석들은 다른 생물들이 도저히 견딜 수 없는 열악한 환경에서 자기만의 자그마한 적소를 찾아 그에 맞도록 진화했다.

수심 2500피트에서 식량은 극단적으로 부족하다. 햇빛이 없기 때문에 광합성도 불가능하고, 광합성이 불가능하니 식물도 플랑크톤도 없다. 아무튼 풀떼기 같은 건 아예 자랄 수가 없다. 이곳은 육식의 세상이다. 살아남으려면 다른 동물을 잡아먹어야만 한다. 심해 동물들이 찾아낼 수 있는 연료와 에너지로는 근육과 살을 유지할 수 없다. 그래서 대부분의 심해 동물은 이런 환경에 최적화된 젤리 같은 피부와 골격을 갖도록 진화했다.

몸을 움직이거나 이동하는 데에도 에너지가 들기 때문에 점심해수층에 서식하는 대다수 동물은 괜한 수고를 하지 않는다. 사냥을 할 때도 한자리에 웅크리고서 순진한 먹이가 사정거리 안으로 다가오기를 기다리는 편이다. 짝짓기도 별반 다르지 않다. 짝짓기를 할 상대와 우연히 마주칠 때까지 마냥 기다린다. 어떤 동물들은 스스로 양성동물이 됨으로써 번식 기회를 늘리는데, 이런 동물들은 어떤 성별의 짝이 접근하든 번식을 할 수 있다. 하나의 감각을 고도로 발달시켜서 생존 기회를 늘리는 동물도 있다.

심해에 가장 감동적으로 적응한 동물은 어쩌면 전기가오리일는지도 모른다. 사실 포식자에게는 이 녀석만큼 쉬운 먹잇감도 없다. 시력도 안 좋고 청력도 형편없으니 말이다. 심지어 전기가오리 중 어떤 종은 헤엄도 못치고, 어떤 종은 이빨도 없다. 그럼에도 전기가오리는 바다에서 가장 무시무시한 포식자 대열에 든다. 과거 수억 년 동안 원반처럼 생긴 이 기묘한 (약 60종이 있다고 알려진) 물고기는 미국의 평범한 가정에서 사용하는 전구 소켓보다 두 배 강한 220볼트의 전류를 방출하도록 몸의 각 기관을 발달시켰다. 이 녀석들이 어떤 초자연적인 힘을 지닌 것은 아니다. 전기가오리의 모든 기관은 일련의 방전放電 과정을 통해 기능하는데, 이런 전기를 생체전기라고 한다. 전기가오리는 바로 이 생체전기의 치사 잠재력을 극대화하도록 각 기관을 진화시켰다.

인간도 이 전기를 지니고 있다. 우리 몸의 모든 세포는 전하를 띤다. 우리가 무언가를 보고 듣고 맛보고 느낄 때 또는 무언가를 생각할 때마다 세포 내에서는 방전이 폭발적으로 일어나고, 뇌에서 다른 여러 기관까지 초속 400피트의 속도로 왕복한다.

이 전기는 세포막에 있는 미세한 단백질 구멍들을 통해 이동하는데,

일종의 순환 노선처럼 연결된 이 구멍들을 이온 통로라고 한다. 바로 이 이온 통로가 전하를 띤 이온들의 흐름을 차단하거나 허락한다.

우리 몸 구석구석까지 뻗은 신경조직은 강이고 뇌는 모든 강이 한데 모이는 호수라고 생각해보자. 이온 통로들은 뇌를 들고나는 강물의 흐름과 방향을 통제하는 작은 댐이다. 우리 몸에서 약 35조 개쯤 되는 세포의 이온 통로가 동시다발적으로 열렸다 닫히면서 주변의 세상을 느끼고 이해하게 해주는 것이다. 당신이 지금 이 문장을 읽는 동안에도 수십억 개의 이온 통로가 임무를 수행하고 있다.•

신경조직에서 자극을 발사할 때는 상당량의 전기가 생성된다. 옥스퍼드대의 유전학자이자 과학 저술가인 프랜시스 애슈크로프트의 설명에 따르면, 이온 통로를 통과하는 전기장의 세기는 센티미터당 약 10만 볼트에 이른다.

위치에너지로 측정했을 때 인간의 몸은 약 10만 밀리볼트의 전기를 생산하는데, 이는 구식 브라운관 텔레비전 화면에 이미지를 띄우는 데 드는 에너지의 네 배에 가깝다. 만일 한 사람이 지닌 전기를 모두 합해서 빛으로 전환한다면, 상대적 질량을 감안하더라도 태양보다 6만 배 더 밝을 것이다. 즉, 질량의 비율을 똑같이 맞춘다면 당신 한 사람의 몸이 태양계에서 가장 밝은 별보다 더 밝을지도 모른다는 의미다.••

• 과학자들이 이온 통로를 이해하기도 전에 발명된 컴퓨터도 원리는 똑같다. 모든 정보가 0과 1의 이진 숫자열로 표현되는 컴퓨터의 이진 코드도 신경 말단까지 이어진 이온 통로와 원리가 비슷하다. 색깔과 소리, 영상, 노래, 프로그램과 같이 컴퓨터를 통해서 얻는(보고 듣는) 모든 정보는 0과 1이라는 숫자열로만 구성된다. 우리 몸 안에서 모든 정보가 이온 통로의 '열림'과 '닫힘'이라는 이진 코드로 처리되는 것과 똑같다.

일부 약품은 이온 통로를 열거나 닫음으로써 특정 세포의 기능을 정상으로 회복시킨다. 애슈크로프트는 이온 통로에 관해 광범위한 기록을 남겼고, 술포닐우레아sulfonylurea와 같은 신생아 당뇨병 치료제 개발에 있어 견인차 역할을 했다. 술포닐우레아는 인슐린 생산에 관여하는 이온 통로들을 닫아줌으로써 질환을 치료하는데, 이런 통로들이 열려 있을 경우 인슐린 생산이 억제되어 당뇨병을 유발한다.

중국 의학에서는 인간의 몸이 지닌 전기 에너지를 '기氣'라고 칭한다. 발음은 좀 다르지만 일본에서도 같은 한자를 써서 표기하고, 인도에서는 이를 프라나prana라고 부른다. 동양 문화권의 전통 의학은 대부분 인체의 특정한 부분이 지닌 에너지의 양을 조절함으로써 건강을 증진하거나 회복하는 데에 바탕을 두고 있다.

무엇보다 가장 놀라운 사례로, 어쩌면 서구의 과학이 찾아낸 전기가오리와 가장 유사한 예는 티베트 밀교의 전통 명상법인 툼모를 수련하는 승려들일 것이다. 이 승려들은 체온을 17도나 올릴 수 있을 뿐 아니라 등의 온도를 40도로 유지해서 젖은 종이를 얹어 놓고 말릴 수도 있다. 전기가오리의 생체전기에는 비할 바가 못 되지만, 티베트 승려들의 사례는 우리가 녀석들과 비슷한 능력을 지녔음을 분명히 보여준다.

•• 적어도 『디스커버』 지의 블로거 필 플레이트의 계산에 따르면 그렇다. 그의 계산을 따라가면(내 머리로 가능할지 모르겠지만), 태양의 부피는 1.4×10^{33}세제곱센티미터이고, 1초마다 센티미터당 방출되는 에너지는 2.8에르그다. 따라서 태양의 부피 1세제곱센티미터에서 방출되는 총 광도는 초당 2.8에르그가 된다. 인체의 부피는 대략 7만5000세제곱센티미터다. 인간의 몸이 방출하는 빛의 세기, 즉 광도(1.3×10^{10}erg/sec)를 부피로 나누면, 1세제곱센티미터마다 17만 초당 에르그의 빛을 낸다고 볼 수 있다.

스탠리는 아이다벨 모터의 회전 속도를 올렸다. 우리는 해저 비탈과 일정한 간격을 유지하며 더 깊이 내려갔다. 그렇게 더 아래로 내려가면 수심 2만8700피트에 도달할 것이다. 현재 심도계가 가리키는 숫자는 2550피트다.

저 멀리, 해저에서 몇 피트 위로 반짝이는 디스코볼 같은 것들이 무리 지어 있는 게 보였다. 오징어 떼라고 스탠리가 설명했다. 한 마리 한 마리가 옆에 있는 녀석보다 더 밝고 눈부신 총천연색 외피를 입고 있는 것처럼 보였다. 오징어 떼 옆에는 해파리 같기도 한 다른 동물들이 화사한 분홍색과 보라색 빛을 내뿜고 있었다. 마치 뉴욕의 유명한 나이트클럽인 스튜디오 54 안을 헤매고 있는 듯한 기분이 들었다.

"자, 이걸 좀 보세요." 아이다벨을 왼쪽으로 홱 돌리면서 스탠리가 말했다. 쿠차이와 나는 전망 창으로 목을 길게 빼고 그가 가리키는 쪽을 바라보았다. 전망 창이 박힌 강철 벽에 결빙이 생기기 시작했고, 차가운 물방울들이 우리 머리로 떨어져 목까지 타고 내려왔다.

스탠리가 잠수함을 세웠다. 직경이 60센티미터쯤 되는 빛나는 공이 창에서 몇 센티미터 떨어진 곳까지 다가와 우리 주위를 배회했다. 공은 전구가 달린 담요 같은 걸 뒤집어쓴 모양새였는데, 그 전구 같은 것들이 한 치의 오차도 없이 번갈아가며 깜빡거리고 있었다. 파란색 전구가 먼저 켜졌고 그다음엔 빨간색, 보라색, 노란색 전구가 연달아 모두 켜졌다. 그런 다음에는 모든 전구가 일제히 깜빡였다. 빛의 쇼는 한 번에 그치지 않았다. 작은 전구들이 달린 수백 개의 끈이 커다란 공을 감싸고 있기라도 한 듯 보였다. 빨간색 전구가 켜지면 고속도로 위에 늘어선 자동차 꼬리등이 연상됐고, 흰색 전구들이 켜질 때는 수천 피트 상공에서 도시에 일렬로 늘어선 가로등들을 보는 듯했다. 전구 사이에는 아무 것도 없는 것 같았다. 살도 신경도 뼈도, 몸이라고 할 만한 어떤 것도 보이지 않았다.

"대체 이 녀석은 정체가 뭐길래……" 눈과 입이 쩍 벌어진 채 쿠차이는 말을 잇지 못했다.

빗해파리인데, 자기가 지금까지 본 것 중 가장 큰 놈이라고 스탠리가 대답했다. 유즐동물문의 한 종인 빗해파리는 심해에서 매우 흔한 녀석이다. 빗해파리는 섬모라 불리는 가느다란 털의 바깥쪽 막을 이용해서 추진력을 얻는다. 어떤 녀석들은 1.5미터까지도 자랄 수 있다. 다른 해파리들과 마찬가지로 빗해파리도 눈과 귀, 소화기관, 근육이 없다. 우리가 본 커다란 공 같은 몸체는 98퍼센트가 물이고, 투명한 세포로 이루어진 두 개의 막에 눈에 보이지 않는 신경망과 콜라겐이 소량 들러붙어 있다. 뇌는 없지만 빗해파리들은 자기 몸집만 한 먹이를 사냥하거나, 짝짓기도 하고 물속에서 상당히 날렵하게 헤엄쳐 이동할 수 있다.

그러니까 지금 상황은, 크라이슬러 빌딩 높이의 두 배쯤 되는 깊은 바닷속, 우리와 불과 60센티미터 떨어진 곳에서 빗해파리라는 녀석이 눈이 없는 얼굴로 우리를 빤히 바라보면서 뇌 없이도 소통하며 라스베이거스의 야경 같은 빛의 쇼로 우리를 눈부시게 하고 있는 것이다.

빗해파리, 뭉툭한 두 발로 걷는 물고기, 발광하는 오징어 떼, 먹이를 찾아 수직으로 이동하는 물고기들 모두 내게는 진기하고 희귀해 보일지언정 지극히 평범한 심해의 시민들이다. 점심해수층을 비롯해 태양빛이 닿지 않는 깊은 바다는 해양 생물의 85퍼센트가 거주하는 대도시이자 지구라는 행성에서 가장 거대한 생태 공간이다. 이곳에는 대략 3000만

종에 이르는 미지의 생물들이 있을 것으로 추정된다. 그에 반해 지상에 거주한다고 알려진 생물은 겨우 140만 종이다. 공동체 단위로든 개체 단위로든, 수심 3000피트 아래 세상에는 이 행성에서 가장 큰 규모의 동물 공동체와 가장 많은 수의 개체가 거주하고 있다.[1]

비좁은 강철 공 안에서 드문드문 나타나는 심해 거주자들을 조그만 창으로 바라보며 나는 가슴 한가운데가 텅 빈 것 같은 기분이 들었다. 지구 면적의 71퍼센트를 차지하는 고요한 영토, 여기가 바로 진짜 지구다. 그리고 젤리 같은 몸, 사시 눈, 생기다 만 것 같은 얼굴들, 빛나고 깜빡거리는 기관들, 영구적인 어둠에 덮여 있고 제곱인치당 1000파운드가 넘는 엄청난 압력에 짓눌린 이곳이, 이 광경이 진짜 지구의 얼굴이다.

우주에서 본 감청색의 둥근 구체는 겉치장에 불과하다. 우리의 행성은 파란색도 아니고, 초목과 구름, 다채로운 색깔 또는 빛으로 채워져 있지도 않다.

지구는 검다.

-10000

수심 1만 피트

스탠리의 노란 잠수함에 탑승한 경험이 굉장히 경이로웠던 것은 사실이지만, 그로 인해 불가피한 임무에 차질이 빚어진 것도 사실이다. 프리다이빙 훈련을 할 시간이 그만큼 줄었기 때문이다. 스리랑카에서 슈뇔러가 진행할 향유고래 미션까지 8주밖에 안 남았다. 슈뇔러의 팀과 동행할 만큼 프리다이빙 실력을 갖추지 못하면 미션에 동참할 수 없다. 그래서 나는 훈련하고 또 훈련했다. 그것도 눈물 나게 많이.

시야도 형편없고 물도 얼음장 같고 조수는 거의 사람을 잡아먹을 듯 거세고, 엎친 데 덮친 격으로 언제 어디서 백상아리들이 공격해 올지 모르는 샌프란시스코 앞바다에서 잠수 훈련을 하는 것은 자살 행위나 마찬가지다. 그래서 나는 수영장 잠수 연습과 수면 훈련에 더 집중하기로 했다. 틈만 나면 잠수복과 마스크를 배낭에 쑤셔넣고 자전거로 동네 공영 수영장으로 달려가 버둥거리는 할머니들의 발아래에서 무릎을 굽히고 잠수 연습을 했다. 잠수 연습을 하는 동안 수영장의 안전요원 한 사람이 나를 주의 깊게 감시했다. 실제로 프리다이버이기도 한 그 안전요원은 내가 공영 수영장에서 잠수 연습을 시작한 지 몇 주쯤 지났을 때, 내 스승이 되기를 자처했고 영화 「베스트 키드Karate Kid」(1984)의 미야기 사부 스타일로 나를 훈련시키기 시작했다.

그가 나를 고문하기 위해 선택한 도구는 도로의 위험 구간을 알리는 오렌지색 트래픽 콘이었다. 잠수를 시도할 때마다 수영장 가장자리를 따라 트래픽 콘을 조금씩 옮겨놓고 그 거리만큼 몇 초씩 숨을 더 오래 참아야 한다고 다그쳤다. 미야기 사부 스타일의 훈련에서 내 실력은 물속에서 버틴 시간이 아니라 트래픽 콘이 이동한 거리로 평가되었다. 그의 훈련 방식을 나는 일명 '물속에 있는 나의 불행은 물 밖에 있는 너의 행복' 훈련이라고 불렀다. 잠수 시간을 늘리는 게 얼마나 고통스러운지 그 안전요원은 누구보다 더 잘 알고 있었다. 내가 벌겋게 상기된 얼굴을 물 밖으로 내밀고 숨을 헐떡거리며 게슴츠레한 눈으로 두리번거리면서 마비된 손을 흔들어 혈액 순환을 시킬 때마다, 야속하기 그지없는 미야기 사부는 킬킬거렸다. 욱신거림, 통증, 마비는 질식의 대표 증상으로 나의 미야기 사부도 경험했던 증상들이다. 실제로 모든 프리다이버가 훈련 과정에서 이런 증상을 경험한다.

훈련은 효과가 있었다. 한 달이 지나자 내 잠수 거리를 표시한 트래픽 콘은 75피트에서 150피트로, 두 배나 늘었다.

'물속에 있는 나의 불행은 물 밖에 있는 너의 행복' 훈련이 없는 날이면 나는 우리 집 거실에 요가 매트를 깔고 그 위에 드러누워 숨 참기 예행연습을 했다. 예행연습이라고 딱히 더 쉬운 것은 아니었지만, 어쨌든 이 연습의 목적은 몸 안에 축적되는 이산화탄소에 적응하는 것이었다.

숨을 참는 동안 점점 더 강렬하게 숨 쉬고 싶은 마음이 드는 것은 산소 결핍 때문이 아니라 몸 안에 이산화탄소가 점점 더 많이 쌓이기 때문이다. 이산화탄소 축적에 얼마나 능숙하게 대처하느냐가 뛰어난 프리다이버와 보통 프리다이버를, 또는 보통 프리다이버와 나 같은 애송이를 가른다. 프리다이버들은 고농도의 이산화탄소를 견딜 수 있도록 자신의 신체를 조절하는데, 그러기 위해서 하는 훈련이 시한부 호흡 정지 훈련이다. '스태틱 테이블static table'이라 불리는 이 훈련은 쉽게 말해서 구간 호흡 훈련이다. 2분간 호흡하고, 네 번 깊고 크게 호흡하고, 2분간 숨을 참는다. 이번에는 1분 30초간 호흡하고 네 번 깊고 크게 호흡한 다음 2분 30초간 숨을 참는다. 이렇게 점차 구간을 늘리면서 숨 참기 훈련을 한다.

스태틱 테이블의 목적은 숨 참기 사이의 호흡 시간을 줄이고 호흡 정지 구간을 늘리는 것이다. 일주일 만에 나는 애초 계획대로 숨 참기 사이의 호흡 시간을 1분으로 줄이고 3분간 호흡 정지에 성공했다.

자주 거론되는 것은 아니지만, 호흡 정지 훈련을 하다보면 이산화탄소에 대한 내성을 높이다 못해 한 가지 부작용이 일어날 수 있다. 뼛속 깊이 취한 기분이 드는 것이다. 비유를 들자면, 강렬한 운동으로 엔도르핀이 급증했을 때의 기분과 싸구려 독주를 허겁지겁 마셨을 때 찾아오는 불쾌한 숙취의 중간쯤 되는 기분이다. 따스한 꿈결 같은 느낌이 온몸을 휘감고 신경 말단들부터 온몸에 전류가 흐르는 기분이 든다. 또는 자기 몸 안에서 그런 일이 벌어지고 있다고 상상할 수 있을 만큼 기분이 고조된다. 몸은 어떤지 모르지만 최소한 영혼은 행복한 장소들을 배회하는 것 같다.

나는 집안 여기저기를 옮겨가며 호흡 정지 훈련을 시작했다. 일전에 슈뵐러는 호흡 정지 훈련을 하려면 (나뿐 아니라 훈련 중에 있는 거의 모든 프리다이버가 명심해야 할 일은) 반드시 앉거나 누워서 해야 하고, 주변에 날카로운 물건들은 죄다 치워야 한다고 경고했다. 블랙아웃은 물속에서만 발생하는 것도 아니거니와 간혹 예고 없이 부지불식중에 찾아오기도 한다. 설거지를 하면서 숨 참기 연습을 하다가 황홀경에 빠질 수도 있다. 그다음은 아마도 자신이 흘린 피로 흥건한 부엌 바닥에 의식을 잃은 채 뻗어 있는 장면이 될 수도 있다. 설마 그럴까 싶지만, 슈뵐러의 친구 한 명이 바로 그 일을 겪었다. 우리는 어느 곳에서든 짧게는 몇 초에서 길게는 1분까지 블랙아웃을 경험할 수 있다. 결국 뇌가 먼저 저절로 깨어나 자신의 몸이 물속에 있지 않다는 걸 깨닫고 나면 그제야 호흡 방아쇠가 당겨진다. 위험물이 없는 안전한 장소라면, 지상에서의 블랙아웃은 위험하지 않다.

내게도 아슬아슬한 순간이 있었다. 호흡 정지 훈련이 몇 주째로 접어들었을 즈음, 책상 앞에서 따분한 업무를 보던 중에 정신을 환기시킬 겸 연속 3분 숨 참기를 시도한 적이 있었다. 언제 정신을 차렸는지 모르지만, 눈을 떴을 때 내 고개는 푹 떨구어져 있었고 한쪽 팔은 축 늘어져 있었다. 뜨거운 차가 담겨 있던 찻잔은 키보드 위에 엎어져 있었다. 아주 잠깐 동안 완전히 곯아떨어졌던 모양이다. 의식을 잃을 것 같은 예감이나 징후는 전혀 없었다. 의식불명 전의 장면과 의식불명 후의 장면이 바늘 구멍 하나 없이 매끄럽게 이어진 것 같았다. 그저 나의 달라진 자세와 주변의 변화만으로 무슨 일이 벌어졌는지 짐작할 따름이었다. 한마디로 섬뜩했다. 그날은 좀 아슬아슬했지만 그렇다고 안전한 집에서만 숨 참기 훈련을 한 것은 아니었다.

지상 훈련 중에서 가장 효과적인 훈련법은 숨을 참고서 (의식을 잃을 때를 대비해) 편평하고 폭신한 바닥을 걷는 일명 무호흡 걷기다. 우리 근육은 천천히 걸을 때나 프리다이빙을 할 때 거의 동일한 양의 산소를 소비한다. 한 자리에 가만히 선 채로 심장박동이 감소하는 걸 느낄 때까지 약 30초 간 숨을 참고, 그다음 천천히 일직선으로 걷는다. 그리고 반환점이라고 생각되는 지점에서 뒤로 돌아 출발지점으로 천천히 걸어간다. 이때 걸은 거리는 잠수해서 숨을 참고 내려가는 수심과 얼추 비슷하다.

한 달 동안 꾸준히 연습한 끝에 나는 숨을 참고 왕복 200피트 넘는 거리를 쉽게 걸을 수 있게 되었다.

하지만 단순히 숨을 참고 걸을 수 있다고 프리다이빙이 저절로 되는 건 아니다. 나뿐만 아니라 많은 초보자가 넘어야 할 가장 큰 산은 부비강의 압력을 완벽하게, 그것도 신속하게 연달아 (귀로 바람을 내뿜어서) 균일하게 유지하는 것이었다. 일전에 포티 패덤 그로토에서 잠수를 시도했을 때도 부비강의 압력평형을 유지하려고 애를 썼지만 실제 심도를 확보할 만큼 빠르게 이퀄라이징을 실시하지는 못했다. 이유는 간단했다. 이퀄라이징 방법이 완전히 틀렸기 때문이었다.

보통은 이퀄라이징을 할 때 뺨을 부풀렸다가 세게 내뿜어서 귀로 이어진 부비강으로 공기를 억지로 밀어 넣어야 한다. 인구의 99퍼센트 정도가 발살바 조작Valsalva maneuver이라고 부르는 이 기법을 이용하며, 대개 효과가 있다. 하지만 수심 40피트 아래로 프리다이빙을 할 때는 이 기법이 먹히지 않는다. 물속으로 더 깊이 내려갈수록 폐 속의 공기는 점점 더 압축되어 귀로 밀어 보낼 만큼의 여유분이 남아 있지 않게 된다. 따라서 발살바 조작을 아무리 해도 소용이 없다.

대부분의 프리다이버와, 이륙과 착륙 시에 신속하게 이퀄라이징을 해야 하는 일부 제트기 조종사는 프렌첼Frenzel 기법을 이용한다. 부비강의 닫힌 통로 안에 공기를 가두었다가 즉각적으로 완벽하게 압력을 해제하는 기법으로서, 숙달하기가 꽤 까다롭기 때문에 이 기법을 제대로 쓸 줄 아는 사람은 많지 않다. 수심 깊은 곳에서 이 기법을 잘못 썼다가는 심각한 문제가 발생할 수도 있다. 나는 스카이프 영상 통화로 미국 프리다이빙 팀의 주장인 테드 하티에게 30분짜리 이퀄라이징 강습을 받기로 했다.(강습을 시작하자마자 나는 하티를 한눈에 알아보았다. 하티는 몇 달 전 탬파에서 PFI가 주최하는 프리다이빙 초보자 과정에서 내가 4분 숨 참기에 도전하는 동안 나를 모니터링했던, 늑골에 아가미 문신이 있던 바로 그 중급반 강사였다!)

"발살바와 프렌첼의 가장 큰 차이점은," 하티는 잠시 숨을 고르고 말을 이었다. "발살바는 목구멍을 열고, 프렌첼은 목구멍을 닫는다는 겁니다."

10여 분 동안 하티는 'T' 자를 발음하면서 기침하는 법과 입을 닫은 채로 신음 소리 같은 소리를 내는 법을 포함해서 몇 가지 기술을 가르쳐줬다. 위의 두 가지 소리는 기관지를 감싸고 있는 후두개를 마음대로 열고 닫을 수 있게 만들어준다. 그다음에 하티는 배에서 공기를 끌어올려 '게워내는' 방법과 그 공기를 혀를 이용해서 부비강으로 '밀어내는' 방법을 보여줬다. 머릿속에 공기를 가둠으로써 (폐에서부터 공기를 밀어내는 발살바 조작과 달리) 부비강 안팎으로 공기를 드나들게 할 수 있었고 짧은 시간에 압력을 해제하는 것도 가능해졌다. 일단 한번 성공하고 난 뒤부터는 시도할 때마다 효과가 있었다.

프렌첼 기법은 이름만큼이나 까다롭고, 누군가 직접 시범을 보여주지 않는 한은 이해하기도 어렵다. 하티가 개인 스카이프 채널에서 강습 과정을 운영하는 것도 그 때문이다. 또 여러 번 연습해야 익숙해진다. 하티는 일주일 동안 하루에 적어도 300번씩 프렌첼 기법을 반복해서 연습한 다음에 수영장 훈련에서 활용해야 한다고 말했다. 하티는 노련한 전문가다운 금쪽같은 조언으로 강습을 마쳤다.

"명심하세요. 절대로, 혼자서 프리다이빙을 해서는 안 됩니다." 그리고 한마디 덧붙였다. "이 강습을 수강한 학생이 많았죠. 그런데 그중에는 얼굴이 안 보이는 사람도 많습니다. 왜 그런지 아세요?" 잠시 멈추었다가 하티는 말했다. "혼자서 연습하다가 목숨을 잃었기 때문이에요. 절대 그러면 안 됩니다."

통화를 끊고서 나는 개를 데리고 공원으로 나갔다. 산책하는 내내 숨을 참고 머릿속으로 공기를 게워내기를 반복하면서.

몸은 자꾸 망설였지만, 머리는 혹독하더라도 프리다이빙 훈련을 꼭 받아야만 한다고 외치고 있었다. 머리의 외침에 이끌려 나는 프리다이빙 선수였다가 지금은 프리다이버의 정신세계에 더 큰 관심을 갖고 있는 한리 프린슬루에게 전화를 걸었다. 많은 전직 프리다이빙 선수가 그렇

듯, 프린슬루 역시 생사의 갈림길에 서본 뒤에야 지혜를 얻었다.

"저도 목구멍이 화끈거리면서 아팠죠. 기침을 했는데 핏덩어리들이 나오더라고요." 프린슬루가 말했다.

우리는 남아프리카공화국 케이프타운 번화가에서 서쪽으로 30여 킬로미터 떨어진, 한때는 잘나가는 어촌이었던 칼크베이의 혼잡한 레스토랑에 앉아 있었다. 길가 바로 위쪽에 살고 있는 프린슬루는 검은색 다운재킷에 청바지를 입고, 램스울 부츠를 신고 있었다. 그녀 뒤편으로 널찍한 창이 나 있었고 창 너머로는 남대서양의 검은 참고래 떼가 미끈한 등으로 회색빛 물살 표면을 밀며 헤엄치는 모습이 보였다. 다른 장소에서라면 100만 불짜리 광경이겠지만 칼크베이에서 고래는, 특히 봄 시즌에는 해변의 강아지만큼이나 흔하다. 프린슬루는 나의 전망 정중앙에 앉아서 와인을 앞에 두고 후두가 찢어졌던 일을 이야기하며 웃었다.

"내 몸이 어디까지 견딜 수 있는지 확인해보고 싶었죠. 그런 거 있잖아요, 자신의 한계를 시험해보고 싶은 마음." 그녀가 말했다.

프린슬루가 말하는 그 일은 2011년 8월, 그러니까 그리스에서 개최된 인디비주얼 뎁스 월드 챔피언십에서 내가 그녀를 만나기 한 달 전에 일어났다. 프린슬루는 이집트의 다합에서 친구 세라 캠벨과 함께 CWT 종목 여자 세계 신기록에 도전하기 위해 훈련을 하고 있었다. 당시 여자 세계 신기록은 203피트였고, 프린슬루는 그보다 10피트 더 깊은 213피트에 도전할 계획이었다.

프린슬루는 몇 달에 걸친 혹독한 훈련 스케줄을 견뎌내고 있었다. 폐에 공기를 절반만 채우고 하루에도 수차례 수심 120피트까지 잠수 연습을 했고, 요가와 더불어 호흡 정지 훈련까지 병행하고 있었다. 훈련 기간에는 술은 고사하고 밀가루와 설탕까지 몽땅 제거한 생식만 먹었다. 그래야 혈류의 산소 농도를 최대한 끌어올리고, 깊은 물속에서 이퀄라이징을 방해할 수 있는 점액질의 생성을 최소로 유지할 수 있기 때문이다.

어느 날 첫 번째 다이빙 훈련을 시도할 때였다. 마지막 숨을 한껏 들이마신 그녀는 물속으로 몸을 돌려 두 눈을 감은 채 가이드로프를 따라 킥을 차며 내려갔다.

"처음 킥을 차는 순간부터 왠지 여느 날과 느낌이 달랐어요. 기운이 쫙 빠지면서 긴장이 되더라고요. 예감이 안 좋았어요." 프린슬루는 자신의 몸이 보내는 이 경고의 메시지를 무시하고 더 깊이 스스로를 몰아붙였다. 130피트쯤 다다랐을 때 위가 단단히 뭉치는 기분이 들었다. 드물게 느껴본 적이 있긴 했지만, 하강할 때 위가 뭉치는 기분을 느낀 건 그때가 처음이었다. 상승 거리까지 합하면 아직 200피트나 더 남은 상황이었다.

프린슬루는 목표 수심까지 간신히 내려갔고 수면을 향해 몸을 돌렸다. 그때까지만 해도 그녀는 의식이 있었다. 폐에 남아 있던 오래된 공기를 내뱉자마자 그녀는 숨을 크게 들이마셨고, 그러면서 기침을 하고 말았다. 입에서 핏물이 터지듯 쏟아졌다. 그 압력에 못 이겨 후두가 찢어진 것이다.

다이버의 몸이 유연한 상태라면 매우 깊은 수심에서도 후두가 압력으로 찢어지는 일은 별로 없다. 그런데 만일 다이버가 긴장한 상태라면, 연약한 조직들이 파열될 수도 있고 때로는 심각하거나 영구적인 부상을 입을 수도 있다. 사망으로 이어지는 일도 더러 있다. 세라 캠벨도 프린슬루처럼 불길한 예감을 느꼈다고 한다. "세라가 내게 그러더군요. 자신을 속이지 말라고요. 스스로를 기만하고 몸을 망가뜨리기 시작한 셈이었죠." 프린슬루에게 그 사건은 인생의 전환점이 되었다.

프린슬루는 세계 기록 도전을 포기했고 13년간 쌓은 프리다이빙 선수로서의 모든 경력을 뒤로한 채 공식적으로 은퇴를 선언했다. 다합에 오기 두 달 전에 그녀는 인도 다람살라로 여행을 갔다가 작은 불교 사원에서 5주간 머문 적이 있었다. 그곳에서 그녀는 하루에 열두 시간씩 명상과 요가를 하면서 철학책들을 탐독했다. 프린슬루는 그때를 이렇게 묘사했다. "그냥 숨만 쉬면서 한 달을 보냈어요." 사원을 떠날 즈음 그녀는 내면의 '고요함'을 재발견했다. 13년 전 프리다이빙에 처음 매료되었을 때 느낀 고요함과 비슷했지만, 사원에서 느낀 고요함은 물속으로 더 깊이 내려가고 싶은 그녀의 욕망을 지워버렸다.

"다람살라에 있을 때 전 생각했지요. 프리다이빙이란 그저 '자연스럽게 자신을 보내주는 것'이라고요. 다합에서의 사고 뒤에 다시 그 생각이 들더군요. 바닷속으로 자신을 강제로 몰아붙여서는 안 된다고. 그랬다가는……" 프린슬루는 잠시 숨을 고르고 이어 말했다. "스스로를 완전히 잃어버릴 테니까요."

엿새 일정으로 내가 칼크베이에 온 것은 프리다이빙을 대하는 프린슬루의 전체론적 접근법이 심해의 문을 통과하는 데 도움을 줄 수 있으리란 기대에서였다. 내게는 뭔가가 아직 부족했기 때문이다.

몇 달 전 에릭 피넌에게서 프리다이빙에 필요한 모든 기법을 전수받기는 했지만 여전히 나는 그 기법들을 어떻게 사용해야 할지 막막했다. 수면 잠수를 할 때조차 나는 두통과 이통을 느꼈고, 피넌이 가까이에 없을 때는 불과 20피트 아래로만 내려가도 매번 온몸이 마비될 것 같은 두려움에 사로잡히곤 했다. 그러면 내 머릿속은 그리스에서 보았던 의식 잃은 선수들의 얼굴로 삽시간에 도배가 되었다. 멜로드라마 같은 소리처럼 들린다는 것도 알지만, 진짜 그랬다. 그때 본 초점 없는 눈동자들과 터질 듯 부푼 목들은 나의 뇌리에, 지금까지 내가 본 것 중 가장 소름끼치는 장면으로 너무나도 강렬한 인상을 남겼다. 잠수를 할 때마다 그 장면들이 어김없이 생생하게 떠올랐고, 이런 상상이 눈덩이처럼 커지면 어느새 의식 잃은 선수들의 푸르스름한 얼굴이 내 얼굴로 바뀌곤 했다. 그럴 때면 나는 집중력을 잃고 숨을 쉬고 싶다는 맹렬한 충동에 사로잡혀 공기를 찾아 수면으로 기를 쓰고 올라왔다. 잠수 시계는 고작 20초를 가리키기 일쑤였고, 그 짧은 시간 동안마저 나는 고통과 불안에 휩싸이곤 했다.

프린슬루는 소위 '자연스럽게 자신을 보내주기'에서 세계적인 전문가다. 그녀에게는 늘 강연 요청이 쇄도했다. 그녀는 지난달에 케이프타운 소속의 스프링벅 세븐스Springbok Sevens라는 럭비 팀을 강습해준 적이 있다고 말했다. "물을 겁내는 선수들도 있었죠. 수영하는 방법도 모르더라고요!" 불과 몇 주 만에 럭비 팀 선수들은 잠영까지 할 수 있게 되었다고 한다.

"이것 좀 잠깐 들어주세요." 내게 스테인리스 물병을 건네며 프린슬루가 말했다.

칼크베이에서 만난 지 이틀째 되는 날, 나는 프린슬루가 '프레야'라는 애칭으로 부르는 낡은 하늘색 도요타 하이럭스 픽업트럭 조수석에 앉아서 그녀가 건네는 물병을 받았다. 프레야는 한쪽으로 500피트는 족히 되어 보이는 깎아지른 절벽과 무성한 관목들이 버티고 서 있고, 또 한쪽으로는 터키옥 색깔의 바다가 펼쳐진, 「반지의 제왕」의 배경 같은 해변 도로 위를 달리고 있었다. 프린슬루는 한 손으로는 구불구불한 도로를 따라 핸들을 이리저리 돌리면서 또 한 손으로는 휴대전화를 들고 아프리칸스어로 누군가와 통화를 했다. 통화를 하는 사이사이 그녀는 내게 영어로 말을 걸기도 했다. "맙소사, 마지막으로 물에 들어갔던 게 언제인지도 모르겠어요. 정말 말도 안 되죠." 내가 물병을 다시 건네자 프린슬루는 잠시 무릎을 올려 핸들을 받치면서 말했다. "자그마치 엿새 동안 물맛을 못 봤어요."

휴대전화에 대고 아프리칸스어로 몇 마디 내뱉고는 깔깔거리더니, 다시 내게 영어로 말했다. "말이 엿새지, 저한테는 영원 같은 시간이에요."

트럭에는 우리 말고 또 다른 일행 한 명이 뒷좌석에 앉아 있었다. 장마리 지슬랭. 올해로 쉰일곱 살인 벨기에 출신의 지슬랭은 6년 전 수영을 하던 중에 우연히 상어와 마주친 뒤로 인생의 방향을 완전히 바꿨다. 운영하고 있던 부동산업을 접고, 지금은 샤크 레볼루션Shark Revolution이라는 비영리 상어 보존 프로그램을 운영하고 있다. 1년 중 9개월을 세계 곳곳을 돌아다니면서 해양 동물들과 프리다이버들을 카메라에 담으면서 지낸다. 간혹 해양 동물과 프리다이버를 한 프레임 안에 포착하기도 한다.

해변 도로를 달리는 동안 프린슬루는 프리다이빙과 관련된 몇 가지 격언을 들려줬다. 말하자면 '프리다이빙 십계명'이다.

첫째, 프리다이빙은 단순히 숨을 오래 참는 게 아니다. 프리다이빙은 인식의 전환이다.

둘째, 심해의 문을 걷어차지 마라. 발가락 끝으로 슬며시 밀고 들어가라.

셋째, 결코, 절대로, 혼자 잠수하지 마라.

넷째, 자기 자신은 물론이고 주변과도 평화로운 상태에서만 바다에 들어가라.

그중에서도 제일은 바다나 그곳의 거주자들과의 평화로운 공존이다. 바다의 거주자라면 다른 프리다이버들이나 바다표범, 돌고래나 고래들, 또는 상어가 될 수도 있다. 바로 어제 케이프타운에 있는 투오션스 아쿠아리움에서 프린슬루는 이 격언을 몸소 보여줬다. 날카로운 톱니 같은 이빨을 가진 상어들이 우글거리는 50만 갤런들이 대형 수조에 잠수하여 사진을 위한 포즈를 취한 것이다. 상어들은 그녀를 공격하지 않았다. 그녀가 들어가거나 말거나 상어들은 전혀 신경도 쓰지 않는 것처럼 보였다. 프린슬루에게 관심을 보인 몇몇 녀석은 그녀가 다가가 나란히 헤엄치도록 내버려두었다. 마치 그녀를 환영하는 양, 살랑살랑 몸을 흔드는 것처럼 보였다. 굉장히 매혹적인 광경이었지만, 온몸에 소름이 돋는 건 어쩔 수 없었다.

프린슬루는 프리다이빙을 망설이게 만드는 나의 백만 가지 핑계에 상어에 대한 공포를 더 얹어준 것 같다고 생각하는 모양이었다. 솔직히 말해서 아주 틀린 생각은 아니다. 태평양에서 헤엄치며 보낸 30년 세월 동안 내게도 좋은 기억만 있는 것은 아니었다. 내가 특히 좋아하는 파도가 치는 지역에서 백상아리의 이빨 자국이 선명하게 난 바다표범의 참수된 사체를 본 적도 있었다. 폭이 60센티미터나 되는 주둥이에 깨물려 두 동강이 난 서핑 보드들을 만져본 적도 있다. 내가 서핑을 했던 자리에서 며칠 뒤에 상어에게 공격을 당했다는 한 서퍼의 배에 난 (프랑켄슈타인의 것과 같은) 흉터를 본 적도 있었다. 물론 레위니옹섬에 두 번이나 가본 것도 사실이다. 상어가 해양 생태계에서 중요한 부분을 차지하고 있다는 것도 잘 안다. 맹세컨대, 나도 상어들이 죽는 걸 바라지 않는다. 하지만 야생에서 상어들과 마주치는 것은 완전히 다른 문제다.

프린슬루는 내가 이 공포를 회피하지 않는다면, 그리고 잠수해서 직접 상어를 눈으로 보고 녀석들과 헤엄쳐본다면, 그녀가 줄곧 말하는 인식의 전환을 경험하게 될 거라고 말했다. 그리고 그 인식의 전환이 어쩌면 수면이 보이지 않는 깊은 물속에서 숨을 쉴 수 없는 상태에 대한 나의 '지나친 두려움'을 없애줄지도 모른다고 믿었다. 어쨌든 '자연스럽게 자신을 보내주기'의 경지에 오르기 위해 거쳐야 할 단계임은 확실하다.

출발한 지 30분쯤 되었을 때 프린슬루는 밀러스포인트라고 부르는 지점에 차를 세웠다. 밀러스포인트는 프리다이버들에게 인기 있는 지점이기도 했지만 수십 마리의 뾰족코일곱줄아가미상어들에게는 집과 같은 곳이다. 신락상어과에 속하며, 소처럼 순진해 보이는 커다란 눈 때문에 황소상어라고도 불리는 이 녀석들은 온순하고 인간을 (최소한 자주) 공격하지 않는 종으로 알려져 있다.

우리는 잠수복을 입고 물에 들어가, 프레야가 바위를 배경으로 푸르스름한 점처럼 멀어질 때까지 수평선을 향해 헤엄쳐갔다. 우리 아래로는 연녹색 물속으로 떨어진 아침의 태양빛이 조명처럼 해초들 사이사이를 비추며 엇갈려 있었다. 물속의 가시도는 그런대로 좋아서 약 8피트 거리까지는 시야가 확보되었다.

"보셨어요?" 프린슬루가 물 밖으로 고개를 내밀고 말했다. 밑에서 바다 밑바닥과 20피트 남짓 떨어져서 어른 한 사람만 한 황소상어 한 마리가 헤엄치고 있었다. 프린슬루는 게걸스럽게 공기를 마시고 잠수하더니 황소상어에게 접근하여 나란히 헤엄치기 시작했다. 상어와 눈높이를 맞춘 프린슬루는 상어의 등지느러미가 움직이는 리듬에 맞춰 킥을 했다. 상어가 갑자기 오른쪽으로 몸을 틀자 프린슬루도 녀석을 따라했다. 둘 사이가 더 가까워졌다. 잠시 후 상어는 다시 오른쪽으로 몸을 틀면서 커다랗게 원을 그렸다. 그러더니 엉덩이를 앞뒤로 빠르게 흔들어댔다. 프린슬루와 상어는 서로 장난치듯 헤엄치고 있었다.

결국 녀석은 헤엄쳐 떠났지만, 몇 분 뒤에 또 다른 녀석이 프린슬루에게 다가와 같은 장면을 연출했다. 이런 광경이 거의 한 시간 동안 이어졌다.

드디어 호기심이 공포를 이겼다. 나는 공기를 한껏 마시고 10피트 아래로 잠수하여 프린슬루와 상어의 놀이에 합류했다. 상어들은 나와 거리를 일정하게 유지했다. 숨을 쉬고 싶어서 자꾸만 위로 올라가려는 나의 버둥거림과 우물쭈물거리는 태도가 신경에 거슬렸던 모양이었다. 하지만 녀석들은 나를 떠나지 않았다. 얼마 지나지 않아서 상어들과 나는 한결 더 가까워졌다.

이쯤에서 인정할 것은 인정해야겠다. 황소상어들과 헤엄쳤다고 해서 상어에 대해 굉장한 애착이 생긴 것은 아니지만, 녀석들에게 약간의 동지애를 느낀 것은 사실이다. 우리는 영역을 공유하고 있었다. 상어들은 나를 잡아먹을 수도 있었지만 그러지 않았다. 나 역시 보트 위에서 편안하게 녀석들을 볼 수도 있었지만, 기꺼이 물속으로 내려와 있었다. 어쩌면 상어들이 내게 하는 행동들은 약탈 전 망보기의 일환이었을까? 아니 어쩌면 그것도 나의 '지나친 공포'가 지어낸 이야기일는지 모른다.

잠시 이런 생각들이 꼬리를 이었지만, 나는 곧 모든 잡념을 접고서 상어들과 함께 헤엄치는 데 열중했다.

그다음 몇 주 동안 나는 프린슬루와 함께 목표 달성을 위한 총체적 무장에 돌입했다. 이 분야의 바이블로 통하는 362쪽짜리 『프리다이빙 매뉴얼Manual of Freediving』을 처음부터 끝까지 탐독했고, 유튜브에 올라온 수많은 강의 영상을 시청했으며 프리다이빙 관련 블로그들까지도 샅샅이 뒤져 읽었다.

그렇게 한 달이 지났다. 나는 흰색 밴의 조수석에 앉아서 스리랑카 동북쪽 해안을 따라 흙먼지 날리는 비포장도로를 달리고 있었다. 시간은 밤 아홉 시, 별들이 총총했다. "이 길이 맞는 거죠?" 나는 운전자에게 물었다.

운전자는 바비라는 이름의 현지인이었다. 자신을 바비라고 불러달라고 했지만, 바비가 그의 진짜 이름은 아니었다. 그는 대답 대신 고개를 흔들면서 안심하라는 듯 환한 미소를 지었다. 10분 전에 길을 잘못 들어서 어떤 가정집 마당으로 들어갔을 때도 바비는 똑같은 미소를 지었다. 그리고 20분 전에 왕복 2차로 한가운데서 갑자기 벤을 세우더니 반대편 차선으로 넘어가 길가에 차를 대고 맨발로 자전거를 타고 있던 남자에게 방향을 물었을 때도 똑같은 미소를 지었다.

"바비, 정말 이 길이 맞는 거냐고요?" 내가 재차 물었다.

또 그 미소다.

그때 바비가 갑자기 어떤 진입로로 벤을 몰았다. 헤드라이트에 비친 광경으로 보건대, 무슨 폐품 처리장 같은 데로 들어선 것 같았다. 내 뒤쪽에 앉아 있던, 레위니옹에서 온 일흔네 살의 프리다이버 기 가조가 알아들을 수 없는 프랑스어로 중얼거렸다. 가조 옆에는 프랑스 북부에서 온 음향과학자 디드로 마우리가 앉아 있었다. 우리를 따라오고 있는 동일한 흰색 밴에는 파브리스 슈뇔러와 미국인 영화 제작자들이 타고 있었다.

가파른 산악 도로와 코끼리들이 우글거리는 밀림지대, 헐렁한 바지를 입은 사람들이 삶은 땅콩과 설익은 바나나를 팔고 있는 지저분한 마을들을 통과하면서 우리는 이미 열두 시간 넘게 달렸다. 그런데도 예정했던 시간보다 두 시간이나 더 늦었고 모두 속이 타 죽을 지경이 되었다.

"바비?"

바비는 진입로에서 빠져나오더니 왼쪽으로 핸들을 틀었다. 우리가 접어든 도로는 진입로보다 더 좁고 울퉁불퉁했다. 덤불이 차 문을 긁는 소리가 들렸다. 코코야자가 우거진 숲에서 이름 모를 동물들의 눈동자가 빛났다. 어디선가 개가 짖었다. 들쥐만 한 박쥐들이 자동차 앞 유리를 들이받을 기세로 퍼덕이며 날아들었다.

몇 분쯤 지났을까. 풀 한 포기 없는 빈터에 바비는 차를 세웠다. 오른쪽으로는 3층짜리 분홍색 콘크리트 건물이 을씨년스럽게 서 있었다. 갓을 씌우지 않은 백열전구에서 쏟아진 빛이 테라스에 있는 하얀색 플라스틱 탁자를 비췄다. 에드워드 호퍼의 그림 속에 들어온 듯한 기분이 들었다. 바비는 깊은 숨을 내쉬고는 자동차 열쇠를 뽑았다. 그러곤 미소를 지었다. 목적지에 도착했노라고 바비가 말했다. 피전아일랜드 뷰 게스트하우스.

내 방은 6호실, 세 개의 층계참을 올라가 건물 뒤편을 바라보고 있는 방이었다. 방 한쪽 구석 라임 색깔의 벽에 바싹 붙어 있는 침대는 어찌나 작은지 똑바로 누우면 종아리부터 침대 밖으로 늘어지게 생겼다. 전선 두 가닥에 대롱대롱 매달린 천정 선풍기는 추락 직전의 헬리콥터처럼 불안정하게 돌아가고 있었다. 침대 위로 늘어진 모기장은 파리와 모기를 막아줄 수는 있을 테지만 침대 시트와 베갯잇에서 팝콘 튀듯 뛰어오르는 벼룩까지 막을 수는 없을 것 같았다. 앞으로 열흘 동안 죽으나 사나 나는 이 방에서 잠을 자야 한다.

내가 스리랑카의 동북쪽 해안의 작고 보잘것없는 트링코말리라는 한 마을에서 데어윈 팀과 합류한 까닭은 심해 잠수 동물들 중 가장 깊이 잠수하는 동물이라 할 수 있는 향유고래와 헤엄치기 위해서다.

향유고래는 수심 1만 피트까지도 잠수할 수 있지만, 그곳까지 내려가 향유고래를 연구하는 것은 불가능하다. 잠수함이나 ROV 같은 장비들로 동일한 심도를 확보할 수는 있겠지만, 그런다고 한들 뭐가 보여야 연구를 하든지 말든지 할 것 아닌가. 아무리 강렬한 태양빛도 그곳까지는 이르지 못한다. 잠수함에서 인공조명을 비추면 되지 않느냐고 반문하겠지만, 그런 조명에는 고래들이 기겁하고 달아날지도 모른다.

상어와 돌고래도 그랬지만, 향유고래들을 영상에 담아서 연구하기 위한 최선의 그리고 유일한 방법은 수면에 나타날 때까지 기다리는 것이다.

고래들을 추격하여 억지로 그들에게 접근하는 방법은 별로 효과가 없다. 고래들이 놀라서 더 깊이 잠수해버리거나 멀리 헤엄쳐 가버릴 수도 있고 아니면 공격을 해올 수도 있다. 남은 것은 고래들이 다가오는 것뿐인데, 고래들은 보트나 스쿠버다이버 또는 로봇보다 프리다이버에게 다가올 확률이 크다.

향유고래들이 스리랑카에 모여드는 이유는 깊이가 8000피트에 이르는 트링코말리 협곡 때문이다. 스리랑카 북쪽 끝에서 트링코말리 항구까지 인도양을 가로지르며 40킬로미터에 걸쳐 뻗어 있는 이 해저 협곡에서 향유고래들은 심해 오징어로 배를 채우고 사교활동을 벌인다. 그리고 매년 3월에서 8월까지 연례 이동 기간이 되면 이곳에서 짝짓기도 한다. 향유고래들은 인간이 기억하는 한 매우 오랫동안, 어쩌면 그보다 수백만 년 더 긴 시간 동안 트링코말리 협곡에서 짝짓기를 해왔다.

다른 심해 협곡들이나 향유고래 출몰지들과 달리, 트링코말리 협곡은 해안에서 가깝기 때문에 낮에 고래를 찾으러 나갔다가 밤에는 육지로 돌아올 수 있다. 덕분에 우리는 하루 대여비가 수천 달러나 되는 숙식 가능한 연구용 배를 빌리지 않아도 되었다. 하지만 누가 뭐래도 트링코말리 협곡의 가장 큰 매력은 허가를 얻으러 여기저기 뛰어다니거나 법망을 빠져나가기 위해 전전긍긍할 필요가 없다는 점이다. 향유고래와 함께 프리다이빙을 하는 우리를 제지할 것이 아무것도 없다는 의미다.

1983년부터 2009년까지 스리랑카에서 내전이 벌어지는 동안 '타밀 엘람 해방호랑이'가 이끈 분리주의자들은 동북부 해안 일대의 통치권을 놓고 스리랑카 정부군과 전투를 벌였다. 트링코말리는 주요 교전 지역이었다. 여행자들의 발길은 끊겼고, 얼마 되지 않던 기반 시설들마저 순식간에 파괴되었으며 2004년에는 인도양에서 일어난 지진해일에 직격탄까지 맞았다. 어부지리로 이곳의 해양 생물들은 인간이 초래할 수 있는 어떤 식의 영향도 받지 않고 몇 년 동안 해안 지대를 독차지했다. 크루즈 여객선들도 이 지역을 피해 다녔고 이렇다 할 고래 관광 산업도 들어서지 않았다. 여러 면에서 트링코말리의 바다는 수천 년 전의 모습을 그대로 간직한 듯 보였다.

현재 트링코말리는 향유고래를 볼 수 있고 또 연구할 수 있는 세계 최고의 장소다.

트링코말리에 가자고 한 사람은 나였다. 케이프타운에서 프린슬루를 만난 뒤에 나는 그녀와 슈뇔러 사이에 다리를 놨고, 다 함께 프리다이빙을 하며 향유고래 탐사를 하자고 제안했다. 그리고 몇 달 뒤, 항공권을 비롯해 이곳까지 오는 교통편들을 섭외했다. 아무튼 지구의 다섯 지점에서 따로따로 며칠에 걸쳐 비행기를 타고 날아온 우리는 밤 9시 30분이 넘어서야 비로소 피전아일랜드 뷰 게스트하우스의 테라스에 둘러앉았다. 테라스 탁자 한쪽에는 데어윈 팀이 앉았다. 슈뇔러와 가조, 마우리. 그리고 다른 한쪽에는 프린슬루 팀이 앉아 있다. 프린슬루와 사귄지 얼마 안 된 프린슬루의 남자친구다. 키가 180센티미터가 넘고 건장한 프린슬루의 남자친구는 로스앤젤레스 출신의 피터 마셜이란 사람인데, 2008년 올림픽 수영 대표선수 선발전에서 세계 기록을 두 개나 경신한 수영 귀재였다. 그 옆은 지슬랭이다. 지슬랭은 케이프타운에서 나를 만난 후에 악어들과 수영하기 위해 보츠와나에 다녀왔다. 그런데 첫날 팀원 한 명이 악어에게 팔을 물리는 바람에 이후의 모든 일정이 취소되었다고 했다.

그리고 나머지 한 팀은 미국의 영화 제작자들이다. 이들은 돌고래와 고래의 클릭음 의사소통에 대한 슈뇔러의 연구를 다큐멘터리로 제작하기 위해 합류했다.

30년 전에도— 이번 주에 꼭 30년이 된다— 미국의 영화 제작자들이 트링코말리에서 향유고래들을 처음으로 영상에 담았다. 영화배우 제이슨 로바즈가 내레이션을 맡고 「고래는 울지 않는다Whales Weep Not」는 제목으로 완성된 이 다큐멘터리는 전 세계인에게 감동을 선사했고, '세이브 더 웨일스Save the Whales' 운동을 촉발했다.

이제 한 팀이 된 우리는 향유고래와 인간이 함께 잠수하여 상호작용하는 장면을 최초로 3D 영상에 담아서 세계인에게 30년 전에 버금가는 감동과 충격을 주겠다는 기대를 품고 있었다. 데어윈의 과학자들이 맡은 임무는 카메라에 달린 여러 종류의 수중 청음기로 클릭음 정보들을 수집하고, 암호 해독자들을 도와 자신들이 일종의 언어라고 믿고 있는 향유고래의 클릭음을 해독하는 것이다.

하지만 이 거창한 계획의 첫 단추는 일단 향유고래를 찾는 일이다.

스탠리의 잠수함을 타고서 2500피트까지 잠수했을 때는 이전에 느꼈던 것보다 훨씬 더 지상의 세상과 동떨어진 기분이 들었다. 케이맨 해구의 바닥을 헤엄쳐 다니던 젤리 같고 어딘가 어설프게 보이는 생물들, 눈이 없거나 뇌가 없는 생물들 역시 상상했던 것보다 훨씬 더 이질적으로 느껴졌다.

더 깊은 곳으로 내려갈수록 그런 이질감도 더욱 커질 것 같다는 생각이 들었다. 수면에서 거의 3킬로미터나 떨어진 심해에서 먹고사는 향유고래들이 어쩌면 그 이질적인 풍경의 터줏대감인지도 모른다.

향유고래들은 우리와 조금도 닮은 데가 없는 것처럼 보인다. 몸무게가

12만5000파운드, 그러니까 56톤이 넘고, 육지 동물이 갖고 있는 털이나 팔다리도 없다. 겉모양만 다른 게 아니라 그 속 역시 우리와 사뭇 다르다. 위는 네 개, 콧구멍은 머리 윗부분에 딱 하나가 있으며, 거대하고 독특한 모양의 코는 사실상 1100리터에 달하는 기름 저장 탱크다. 향유고래들은 한 번에 90분까지 숨을 참을 수 있다. 그러나 향유고래는 언어와 문화라는 두 가지의 중요하고도 멋진 측면에서 지구상의 다른 어떤 생물들보다 우리 인간과 상당히 닮았다.

"정말 신기하죠. 우리가 알고 있는 존재 중 향유고래와 가장 닮은 존재는 어쩌면 우리 자신일지도 모릅니다." 30년 동안 향유고래만을 연구해온 캐나다의 생물학자 핼 화이트헤드의 말이다. 화이트헤드는 향유고래들이 고도로 세련되고 복잡한 방식으로 무리를 짓는다는 점을 언급했다. 이 방식을 그는 '다문화 사회들multiculture societies'이라고 부른다. 다문화 사회마다 각자의 고유한 언어가 있을 뿐 아니라 근처 다른 무리와는 행동 양식도 다르다는 게 그의 설명이다.

향유고래 사회는 '양육 집단'이라고 할 수 있는 긴밀한 가족 단위로 이루어지는데, 보통 10마리에서 30마리의 어른 암컷과 그 새끼들이 구성원이다. 하지만 새끼들은 어미가 아닌 할머니 혹은 이모나 고모뻘 되는 친척들이 보살핀다. 보통 암컷 고래들은 이 사회 안에 평생을 머물지만 수컷들은 대개 이른 나이에 독립하도록 교육받는다. 10대가 되면 수컷 고래들은 다른 수컷들 무리에 합류하거나 또는 모여서 한 패를 이루어 바다를 쏘다니며 먹이를, 때로는 말썽거리를 찾는다. 그러다가 마지막에는 수컷들도 각자 독립하여 자기만의 홀가분한 삶을 찾아 북극이나 남극의 바다로 떠난다. 그리고 봄이 되면, 화이트헤드의 말마따나 '여름휴가 차' 적도 부근으로 헤엄쳐 와서 여섯 달 동안 짝짓기나 사교활동을 하고는 다시 고독한 겨울 집으로 돌아간다.

향유고래가 반향정위와 소통을 위해 내는 클릭음은 수백 킬로미터 떨어진 곳에서도, 아니 어쩌면 지구 반대편에서도 들릴 정도로 크다. 지구상에서 가장 시끄러운 동물인 셈이다.

최대일 때 향유고래의 클릭음은 236데시벨 정도인데, 이는 60미터 떨어진 곳에서 900킬로그램의 TNT 폭약이 한꺼번에 폭발할 때 나는 소리와 맞먹는다. 약 70미터 떨어진 곳에서 우주왕복선이 이륙할 때도 이와 비슷한 데시벨의 소음이 난다. 향유고래의 클릭음은 사실상 너무 크기 때문에 대기 중에서는 들을 수가 없다. 이런 강력한 소리는 밀도가 충분히 높은 물속에서만 전달된다.

대기 중에서 소리의 최대치는 194데시벨이다. 그보다 더 큰 소리는 음파가 압력파로 바뀌는 지점에서 비틀려버린다. 물속에서 전달되는 소리의 한계치는 240데시벨이다. 그보다 더 큰 소리는 거의 글자 그대로 물을 끓여 수증기로 날려버리는데, 이를 공동현상cavitation이라고 한다. 향유고래의 클릭음은 수백 피트 떨어진 곳에서도 인간의 고막을 한 방에 날려버릴 수 있다. 몇몇 과학자는 이 녀석들의 클릭음이 인간의 몸을 진동시켜 죽음에 이르게 할 수도 있다고 경고한다.

향유고래에게 클릭음은 꽤 넓은 범위의 주변 상황을 굉장히 세밀하게 인지할 수 있게 해주는 막강한 무기다. 향유고래는 약 300미터 거리에 있는 25센티미터 크기의 오징어를 찾아낼 수 있고 반경 1킬로미터 안에 있는 인간을 식별할 수 있다. 향유고래의 반향정위 능력은 지금까지 개발된 어떤 음파탐지기보다 더 정확하고 강력하다.

향유고래의 뇌는 클릭음과 마찬가지로 인간의 뇌와 뚜렷하게 구별되지만, 한편으로 뇌는 두 종 사이의 놀라운 유사성을 보여주는 기관이기도 하다.[1]

인간의 뇌보다 여섯 배 더 크고 여러모로 더 복잡한 향유고래의 뇌는 우리가 아는 한, 지금껏 지구에 존재했던 뇌 중 가장 크다. 뇌에서 고통과 체온의 변화를 감지하고 청각 정보를 전달하는 기능을 담당하는 아랫둔덕의 크기도 향유고래가 인간보다 열두 배 더 크다. 소리를 처리하는 섬유다발로서 가쪽섬유띠라고 불리는 기관은 인간의 것보다 무려 250배나 더 크다. 의식적인 생각, 미래의 계획, 언어같이 높은 수준의 기능을 담당하는 새겉질도 향유고래가 인간보다 약 여섯 배 더 넓은 것으로 추정된다.

고래들이 우리처럼 감정적인 삶을 산다는 주장도 아주 터무니없지만은 않다. 2006년에 뉴욕 마운트시나이의과대학의 한 연구진이 향유고래가 방추세포를 지니고 있다는 사실을 발견했다. 뇌과학자들은 고도로 진화된 이 기다란 방추세포가 바로 우리를 사람답게 해주는 언어 능력과 동정심, 사랑, 괴로움, 직관력과 관련이 있다고 여긴다.

향유고래는 이런 방추세포를 그냥 갖고 있는 정도가 아니라 인간보다 훨씬 더 높은 밀도로 지니고 있다. 과학자들은 향유고래가 인간보다 최소한 1500만 년 더 일찍 방추세포를 진화시켰다고 믿는다. 뇌의 진화에서 1500만 년은 결코 짧지 않은 시간이다.

"향유고래가 대단히 지적인 동물이라는 건, 적어도 저에게는 의심의 여지가 없습니다."[2] 방추세포를 발견한 연구에 참여했던 패트릭 호프의 말이다.

슈뢸러와 데어윈 팀을 스리랑카까지 오게 한 것도 향유고래의 뇌, 그중에서도 커다란 새겉질과 방추세포였다.

보통 사람들이 보기에 사랑과 괴로움, 동정심 같은 감정들은 시의 영역일는지도 모른다. 하지만 어떤 시도 언어 혹은 그와 비슷한 모종의 수단이 없으면 전달될 수 없다.

향유고래를 만나기 위해 바다에 나간 첫날과 둘째 날은 완전히 참패였다. 고래를 만나기는커녕 이틀 동안 그늘막도 없는 작은 낚싯배 두 척에 나눠 타고 몇 시간씩 출렁이는 바다를 헤매 다녔다. 영화 제작팀의 카메라맨은 첫날 멀미로 개고생을 하더니 두 번 다시 바다에 가지 않겠노라고 선언을 해버렸다. 제작 감독은 카메라맨도 없는 데다 쓸 만한 장면도 하나 건지지 못했으니, 이참에 그냥 다큐멘터리 제작에서 손을 떼야겠다고 으름장을 놓았다.

둘째 날 저녁에 나는 2층 테라스에서 슈뢸러를 만났다. 슈뢸러는 모기떼에 둘러싸인 채 혼자 앉아 있었다. 헤드램프의 푸르스름한 형광 불빛이 반쯤 조립된 수중 카메라 포장지가 널브러진 테이블 위로 쏟아지고 있었다. 슈뢸러 뒤편의 검은 바다 위로는 밀랍 같은 달이 낮게 드리워져 있었다.

"이거 보통 어려운 게 아니네요." 테이블에 다가가 앉으려던 나를 올려다보고 슈뢸러가 말했다. 머리에는 미국 국기가 그려진 헤드밴드를 차고 발에는 'Facebook'이라는 글자가 새겨진 싸구려 샌들을 신고 있었다. 이곳에 오는 도중에 잡화상에서 건진 샌들인 모양이었다. 조립 설명서 때문인지, 슈뢸러는 어이없어하는 표정으로 말을 이었다. "바다를 연구하려면 인내심이 있어야 해요. 그것도 엄청난 인내심과 뚝심이 있어야 하죠. 육체적으로도 아주 고된 일입니다."

슈뇔러는 서아프리카의 가봉에서 전직 프랑스 대위의 아들로 태어나 그곳에서 자랐다. 그의 부친은 당시 가봉의 통치자였던 오마르 봉고를 위해 일했다. 슈뇔러 가족이 살던 집은 망고나무가 우거진 인적 드문 바닷가였는데, 그는 젊은 시절의 거의 대부분을 그곳에서 보냈다. 슈뇔러는 집 근처 강에 사는 악어들이 자기 집 현관까지 기어와서 개밥 그릇에 있던 사료를 먹어치우는 걸 본 적이 있다고 말했다. 가족이 저녁을 먹는 동안 거대한 독사 맘바들이 지붕의 나무판자 사이로 기어 들어와 식탁 위로 떨어지는 일도 가끔 있었다고 한다. 그때부터 그의 부친은 산탄총을 늘 가까이 두었고, 몇 년 만에 지붕이 총구멍으로 나달나달해졌다고 한다.

주말이면 사람 발길이 닿지 않은 가봉의 해안을 따라 항해하다가 무인도에서 야영한 적도 많다고 했다. 그는 바다의 분위기에 따라 항해하는 법을 그때 배웠다고 한다. 위급한 상황에서 침착하게 문제를 해결할 방법을 모색하는 태도 역시 그 시절부터 몸에 배었다.

슈뇔러는 프린슬루 팀이 자신을 못마땅하게 여기는 것도, 영화 제작자들이 곧 떠날 채비를 하고 있다는 것도 알고 있었다. 하지만 그냥 그러려니 했다. "결과를 빨리 얻겠다는 기대는 접어야 해요. 이런 연구에 뛰어드는 사람이 극소수인 것도 그 때문이죠."

슈뇔러는 금세 말을 수정했다. 극소수가 아니라 사실상 아무도 없다고.

향유고래를 연구하는 스무 명 남짓의 과학자들은 다이빙도 하지 않을뿐더러 자기들의 연구 대상과 어떤 교류도 하지 않는다. 슈뇔러는 이런 실태를 어처구니없어한다. "향유고래들이 어떻게 행동하는지, 어떤 식으로 의사소통을 하는지 보지도 않고서 그 습성을 연구한다는 게 가당키나 한가요?" 슈뇔러는 향유고래를 이해하기 위해서는 반드시 누군가는 녀석들의 의사소통 방법을 이해해야 한다고 확신한다. 또 녀석들의 의사소통 방법을 이해하기 위해서는 그들의 언어를 해석할 줄 알아야 한다고 생각한다. 클릭음이 바로 그 언어일 것이라고, 슈뇔러는 굳게 믿고 있다.

"클릭음의 패턴은 아주 체계적입니다. 그냥 무작위한 울음이 아니에요." 맥주를 마시면서 슈뇔러가 말했다.

향유고래의 발성에는 네 가지 뚜렷한 패턴이 있다. 1킬로미터 이상 떨어진 먹이를 추적할 때 내는 '평범한 클릭음'이 첫 번째 패턴이다. 두 번째 발성 패턴은 주로 근거리에 있는 먹이를 몰 때 내는 소리로, 온순해 보이는 녀석들의 이름과 어울리지 않게 기관총처럼 빠르게 삑삑거리는 '크리크creak음'이다. 세 번째 패턴은 사교적인 상호작용을 할 때 내는 소리인데, 마치 긴 음악의 종결부 같은 느낌을 자아낸다는 의미에서 '코다coda음'이라고 부른다. 마지막으로 '느린 클릭음'이 한 가지 패턴을 이루는데, 이 발성 패턴의 용도는 아직 아무도 모른다. 느린 클릭음을 해석하는 한 가지 이론은 수컷 고래들이 암컷을 유혹하거나 다른 수컷들을 쫓아낼 때 내는 소리라는 것이다. 돌고래의 클릭음과 패턴이 매우 유사하지만 훨씬 더 복잡하다.

슈뇔러가 특히 주목하는 코다음은 사교적인 활동을 할 때만 이용하는 소리로서, 주변의 상황을 인지하고 항해를 할 때 이용하는 클릭음과는 사뭇 다르다. 사람의 귀로는 나무 탁자에 구슬이 떨어지는 것처럼 그냥 탁탁거리는 소리로 들려서 뚜렷한 차이를 느낄 수 없다. 하지만 코다음의 속도를 늦춰서 스펙트로그램에 나타나는 음파의 형태를 보면, 한 번의 코다음 안에 더 짧은 클릭음들이 믿기지 않을 만큼 복합적으로 겹쳐 있음을 알 수 있다.

그리고 각각의 짧은 클릭음들 안에는 그보다 더 짧은 클릭음들이 모여 있다. 클릭음 하나를 깊이 파고들면 파고들수록, 슈뇔러는 마치 러시아 인형을 열듯 그 안에서 더 세밀한 클릭음들을 찾아냈다.

평균적으로 클릭음은 짧게는 24밀리초(1000분의 1초)에서 길게는 72밀리초까지 지속된다. 이런 클릭음 안에 미세 클릭음들이 마이크로초의 간격을 두고서 연달아 발성되는 식이다. 게다가 코다음 안에 존재하는 이 모든 미세 클릭음들은 저마다 뚜렷하고 구체적인 주파수를 갖는다. 미세 클릭음들 역시 그보다 더 짧은 클릭음들로 채워져 있을지도 모른다. 최신식 오디오 장치로 재생할 수 있는 최대 주파수 속도인 9만 6000헤르츠에서 녹음이 가능한 슈뇔러의 장비조차 그 초미세 클릭음들을 처리할 만큼 속도가 빠르지는 않다.

슈뇔러의 설명에 따르면, 향유고래들은 이런 클릭음을 주파수와 시간까지 정확히 동일하게, 그것도 한 번이 아니라 여러 번 반복할 수 있다. 그뿐 아니라 작곡가가 피아노 협주곡에서 음의 높낮이를 고치는 것과 비슷한 방식으로, 향유고래들은 클릭음을 구성하는 미세 클릭음들의 밀리초 단위의 간격을 조정할 수도 있고, 그렇게 조정된 간격의 구조적 차이를 인지할 수도 있다. 차이가 있다면, 향유고래들은 클릭음 패턴을 정교하게 손보고 나서 몇천 분의 1초 만에 수정본을 들려줄 수 있다는 것이다.

"이런 사실에 비춰보면 인간의 언어는 대단히 비효율적이죠. 허점투성이예요." 슈뇔러의 말이다. 인간은 음소(카, 푸, 아, 티 같은 소리의 기본 단위)를 이용해 단어와 문장을 만들어서 궁극적으로 의미를 전달한다.(영어에는 42개의 음소가 있고 사람들은 이 음소를 이렇게 저렇게 섞어서 수만 개의 단어를 만든다.) 인간은 보통 다른 사람들이 이해할 수 있을 정도로 정확하게 음소들을 전하지만, 말할 때마다 매번 완벽하게 똑같이 발음하지는 못한다. 주파수, 소리의 크기, 음질의 선명도가 시시때때로 변하기 때문에 한 사람이 한 문장 안에서 같은 단어를 두 번 발음해도 두 단어의 소리에는 구별이 가능한 차이가 있다. 스펙트로그램상에서는 그 차이가 더 뚜렷하게 나타난다. 인간 언어 이해도의 토대는 근접성이다. 가령 동일한 언어권의 청자라면 당신의 발음이 퍽 형편없지 않은 이상 말의 의미를 이해할 수 있지만, 너무 많은 자음과 모음을 뒤죽박죽 섞거나 발음을 엉망으로 해버리면(프랑스어나 성조가 있는 아시아 언어를 말한다고 생각해보라) 소통이 불가능해진다.

슈뇔러가 연구한 바에 따르면 향유고래들은 이런 문제를 고민할 필요가 없다. 향유고래들이 의사소통의 한 형태로 클릭음을 이용한다고 가정했을 때, 슈뇔러는 이 클릭음이 인간의 언어보다는 팩스 전송과 더 비슷하다고 생각한다. 마이크로초 길이의 신호음을 전화선을 통해 수신기로 전송하면, 수신기는 그 신호음을 글자나 그림으로 변환하여 보여주는 것이 팩스 전송의 간단한 원리인데, 사교활동을 하는 향유고래들의 소리가 팩스 전송 원리와 닮은 것은 어쩌면 필연일지도 모른다.

인간의 언어는 아날로그인 데 반해, 향유고래의 언어는 디지털이기 때

문이다.[3]

"향유고래들이 왜 그토록 큰 뇌를 가졌을까요? 녀석들의 발성 패턴은 왜 그렇게 일관되고 완벽하게 체계적일까요? 어떤 식으로든 의사소통이란 걸 하지 않는다면 말이에요." 슈뇔러는 수사적으로 물었다. 그는 향유고래가 인간보다 뇌 질량이 더 크고 언어를 통제하는 뇌세포도 더 많이 가지고 있다는 사실을 언급했다. "저도 압니다. 아직은 모든 게 다 가설일 뿐이죠. 하지만 생각해보세요. 이런 사실들을 달리 어떻게 해석하겠어요."

자신의 주장에 대한 근거로 슈뇔러는 한 해 전에 향유고래 한 무리와 우연히 마주친 일을 들려줬다. 보디서핑용 보드에 카메라를 매달고 잠수했던 슈뇔러는 클릭음을 내면서 느긋하게 사교활동을 하고 있는 향유고래 한 무리를 발견하고 녀석들에게 다가갔다. 새끼 한 마리가 헤엄쳐 다가와 슈뇔러를 마주보더니 카메라를 입으로 덥석 물었다. 그러자 곧바로 어른 고래들이 새끼를 에워싸고 코다음을 터뜨리기 시작했다. 잠시 후 새끼는 카메라를 다시 뱉어냈고, 어른 고래들을 쳐다보지도 않고 슬그머니 뒷걸음쳐 어른들 뒤로 숨어버렸다. 슈뇔러에게는 그 새끼 고래가 부끄러워하는 것처럼 보였다. "말썽부리지 말라는 잔소리를 들은 것처럼 보였어요." 웃으면서 그는 말을 이었다. "그때 알게 됐죠. 향유고래도 잔소리를 해야 말을 듣는다는 걸요. 말썽꾸러기에게는 잔소리가 최고죠."

향유고래 두 마리가 대화하는 것처럼 서로 클릭음을 주고받는 경우는 수도 없이 목격했다고 말했다. 다른 고래들이 클릭음을 내며 지나가자 별안간 같은 방향으로 뒤따라 헤엄쳐 가는 경우도 보았다고 한다. 또 한

번은 향유고래 한 마리가 과장된 몸짓으로 머리를 수그려 다른 고래와 얼굴을 마주보고서 클릭음을 내고, 다른 방향으로 고개를 돌려 또 다른 고래와 얼굴을 마주보고 이전과는 전혀 다른 패턴의 클릭음을 내는 것도 목격했다. 녀석들의 몸짓이나 클릭음이 전부 의사소통을 하는 것처럼 보였다.

하지만 슈뉠러뿐만 아니라 다른 누가 됐든 근시일 내에 고래목의 언어를 해석하기는 어려울 것이다. 너무 복잡하기도 하거니와 고래들을 가까이서 연구하기에 자원과 인력이 턱없이 부족하기 때문이다. 데어윈 팀이 이곳에 온 까닭은 데이터를 수집하여 향유고래들이 클릭음을 이용해 의사소통을 하는지 여부만이라도 밝히고 싶은 기대에서다. 데어윈 팀의 목표는 향유고래들이 사교활동을 하는 장면을 가능하면 많이 녹화해서 코다음과 특정한 행동 사이의 관련성을 찾아내는 것이다.

슈뉠러의 발밑에 있는 꼬투리처럼 생긴 괴상한 장비가 그 일을 하게 될 것이다. 시엑스 센스 4D SeaX Sense 4-D라고 부르는 이 장비는 열두 개의 소형 카메라와 네 개의 수중 청음기가 다양한 각도로 부착된 매력적인 수중 카메라 복합기다. 이 장비로 슈뉠러는 선명한 소리를 기록하는 것은 물론이고 한번에 모든 방향에서 고화질 영상을 찍을 수 있다.

슈뉠러는 향유고래도 돌고래와 마찬가지로 커다란 코의 끝부분인 위턱 안에 있는 멜론이라는 주머니에서 소리를 처리한다고 설명한다. 멜론 안에 수천 개의 소리 수용기를 지닌 것도 돌고래와 비슷하다. 수용기가 더 많을수록(쉽게 말해서 귀가 많을수록) 고래들은 주변 환경을 더욱 광범위하고 정확하게 인지할 수 있다. 멜론과 클릭음을 이용한 반향정위로 향유고래는 사방을 한번에 또렷하게 '볼' 수 있다.

360도 영상을 녹화하고 입체 음향 녹음 시스템을 갖춘 시엑스 센스 4D로 "향유고래가 보고 듣는 것을 그대로 재현할 수 있다"고 슈넬러는 설명한다. 추가로 부착된 두 개의 청음기와 작은 3D 카메라로는 인간이 보고 듣는 것을 재현할 수 있다. 이 두 장치를 통해 수집된 데이터는 데어윈 엔지니어가 개발한 프로그램으로 자동 업로드되어서 어떤 고래가 어느 시점에 어떤 고래에게 클릭음을 내는지를 파악할 수 있다. 동일한 패턴의 클릭음에 대해 일정한 방식으로 반응한다면, 그 클릭음은 어떤 정보를 암호화하는 신호로 봐도 무방할 것이다. 그럴 경우 연구자들은 영상을 반대로 되감아 패턴에 따라 클릭음을 분석함으로써 일종의 클릭음 어휘집을 만들 수 있다.

슈넬러도 인정하듯, 그의 장비가 로제타석은 아니다. 하지만 적어도 출발점은 될 수 있다. 지금까지 아무도 그것처럼 감도 높은 장비로 향유고래의 상호작용과 행동들을 녹화하지 못했다. 이유는 간단하다. 지금까지 그런 장비가 없었기 때문이다. 슈넬러는 온갖 전단지와 스크랩해둔 인쇄물들을 보고서 이 장비 전체를 손수 만들었다.

그는 이 장치를 가지고 프리다이빙을 하면서 이미 향유고래들의 상호작용을 근거리에서 열두 시간 분량으로 녹화해놓았다. 세상에서 가장 방대하고 가장 세밀한 컬렉션을 완성한 것이다.

사흘째 되는 날 오전 7시에 보트 선장들이 도착했고, 우리를 의자 대신 두꺼운 나무판자를 걸쳐놓은 낡은 낚싯배 두 척에 불과한 '연구용 함선'이 있는 곳으로 안내했다.

영화 제작자 두 명은 육지에 남겨두고, 데어윈 팀과 프린슬루 팀이 보트를 하나씩 차지했다. 나는 두 보트를 교대로 타기로 했다. 우리의 계획은, 트링코말리 협곡에서 해저의 깊이가 6000피트가 넘는 지점에 이를 때까지 해안에서 수 킬로미터를 나란히 항해한 후에, 거기서부터 두 패로 갈라져 고래를 찾는 것이다. 어느 쪽이든 먼저 고래를 발견하는 팀이 휴대전화로 전화해서 다른 팀에게 그 지점을 알려주기로 했다. 그런 다음에는 고래를 따라가 녀석들이 속도를 늦추거나 멈출 때까지 기다렸다가 입수할 것이다. 운이 따른다면, 고래들이 우리에게 다가와 상호작용을 할 것이다.

우리는 비좁은 낚싯배에 바싹 붙어 앉아서 남쪽의 수평선을 향해 출발했다. 두 척의 배는 삐걱거리면서 물 위를 낮게 미끄러지기 시작했다. 몇 시간 뒤 우리는 해안에서 30킬로미터쯤 떨어진 죽은 듯이 고요한 바다 위에 떠 있었다. 고래는 보이지 않았다. 어느새 내 마음은 영화 제작자들 편으로 기울기 시작했다. 왠지 또 허탕칠 것 같은 예감이 들었다.

"지난해에는 여기 고래가 무척 많았다던데." 프린슬루가 해명하듯 혼잣말을 했다. 프린슬루는 바닷물에 젖은 담요를 몸에 두르고 피터 마셜의 어깨에 기대 앉아 있었다. 두 사람 모두 티셔츠로 얼굴을 가리고 있어서 선글라스 렌즈 사이로만 얼핏 표정이 보일 뿐이었다. "대체 무슨 영문인지 모르겠네." 프린슬루가 한숨을 내쉬며 말했다.

지슬랭은 하늘색 애버크롬비 티셔츠에 손바닥에 난 땀을 문질러 닦았다. 그 역시 깊게 한숨을 내쉬고는 물을 한 모금 마시고 잔잔하기 그지없는 바다로 눈길을 돌렸다. 1분이 1시간이 되고, 1시간이 2시간이 되었다. 나는 잠수 시계를 들여다보았다. 온도계가 41도를 가리키고 있었다. 손가락마저 햇볕에 익는 것 같았다.

몇 달 전에 슈뉠러가 한 말이 떠올랐다. 돌고래를 찾아 나선 항해가 100번이면 그중 고래나 돌고래를 마주칠 확률은 1퍼센트라고. 게다가 녀석들을 필름에 담을 확률은 그 1퍼센트의 1퍼센트에 불과하다고 말이다. 그가 말한 1퍼센트의 1퍼센트가 혹시 과장된 것은 아닐지 슬슬 의심이 일기 시작했다.

내가 지난 14개월 동안 직접 목격한 심해 연구는 사실 바다의 미스터리를 파헤치는 의미심장한 활동이라기보다 오히려 톰 크루즈가 나오는 영화들을 섭렵하며 오랜 시간 비행기를 타고 날아와 주유소 화장실에서 이를 닦고, 싸구려 호텔에서 새우잠을 자고, 햇볕에 탄 어깨에서 피부 껍질을 벗겨내는 고통과 설사에 시달리고, 점심과 저녁으로 말라비틀어진 크루아상을 뜯어 먹으면서 답 없는 토론을 거듭하고, 집에서 자신을 기다리는 가족에게 상황을 설명하는 이메일을 보내야 하고, 육지에서 멀리 떨어진 심해 협곡 위 망망대해에서 작은 배에 앉아 축축한 노트북으로 이런 글을 끼적이는 일이었다.

또 한 시간이 흘렀다. 여전히 고래는 보이지 않았다. 우리는 앉아서 바다를 노려보고, 땀을 흘리고, 또 기다렸다…….

고래와의 평화로운 만남이란 개념은, 수세기에 걸쳐 인류가 고래를 위협해왔다는 사실에 비추어 보면 사실 어불성설이다.

전설에 따르면 1712년 크리스토퍼 허시 선장이 모는 미국 함선이 참고래를 잡은 적이 있었다. 낸터킷섬 남쪽 바다를 항해하던 그의 배가 갑작스러운 돌풍에 휘말려 육지라고는 보이지도 않는 대서양 한가운데를 표류하고 있었다. 가까스로 배를 수습하여 해안 쪽으로 돛을 돌리는 순간 선원들의 눈에 바다 표면에서 수직으로 솟구쳐 오르는 안개 기둥들이 보였다. 기둥들이 뿜어져 나오는 소리는 실로 엄청났다. 그제야 선원들은 자신들이 고래 떼 한가운데에 들어와 있다는 사실을 깨달았다. 허시는 선원들에게 창과 작살을 던져서 배에 가장 가까이 다가온 고래를 찌르라고 명령했다. 선원들은 그렇게 죽인 고래를 배에 묶고, 낸터킷섬을 향해 돛을 높이 올렸다. 그리고 고래의 사체를 섬의 남쪽 해변에 내려놓았다.[4]

사실 허시가 잡은 고래는 참고래가 아니었다. 참고래라면 입속이 크릴이나 작은 물고기들을 걸러내는 머리카락 같은 고래수염으로 가득 차 있었어야 한다. 하지만 허시의 고래는 수염 대신 몇 센티미터나 되는 커다란 이빨이 있었고, 머리 위에 콧구멍도 하나였다. 지느러미의 뼈는 인간의 손가락을 닮은 듯 기괴해 보였다. 허시와 선원들이 고래의 머리를 자르자 밀짚 색깔의 걸쭉한 기름이 수백 리터나 쏟아져 나왔다. 그들은 고래 머리에서 쏟아진 기름이 정액일 것이라고 (잘못) 생각했다. 외모가 워낙 특이했기 때문에 이 고래가 거대한 머릿속에 '정자'를 담고 있다고 해도 이상할 게 없어 보였다. 허시는 이 고래를 (그리스어로 씨앗을 뜻하는 'spérma'와 라틴어로 고래를 뜻하는 'cetus'를 조합하여) '스페르마세티 spermaceti'라고 불렀다. 'sperm whale'이라는 영어 이름은 그렇게 탄생했다.(영어에서 'sperm'은 정자 또는 정액을 뜻하는데, 향기가 나는 기름을 지니고 있다는 의미에서 우리말로는 향유香油고래로 불린다.— 옮긴이)

향유고래의 운명은 그때부터 꼬이기 시작했다.

1700년대 중반에 이를 즈음 낸터킷섬은 포경선들의 노다지가 되었다. 향유고래의 머리에서 나오는 밀짚 색깔의 기름이 가로등에서 등대에 이르기까지 모든 곳에 두루 사용할 수 있는 효율적이고 깨끗한 연료라는 사실이 밝혀진 것이다. 이 기름을 굳히면 품질 좋은 초를 만들 수도 있고, 화장품의 원료나 기계의 윤활유, 방수제로도 손색이 없었다. 미국독립전쟁의 화염은 향유고래의 기름을 연료 삼아 타올랐다.

1830년대에 이르면서 향유고래 사냥에 나선 포경선은 350척이 넘었고 선원은 1만 명이 넘었다. 20년 후에 이 숫자는 두 배가 된다. 낸터킷섬에서 1년에 가공하는 향유고래의 수는 5000마리가 넘었고, 짜낸 기름도 4500만 리터가 넘었다.(고래 한 마리를 잡으면 약 1800리터의 순수 향유를 얻을 수 있고, 지방 덩어리를 끓여서 얻는 기름의 양은 그 두 배쯤 된다.)

하지만 지구상에서 가장 거대한 포식자 사냥에는 그만큼의 대가가 따랐다.

18세기에서 19세기 동안 포경선들 역시 꾸준히 고래의 공격을 받았다. 특히 악명 높은 고래 습격 사건은 1820년에 일어났다. 남아메리카 해안으로부터 멀리 떨어진 바다에서 고래를 사냥하던 낸터킷 포경선 에식스 호를 성난 수컷 고래 한 마리가 두 번이나 들이받은 것이다. 에식스 호는 산산조각이 났다. 작은 보트를 타고 간신히 탈출한 선원 스무 명은 드넓은 바다를 표류하기 시작했다.

9주가 흘렀지만 여전히 배는 표류하고 있었고 선원들은 굶어죽을 지경에 이르렀다. 뱃사람들의 풍습에 따라서 선원들은 끼니가 되어줄 사람을 제비뽑기로 정했다. 제비를 뽑은 사람은 선장의 사촌, 당시 열일곱 살이던 오언 코핀이었다. 코핀은 배 한쪽 끝에 자신의 머리를 뉘었고, 선원 한 사람이 방아쇠를 당겼다. 선장은 "코핀은 순식간에 남김없이 해치워졌다"고 기록했다.

난파된 지 95일 만에 선원들은 구조되었다. 생존자는 선장과 코핀에게 방아쇠를 당겼던 선원, 두 명뿐이었다. 이 비극적 사건은 허먼 멜빌의 소설 『모비딕』과 그리고 좀더 최근에 출간된 너새니얼 필브릭의 베스트셀러 논픽션 『바다 한가운데서In the Heart of the Sea』의 모태가 되었다.

낸터킷 근해에서 향유고래 수가 줄면서 포경선들은 더 먼 바다까지 사냥을 나가야 했고, 그에 따라 고래기름의 가격도 급등했다. 그러는 사이 캐나다에서 지질학자 에이브러햄 게스너가 석유를 증류하는 기법을 발명했다. 이 기법으로 생산된 등유는 고래기름과 품질은 비슷하면서도 훨씬 더 저렴했다. 1860년대에 들어서면서 고래기름 사업도 사양산업이 되는 듯 보였다.

등유의 발견은 포경업의 종말을 알리는 듯했지만, 결과적으로 이 저렴하고 새로운 연료는 향유고래의 파멸을 앞당기는 꼴이 되고 만다.

1920년대에 디젤엔진으로 무장하고 등장한 신식 배들은 고래의 사체를 더 신속하고 쉽게 가공할 수 있었고, 포경업에 다시금 활기를 불어넣었다. 향유고래의 기름은 브레이크 오일과 접착제, 윤활유의 주요 성분으로 쓰이기 시작했다. 비누나 마가린뿐 아니라 립스틱을 비롯한 화장품의 원료로도 사용되었다. 향유고래의 살과 내장은 걸쭉하게 갈리고 가공되어 반려동물 사료와 테니스 라켓의 스트링으로 재탄생했다.(1950년부터 1970년 사이에 제작된 최고급 목재 테니스 라켓을 갖고 있다면, 그 스트링은 향유고래 힘줄일 가능성이 크다.)

포경업은 세계적 산업이 되어갔다. 1930년대에서 1980년대까지 일본이 죽인 향유고래만 향유고래 전체 개체 수의 20퍼센트에 이르는 26만

마리였다.[5]

1970년대 초반에 이를 즈음, 향유고래는 전체 개체 수의 60퍼센트가 사냥되면서 종 자체가 멸종 위기에 처했다. 세상은 향유고래 사냥에 있어서는 명수가 되어갔지만, 향유고래라는 동물은 철저히 베일에 싸여 있었다. 아무도 향유고래가 어떤 식으로 의사소통을 하는지, 어떤 식으로 집단을 구성하는지 알지 못했다. 심지어 향유고래가 무엇을 먹고 사는지도 밝혀지지 않았다. 향유고래가 물속에 있을 때의 모습은 한 번도 필름에 담기지 않았다.

1980년대에 수백만 명의 사람이 시청한 「고래는 울지 않는다」는 본래의 서식지에 머물고 있는 향유고래들의 모습을 처음으로 세상에 선보인 다큐멘터리였다. 실제 향유고래는 그동안 역사와 문학작품들이 꿰어 맞춘 이미지와 거리가 한참 멀었다. 배와 사람을 무자비하게 공격하는 야수가 아니었던 것은 물론이고, 점잖고 다정하며 심지어 환대할 줄 아는 동물이었다. 1980년대 초반 내내 전 세계적으로 포경 반대운동이 지지를 얻었고, 마침내 포경업은 1986년 종지부를 찍었다.•

향유고래의 지능 그리고 인간과 비슷한 행동들에 대한 인식은 점차 높아졌지만 일부 국가들에서 사냥을 재개하려는 움직임까지 멈추지는 못했다. 2010년까지도 일본과 아이슬란드, 노르웨이는 국제포경위원회

• 하지만 일본과 한국 등 일부 국가들에서는 '과학 연구'라는 명목 아래 포경이 지속되었다. (한국은 1978년 IWC에 가입해 고래가 다른 고기잡이 어망에 걸리는 혼획이 아닌 경우에는 고래잡이가 불법이다. 그러나 IWC 과학위원회 보고서에 따르면 연구 목적으로 포경을 한 적이 있는 것으로 드러났다. 2018년 IWC 총회에서는 남대서양 보호구역 지정과 고래 보호 선언에 반대하기도 했다. 한편 일본은 2019년 IWC를 탈퇴했다.— 옮긴이)

Internationa Whaling Commission, IWC에 30년간의 포경 모라토리엄을 중단할 것을 촉구했다. 슈뉠러를 비롯한 연구자들은 빠르면 2016년에는 이 모라토리엄이 폐지될 것으로 내다봤다. 그러면 향유고래 사냥은 다시 법의 비호를 받게 될 수도 있다.

향유고래는 포유류 중에서도 번식률이 가장 낮은 축에 속한다. 암컷 향유고래는 4년에서 6년에 한 번 단 한 마리의 새끼를 낳는다. 현재 향유고래 개체 수는 약 36만 마리로 추정된다. 불과 200년 전 포경선이 등장하기 전까지, 바다에는 향유고래 약 120만 마리가 수만 년 동안 대를 이어 바다를 누비고 있었다. 지속적인 사냥은 향유고래 개체 수를 몇 세대에 걸쳐 심각한 수준으로 떨어뜨려 향유고래 멸종의 시계를 앞당길 수 있다. 확실한 이유는 알 수 없지만 많은 연구자는 향유고래 개체 수가 또다시 줄어들고 있다고 걱정한다.

사냥이 아니더라도 향유고래 멸종의 시계를 앞당기는 원인은 또 있다. 오염이다. 1920년대 이후부터 절연제로 많이 쓰이는 발암성 유기염소 화합물인 폴리염화바이페닐PCBs이 세계의 대양으로 서서히 흘러들어가기 시작했고, 일부 지역에서는 중독을 유발하는 수준에 이르렀다. 식품으로 가공되는 원료 동물은 PCBs 농도가 2PPM을 넘어서는 안 된다. PCBs 농도가 50PPM 이상인 동물은 법적으로 유독성 폐기물로 간주되어 적절한 시설에서 폐기처분되어야 한다.

해양 환경보호 활동가이자 생물학자인 로저 페인은 해양생물의 PCBs 농도를 분석하면서 범고래들에게서 약 400PPM, 유독성 한계의 여덟 배에 이르는 PCBs를 검출했다. 흰돌고래의 몸 안에서는 3200PPM, 병코돌고래의 경우에는 무려 6800PPM에 이르는 PCBs가 검출되었다. 페인의 말마따나 이 동물들 모두 "움직이는 '슈퍼펀드' 투입 지역"이었던 것이다.(슈퍼펀드는 포괄적 환경대응 책임 보상법으로 오염 책임 소재를 규명할 수 없거나 정화 비용을 지불할 수 없을 때 연방정부가 보유한 자금을 투입한다는 내용의 법안이다.— 옮긴이) 고래들과 다른 해양 동물들이 PCBs나 수은을 비롯한 화학물질로 계속 오염에 노출된다면, 언제 갑자기 떼죽음을 당할지는 아무도 모른다.

페인과 다른 연구자들은 향유고래의 불길한 운명의 본보기로 중국 양쯔강에 서식하는 양쯔강돌고래를 예로 든다. 돌고래 종 가운데 가장 지능이 뛰어난 것으로 알려진 양쯔강돌고래는 인간이 일으킨 각종 병폐와 오염으로 인해 사실상 멸종에 이르렀다.(가장 최근에 집계한 양쯔강돌고래 개체 수는 단 세 마리뿐이었다.)

슈뇔러와 그의 동료들에게 고래목에 대한 연구는 곧 시간과의 전쟁이다.[6]

다시 보트로 돌아가자. 또 한 시간이 흘렀다. 그리고 또 한 시간. 잠수시계에 있는 온도계는 42도를 가리키고 있었다.

그때 별안간 보트 뒤쪽에서 전자음이 삑삑거렸다. 선장의 휴대전화 신호음이었다. 발신자는 슈뇔러. 데어윈 팀이 트링코말리 항구 근처에서 고래 한 무리를 발견했다고 연락을 해온 것이다. 슈뇔러는 처음부터 고래들이 그곳에 있었던 것 같다고 말했다. 우리와도 그렇게 먼 거리는 아니었다.

데어윈 팀은 무리에 합류할 기회를 엿보면서 고래들 뒤를 천천히 따라가고 있었다.

선장은 보트의 시동을 걸고 남쪽으로 쏜살같이 내달렸다. 얼마 지나지 않아 우리는 향유고래들에게 에워싸였다.

"정말 대박이죠?" 프린슬루가 수평선 동쪽을 가리키며 환호했다. 수면에서 45도쯤 되는 각도로 작은 버섯 모양의 구름이 솟아올라 있는 것 같았다. 향유고래는 콧구멍이 머리 왼쪽에 하나밖에 없다. 그래서 콧구멍으로 숨을 내뿜으려면 비스듬히 머리를 내밀어야 한다. 이 독특한 콧구멍에서 내뿜는 숨 기둥은 3미터까지 치솟는다. 바람이 없고 맑은 날이라면 대략 1킬로미터 떨어진 곳에서도 숨 기둥이 보인다.

"어쩜, 민들레꽃이 핀 것 같아요!" 프린슬루의 말이 끝나자마자 우리 오른편으로 300미터쯤 떨어진 곳에서 숨 기둥 하나가 더 솟아올랐다.

"어서 마스크 쓰세요. 물속으로 들어가 보죠." 프린슬루가 말했다.

우리 팀은 고래들에게 위협감을 주지 않도록 한 번에 두 사람만 물속으로 들어가기로 했다. 나와 프린슬루가 1차로 입수하기로 했다. 선장은 고래 무리의 방향과 나란하게 선수를 돌렸다. 이제 고래와 우리 사이의 거리는 불과 몇백 미터로 좁혀졌다.

"절대로 녀석들을 추격하려고 하면 안 돼요." 프린슬루가 담요를 벗어 던지고 핀을 꺼내 들면서 선장에게 말했다. "선택권은 늘 고래에게 있다는 걸 명심하세요." 고래들이 우리의 움직임을 예측할 수 있을 만큼 정면에서 천천히 움직인다면, 고래들은 반향정위로 보트의 위치를 쉽게 파악하고 우리의 존재에 위협을 느끼지 않을 것이다. 만일 우리가 방해가 된다고 여기면 고래들은 깊이 숨을 들이마시고서 수면 아래로 사라져버릴 게 뻔하다. 그렇게 되면 아마도 그들을 다시 볼 일은 없을 것이다.

보트가 더 가까이 살살 움직이는 동안에도 고래들은 잠수하지 않았다. 좋은 신호다. 프린슬루는 우리 앞의 고래들이 한 무리 전체가 아니라 어미 한 마리와 새끼 한 마리라고 설명했다. 이 역시 좋은 신호다. 그녀의 경험에 따르면 새끼들이 프리다이버들에게 호기심을 느끼고 주변을 맴돌면 어미들은 새끼들에게 프리다이버들 쪽으로 다가가보라는 격려의 신호를 보낸다.

보트와의 거리가 120미터쯤 되자, 고래들은 천천히 아래로 내려가 거의 그 자리에 멈추었다. 선장이 보트의 시동을 껐다. 프린슬루가 내게 고개를 끄덕였다. 나는 핀을 끼고 마스크를 쓰고 스노클을 입에 물고서 프린슬루와 얌전하게 물속으로 들어갔다.

"제 손을 잡아요." 프린슬루가 말했다. "자, 갑니다." 우리는 수면 아래로 고개를 숙인 채 스노클로 호흡하면서 고래들을 향해 킥을 했다. 물속의 가시거리는 30미터 정도로 그리 나쁘지 않은 편이었다. 물속에서 고래들을 볼 수는 없었지만 소리는 또렷하게 들렸다. 숨을 내뿜는 소리가 점점 더 크게 들려왔다. 그리고 이어서 클릭음이 시작되었다. 회전하는 자전거 바큇살에 트럼프 카드를 갖다 대는 것 같은 소리였다. 물이 진동하기 시작했다.

프린슬루가 속도를 좀더 내라는 듯 내 팔을 잡아 당겼다. 그녀가 잠깐 동안 수면 위로 머리를 내밀더니 동작을 멈추었다. 나도 따라서 수면 위로 머리를 내밀었다. 약 30미터 전방에 작은 언덕 같은 게 보였다. 수평선 위로 검은 해가 떠올라 있는 것 같았다. 클릭음은 더욱더 크게 들려왔다. 그 언덕은 수면 위로 다시 불쑥 솟아올랐다가 사라졌다. 우리 눈으로 볼 수는 없었지만 고래들은 떠났다. 하지만 물속으로 퍼지는 숨소리는 들을 수 있었다. 점점 약해지고 있었다. 배터리가 떨어진 시계의 째깍 소리처럼 클릭음도 느려졌고 물은 잔잔해졌다. 그렇게 고래들은 떠났다.

프린슬루는 고개를 들고 나를 바라보며 말했다. "고래예요." 나도 고개를 끄덕이며 환하게 미소를 지었다. 이 믿기지 않는 경험에 대한 소감을 늘어놓으려고 스노클을 빼고 입을 열었다. 그러자 프린슬루는 고개를 세차게 젓더니 눈짓으로 내 뒤쪽을 가리켰다.

"아니요, 저기, 고래라고요."

어미와 새끼 고래가 돌아온 것이다. 고래들은 우리에게 다가와 30미터가 조금 넘는 거리를 두고 멈추더니 아까와는 다른 방향에서 우리를 바라보았다. 클릭음이 다시 시작되었다. 조금 전보다 더 큰 소리로. 나는 본능적으로 고래들을 향해 킥을 하려 했지만, 프린슬루가 내 손을 잡았다.

"헤엄치지 마세요. 움직이지 말아요." 낮은 목소리로 프린슬루가 말했다. "저 녀석들, 지금 우리를 관찰하고 있어요."

이제 고래들의 클릭음은 망치로 아스팔트를 두드리는 소리와 비슷해졌다. 반향정위 클릭음이었다. 고래들은 우리를 몸속부터 겉까지 스캔하고 있었다. 우리는 여전히 수면에서 고래들이 숨을 내뿜는 광경을 주시했다. 고래들은 꼬리로 물을 차면서 우리 쪽으로 힘차게 달려왔다.

"내 말 잘 들어요." 프린슬루는 내 어깨를 붙잡고 나를 똑바로 보고서 다급하게 말했다. "지금 당신이 이곳에 있는 정확한 목적을 알게 해주어야 해요. 고래들은 당신이 무슨 목적을 갖고 있는지까지도 감지할 겁니다." 인간과 고래의 상호작용이 위험할 수 있다는 사실을 알고 있었지만, 나는 두려움을 떨쳐내고 침착해지려고 애썼다. 그리고 좋은 생각들만 하려고 노력했다.

프린슬루의 뒤쪽에서, 고래들은 쉭쉭 콧김을 내뿜으면서 증기기관차

두 대가 나란히 달려오듯 우리에게 다가왔다. "지금 이 순간을 믿으세요." 프린슬루가 말했다. 고래들은 30미터, 20미터, 우리와의 거리를 좁히며 다가왔다. 프린슬루가 내 손을 꽉 쥐면서 또 말했다. "지금 이 순간을 믿어요." 그리고 나를 수면 몇 미터 아래로 잡아끌었다.

흐릿한 검은 덩어리가 점점 더 크고 더 짙은 윤곽을 드러내며 다가왔다. 형체가 또렷하게 보이기 시작했다. 지느러미다. 그리고 크게 벌린 입이 보였다. 흰색 부분도 드러났다. 옹이투성이 머리의 아랫부분에서 우리 쪽을 유심히 바라보는 눈이었다. 어미는 몸집이 스쿨버스만 했고, 새끼는 미니버스만 했다. 고래들은 물속에 가라앉아 있는 섬처럼 보였다. 내 손을 쥔 프린슬루의 손에 힘이 들어갔다. 나도 손아귀에 힘을 주어 무언의 대답을 했다.

고래들은 우리에게 정면으로 다가왔다. 거의 10미터 앞까지 다가와서 옆으로 부드럽게 몸을 빼더니 나른한 몸짓으로 왼쪽으로 진로를 틀었다. 클릭음의 리듬이 바뀌었다. 물속은 코다음인 것 같은 소리로 가득 찼다. 녀석들이 우리에게 자신을 소개하고 있다는 생각이 들었다. 어미 바로 앞에서 헤엄치던 새끼가 고개를 까딱 움직이더니 눈도 깜빡이지 않고 우리를 빤히 쳐다보았다. 입꼬리는 끝까지 올라가 있었다. 마치 환하게 웃는 것처럼. 어미도 똑같은 표정이었다. 사실 향유고래는 모두 그런 표정이다.

고래들은 불과 몇 미터 이내의 거리를 두고 우리를 스쳐가는 내내 클릭음 세례를 퍼부으며 시선을 떼지 않았다. 그러고는 다시 천천히 어둠 속으로 사라졌다. 코다음은 반향정위 클릭음으로 바뀌었고, 그 소리도 점점 더 약해졌다. 그리고 바다는 또다시 고요해졌다.

언젠가 프레드 뷜르가 내게 들려줬던 그의 친구 이야기가 떠올랐다. 뷜르의 친구는 아프리카 서쪽, 포르투갈령 군도인 아소르스에서 프리다이빙을 하다가 암컷 향유고래 한 무리를 만났다. 고래들은 그에게 클릭음을 소나기처럼 퍼부으면서 몇 시간에 걸쳐서 그와 다정하게 교류했다. 그런데 젊은 수컷 향유고래 한 마리가 그에게 다가왔다. 뷜르의 표현을 빌자면 그 수컷 고래는 "몹시 질투가 났던" 모양이었다. 그 수컷 고래는 뷜르의 친구를 향해 헤엄쳐 오더니 기겁할 정도로 크게 끽끽거렸다고 한다. 가까스로 수면으로 헤엄쳐 보트로 기어 올라갔지만 그 친구는 위와 가슴에서 기운이 쫙 빠지면서 통증을 느꼈다. 세 시간쯤 지나서야 회복되었고, 그 뒤로는 어떤 증상도 없었다고 한다.

슈뉠러도 그와 비슷한 이야기를 들려준 적이 있었다. 2011년에 잠수해서 향유고래들과 헤엄치고 있을 때 호기심 많은 새끼 고래 한 마리가 다가오더니 코로 슈뉠러를 콩콩 들이받았다. 슈뉠러가 손으로 녀석을 밀었는데, 그 순간 그의 팔에 뜨거운 열기가 느껴졌다. 새끼 고래의 코에서 나오는 클릭 소리의 에너지가 어찌나 강했던지 그 뒤로 몇 시간 동안이나 슈뉠러는 팔이 마비된 것 같았다고 한다. 물론 그의 팔은 이내 말짱해졌다.

프린슬루와 지슬랭도 지난해에 트링코말리에서 비슷한 상황을 겪었다. 고래 한 무리와 몇 시간 동안 물속에서 어울리고 있었는데, 수컷 고래 한 마리가 지슬랭에게 날쌔게 다가왔다. 프린슬루가 지슬랭에게 비키라고 신호를 보냈는데, 바로 그 순간 수컷이 3미터에 달하는 꼬리를 수면 위로 치켜 올렸다가 내리쳤다. 지슬랭이 그 자리에 그냥 있었다면 머리가 박살났을지도 모른다.

프린슬루와 지슬랭은 수컷이 그를 공격하려 한 게 아니라 함께 놀려고 꼬리를 내리친 것이라고 주장했다. 하지만 물속에서 자기 몸무게의 500배가 넘고 몸집이 10배나 큰 동물이 당신에게 그런 장난을 친다면, 경고하건대 장난은 매우 치명적일 수 있다.

프리다이빙은 그런 사고에 대한 일종의 예방 조치이자 고래와 교류할 때 반드시 필요한 기술이다. 고래들, 특히 새끼 고래들은 인간과 고래가 교류의 시간을 갖는 동안 흥분할 수 있다. 때로는 다이버에게 달려들어 질식시킬 수도 있다. 수심 40피트까지 잠수하여 1분 정도까지, 또는 고래가 지나갈 때까지 숨을 참을 수 있는 사람은 인생을 바꿀 만한 순간과 인생이 끝장나는 순간의 차이를 구별할 수 있다. 중요한 사실은 프린슬루, 슈뇔러, 벨르 그 누구도 고래와의 이런 만남이 얼마나 위험한지 정확히 모른다는 것이다. 슈뇔러가 들려준 바에 따르면, 10여 년 전까지만 해도 고래와 잠수한 사람은 단 한 사람도 없었다.

"모두가 위험천만한 일이라고 생각했죠." 슈뇔러가 말했다. 지금까지도 고래와의 잠수를 시도한 다이버는 손가락으로 꼽을 만큼밖에 안 된다. 게다가 그들 대부분은 위험한 순간에서 가까스로 도망친 경험이 있다.

대학들과 해양학 관련 연구소들에서는 연구원이나 학생들이 고래와 잠수하는 것을 결코 허락하지 않을 것이다. 물론 그러기를 원하는 연구원이나 학생도 별로 없겠지만 말이다.

스코틀랜드 세인트앤드루스대의 향유고래 전문가 루크 렌델은 내게 보낸 이메일에서 슈뇔러의 연구 방법에 대해 "삼류영화 같은" 소리이며 "고래들과 헤엄치는 것에 과학이라는 이름만 붙였을 뿐"이라고 일갈했다. 그는 다음과 같은 말로 이메일을 맺었다. "저는 고래들과 프리다이빙 따위를 하지 않고서도 완벽하게 데이터를 수집할 수 있습니다. 감사합니다." 공정을 기하기 위해 언급하자면 루크 렌델은 향유고래 분야에 연구자들이 늘어나는 것은 환영할 일이라고 말했다. 하지만 이어서 데어윈 웹사이트는 어쩐지 사이비과학 같은 냄새가 난다고 덧붙였다.

슈뇔러는 렌델과 같은 사람들의 비판에 대해서 "과학자들의 일반적인 반응"이라고 웃어넘긴다. 그리고 대다수의 과학자가 자신의 연구를 이해하지도 못하고 무조건 비과학적인 것으로 치부해버린다고 역설했다. 그렇지만 슈뇔러가 프리다이빙을 통한 접근법으로 얻어낸 결과들을 부정할 사람은 아무도 없다.

프리랜서로 연구를 시작하고 6년 동안 슈뇔러가 향유고래와의 상호작용을 촬영한 영상과 오디오 자료들은 제도권의 과학자들이 수십 년에 걸쳐 수집한 것보다 훨씬 더 방대할 뿐 아니라, 어떤 과학자들보다 슈뇔러의 팀이 고래들에게 더 가까이 다가간 것도 사실이다. 제도권 과학자들은 보트 갑판 위에서 내려뜨린 청음기로 클릭음을 녹음하여 향유고래의 의사소통을 연구한다. 이 방법으로는 어떤 고래가 어떤 클릭음을 왜 내는지에 대해 결코 알 수가 없다. 최장기간 운영된 향유고래 연구 프로그램은 핼 화이트헤드가 이끈 도미니카 향유고래 프로젝트였다. 이 연구팀은 향유고래 떼를 쫓아다니거나 녀석들이 숨을 쉬기 위해 수면 위로 올라왔을 때 사진을 찍어서 향유고래의 습성을 연구했다.

한편 슈뇔러는 지난해에 향유고래 다섯 마리와 무려 세 시간 가까이 얼굴을 맞대고 헤엄쳤다. 그 모든 과정이 3D 영상으로 녹화되었고 소리도 고음질로 녹음되었다. 이 다큐멘터리는 현재까지 기록된 가장 길고 가장 선명한 향유고래 영상이다.

슈뇔러는 현재 프랑스 과학계 진입에 성공했고 저명한 인지과학자 파비엔 델푸르, 음향학자 디드로 마우리와 공동으로 데어윈의 첫 번째 과학논문을 작성하고 있다. 이들은 스탠 쿠차이와 함께 늦어도 내년에는 이 논문을 동료심사 저널에 발표할 계획을 갖고 있다. "그 논문은 공인된 논문인 동시에 철저히 과학적인 논문이 될 겁니다." 슈뇔러는 힘주어 말했다. 그는 오히려 그 안에서 연구하고 싶지 과학계를 뒤집어엎을 생각은 추호도 없다. 단지 그는 현재 제도권에서 몹시 더디게 진행되는 데이터 수집 속도를 올리려고 노력할 뿐이다. 제도권의 속도는 슈뇔러에게만이 아니라 어쩌면 향유고래들에게도 너무 느린지도 모른다.

최초로 향유고래와 잠수한 날, 나는 테라스에 앉아 저녁노을을 바라보면서 문득 슈뇔러가 느낀 좌절감이 이해되기 시작했다.

비록 짧은 만남이었지만, 어미 고래와 새끼 고래는 우리를 피해 달아나려고 유턴을 한 게 아니었다. 녀석들은 우리에게 인사를 하려고 돌아왔다. 두 마리 고래와 눈을 마주보고 교류했던 그날의 만남은 내 인생에서 가장 인상 깊고 강력한 경험이었다. 어마어마하게 막강하고 지적인 어떤 존재와 함께 있다는 사실이 별안간 인식되면서 말로는 형언할 수 없는 순간적인 앎의 감각이 밀려왔다. 물론 그것은 과학적인 관찰이라기보다는 감정적인 관찰이었다. 아직까지도 나는 그 '앎'이 앞으로 우리가 향유고래에 대해 발견하게 될 객관적인 사실들 못지않게 진실하고 강력한 사실이라고 믿는다. 보트 갑판에 앉아서 로봇을 내려보내는 방식으로는 결코 그런 '앎'을 얻을 수 없다. 물에 들어가 몸을 적셔야 한다.

넷째 날, 영화 제작팀은 떠났다. 첫날부터 지독한 뱃멀미에 시달린 카메라맨은 또다시 10시간 남짓 출렁거리는 보트를 타고 헤매 다녀야 한다니까 진저리를 치며 거절했다. 제작자 이매뉴얼 본리도 지칠 대로 지쳤다. 게다가 그와 슈뇔러는 성격도 잘 맞지 않았다.

"이렇게 힘든 일이라고 말 좀 해주지 그랬어요." 그날 아침에 내가 말을 걸자 본리는 테라스 테이블 옆에서 벌겋게 익은 무릎을 긁으면서 대꾸했다. 사실 나는 그에게 여러 번 주의를 줬지만, 내 말은 한 귀로 듣고 한 귀로 흘린 모양이었다. 본리는 자신은 손을 뗄 것이며, 다음 비행 편으로 샌프란시스코로 돌아가기로 결정했다고 내게 말했다.

본리는 하루만 더 참으면 될 것을 너무 성급하게 떠났다.

팀원 중 남은 일곱 명에 고용한 선원들까지, 정원이 우리 인원의 절반밖에 안 되는 작은 보트에 모두 욱여 탔다. 투다다닥 모터 소리와 함께 우리는 남쪽으로 향했다. 서너 시간쯤 뒤, 우리는 해안에서 약 24킬로미터를 달려와 또다시 트링코말리 협곡 위의 바다를 빈둥거리고 있었다. 슈뇔러가 GPS를 확인하고 어제 향유고래를 만났던 장소로 우리를 데려갔다.

"모터를 꺼주세요. 고래들의 소리를 들어봐야겠어요." 슈뇔러는 뱃머리로 가더니 한쪽 끝에 금속 파스타 체가 묶인 빗자루를 갖고 왔다. 파스타 체 안에 작은 청음기를 넣더니 정체 모를 이 장치를 물속으로 집어넣었다. 그리고는 낡아빠진 헤드폰을 머리에 썼다.

전선으로 앰프에 연결된 이 기묘한 장치는 향유고래의 클릭음을 포착하는 일종의 안테나다. 파스타 체를 물속에 넣고 한 바퀴 크게 휘젓듯 돌리면 향유고래들이 어떤 방향에서 다가오는지 알 수 있다는 것이다. 소리의 빈도와 음량으로 고래들이 얼마나 깊은 곳에 있는지도 가늠할 수 있다고 한다.

"연구소들에서는 이런 기계를 1600달러쯤 주고 구입하죠." 슈뇔러가 웃으면서 말했다. "잡동사니로 만들긴 했지만, 이게 이래봬도 성능은 끝내줘요." 슈뇔러가 요즘 설립 중인 해양학 장비 제작업체 '클릭 리서치 Click Research'에서는 기존 연구소들이 사용하는 모델만큼 성능 좋은 장비를 단돈 350달러에 공급할 계획을 갖고 있다.

슈뇔러는 내 머리에 헤드폰을 씌워주고 빗자루를 건넸다. "무슨 소리가 들리죠?" 그가 물었지만 내 귀에는 그냥 잡음만 들리는 것 같았다. 슈뇔러는 내 귀에 꼭 맞게 헤드폰을 오므렸다. "이제 들어봐요. 무슨 소리가 들리죠?"

슈뇔러는 빗자루를 가져가더니 수면 아래에서 천천히 커다란 원을 그렸다. 잡음 사이로 당김음 조의 리듬이 들리기 시작했다. 마치 멀리서 원시 부족이 북을 치는 것 같은 소리였다. 나는 슈뇔러에게 파스타 체를 멈춰보라고 말했다. 보트에 탄 모두가 조용해졌다. 리듬이 빨라지고 음의 높이가 높아지면서, 그 와중에 패턴들이 겹쳐지고 있었다. 물론 내가 들은 것은 북소리가 아니라, 향유고래들이 우리 보트에서 수 킬로미터 아래의 협곡을 누비면서 반향정위를 위해 내는 클릭음이었다.

슈뇔러는 헤드폰을 보트에 탄 모든 사람에게 전달하고 소리를 들어보라고 했다. 우리 모두 넋을 잃었다. 선원 한 사람이 헤드폰으로 잠깐 동안 소리를 듣더니 다시 슈뇔러에게 건네주고 뱃머리 쪽으로 조심스럽게 걸어갔다. 그는 닳아빠진 나무 노를 집어 들더니 물속에 담그고 한쪽 끝을 자기 귀에 댔다.

그 선원은 다소 어색한 영어로, 몇 년 전부터 스리랑카 어부들은 이렇게 노를 이용해서 향유고래의 소리를 듣곤 했다고 설명했다. 향유고래의 반향정위 클릭음은 심지어 수면에서 수 킬로미터 아래에서 소리를 낼 때도 1.5미터짜리 나무 노를 진동시킬 만큼 강력하고 다른 클릭음들과도 뚜렷하게 구별된다. 선원에게서 노를 받아 나도 한번 귀를 대보았더니 틱틱틱 소리가 희미하게 들려왔다. 또 다른 세상에서 보내오는 신호음처럼 들렸다. 어떤 의미에서 보면 맞는 말이지만 말이다. 그 소리를 듣고 있자니 소름이 돋았다.

슈넬러는 헤드폰을 다시 머리에 쓰고 파스타 체가 달린 빗자루를 노련하게 휘저었다. 그는 고래들이 위로 올라올 때는 반향정위에서 코다음으로 소리를 바꿀 것이라고 말했다. 슈넬러는 클릭음 패턴의 이 미묘한 변화와 클릭음의 음량과 선명도를 바탕으로 고래들의 위치를 파악하고 수면으로 이동하는 순간을 예측할 수 있다고 말했다. 그리고 독학으로 터득한 이 기법이 놀라우리만치 정확하다고 덧붙였다. 내가 얼마나 정확하냐고 되묻자, 그는 곧바로 증명해 보였다.

"고래들은 저쪽으로 2킬로미터 떨어져 있어요." 슈넬러는 서쪽을 가리키며 말했다. "가까이 다가오고 있습니다. 2분 후면 여기로 올 거예요." 우리는 서쪽을 노려보면서 기다렸다. "30초." 슈넬러가 읊조렸다. "동쪽으로 움직이고 있네요. 그리고 오른쪽으로……"

정확히 바로 그 순간, 고래 다섯 마리가 보트에서 약 450미터 떨어진 곳에서 머리를 내밀고 위풍당당하게 숨 기둥을 내뿜었다. 슈넬러는 환하게, 자부심에 찬 표정으로 웃으면서 헤드폰을 벗고 파스타 체가 달린 빗자루를 뱃머리에 내려놓았다. 나는 그와 하이파이브를 했다. 보트 선장은 놀라서 입을 다물지 못했다.

"좋아요, 지금이에요. 물에 들어가실 분?" 슈뇔러가 말했다.

저녁 식사를 한 후에 슈뇔러와 가조, 지슬랭은 테라스 테이블에 둘러앉아 그날 찍은 영상을 돌려보았다. 영상은 한마디로 매혹적이었다. 우리들 각자가 대여섯 마리의 고래들과 일대일로 짧은 교류를 나누었고, 슈뇔러와 가조는 그 장면을 3D 고화질 비디오로 녹화했다. 슈뇔러는 이처럼 가까운 거리에서 고래들의 행동을 영상에 담기는 세계 최초일 것이라고 말했다. 그리고 그중에서도 특히 감동적인 영상은 그날 제일 먼저 잠수했던 기 가조와 나의 영상이라고 했다.

다섯 마리쯤 되는 향유고래 한 무리가 방향을 틀어 우리 보트로 다가왔고, 슈뇔러는 3D 카메라를 들고 물속으로 들어간 가조를 따라가라고 내게 말했다. 처음에 고래들은 보트에서 멀리 헤엄쳐갔지만, 우리가 헤엄쳐서 보트에서 멀어지자 방향을 바꿔 우리에게 정면으로 다가왔다. 60미터쯤 전방에서 한 덩어리의 그림자가 점점 넓어지더니 두 개의 형체로 나뉘었다. 길이가 10미터는 족히 되는 거대한 고래 두 마리였다. 한 마리는 수컷이었는데, 우리 쪽으로 곧장 다가오더니 별안간 몸을 홱 돌리는 바람에 우리는 녀석의 옆구리를 마주보게 되었다. 녀석의 눈동자나 얼굴을 볼 수는 없었다. 다시 우리 쪽으로 다가오더니 이번에는 우리의 발 아래로 잠수해 들어가면서 빠르게 코다음을 냈다. 소리가 어찌나 컸는지 내 가슴과 두개골 속에서도 소리가 느껴질 지경이었다. 그 수컷 고래는 그때까지도 몸을 뒤집은 채였는데, 마치 연막처럼 검은 배설물을 분출하고는 사라졌다. 우리가 만난 시간은 30초도 채 안 되었다.

슈뇔러는 그 영상을 노트북에 업로드하고 내게 재생해 보여줬다. 이번에는 볼륨까지 높였다.

“소리 들리죠?” 슈뇔러는 비디오를 거꾸로 돌려서 다시 플레이 버튼을 클릭했다. 스피커에 귀를 바짝 대고 들어보니, 기관총 소리처럼 난폭하고 거친 클릭음이 들렸다. “이건 코다음이 아니에요.” 슈뇔러가 웃으면서 말했다. 그리고 클릭음을 다시 들려줬다. “고래가 당신에게 말을 걸고 있는 것도 아니에요.”

가조와 내가 듣고 느꼈던 소리는 크리크음, 그러니까 향유고래들이 먹이를 향해 곧장 돌진할 때 내는 연속적인 반향정위 클릭음이었다. 그 수컷 고래가 몸을 뒤집은 까닭은 위턱에서 내는 반향정위 클릭음의 효과를 높이기 위해서였다. 우리가 소리 나는 쪽으로 고개를 가누는 행동과 비슷하다. 슈뇔러는 흐뭇한 표정으로 그 영상을 몇 번이나 반복 재생했다.

“저 녀석은 당신이 먹음직스러운 먹이인지를 살피고 있는 겁니다.” 슈뇔러가 말했다. “다행히 당신이 별로 맛있는 먹이로 보이지 않았나 봐요.”

슈뇔러의 말을 듣자니 처음 보트에 오를 때부터 줄곧 생각해왔던 의문점이 다시 떠올랐다. 왜 고래들이 우리를 잡아먹지 않았을까? 쉬운 먹잇감이 틀림없는데 말이다.

이 의문에 대해 슈뇔러는 고래들이 반향정위로 우리 몸을 살피면서 머리카락과 큰 폐와 커다란 뇌를 인지했기 때문이라고 대답했다. 다시 말해 우리 몸의 특징이 바다에서 흔히 볼 수 있는 조합이 아니기 때문이라는 것이다. 어쩌면 고래들은 우리를 포유류 친구로서, 자기들처럼 지적 능력을 지닌 동료로서 인식하는지도 모른다. 이 가설이 맞다면 향유고래들은 한 가지 결정적인 점에서 우리보다 더 영리하다. 두 종 사이의 공통점을 우리보다 훨씬 더 쉽게 알아차리니까.

슈뇔러는 컴퓨터에 또 다른 파일을 띄웠다. 그날 아침 일찍 청음기로 녹음한 10초 분량의 오디오 파일이었다. 슈뇔러가 플레이 버튼을 클릭했다.

"어때요?" 그가 나를 보며 물었다. 내 귀에는 그저 멀리서 들리는 반향정위 클릭음으로만 들렸다. 전자 드럼을 마구잡이로 두드리는 소리와 비슷했다. 슈뇔러는 내게 헤드폰을 건네고 볼륨을 높였다. 몇 킬로미터 밖에서 엄청난 양의 폭탄이 터지는 것 같은 소리가 고막을 울려댔다.

"뭔지 모르지만, 굉장한 걸 포착한 것 같아요." 나는 혹시 청음기가 배 옆구리에 부딪히는 소리가 아니냐고 물었다. "절대로 그럴 리 없어요." 슈뇔러는 단호하게 말했다. "상당히 중요하고, 굉장한 의미가 있는 소리가 분명합니다. 장담합니다."

처음부터 계속 의견 충돌을 빚은 프린슬루와 슈뇔러 때문에 우리는 며칠 남은 일정 동안 모터보트를 한 대 더 빌려서 슈뇔러의 팀과 프린슬루 팀이 한 대씩 나눠 타기로 했다. 나는 두 보트를 번갈아 타기로 하고 우선 프린슬루 팀의 보트에 올랐다.

고래는커녕 돌고래 한 마리도 보이지 않을 때는 보트 시동을 끄고 물속으로 뛰어 들어가 잠수를 했다. 연습용 부낭과 로프를 챙겨 온 프린슬루가 이참에 프리다이빙 연습이라도 해보자고 제안했기 때문이다.

"얼마나 내려가고 싶어요?" 뱃머리에 바싹 붙어 앉아서 프린슬루가 내게 물었다. "50피트 어때요?" 내가 미처 대답을 하기도 전에 프린슬루는 마스크와 핀을 끼고서 보트에서 뛰어내려 수십 미터 멀찍이 부낭을 끌어다놓았다. 나도 잠수복을 끼어 입고 그녀를 뒤따랐다. 물도 맑아서 시계가 60미터는 족히 되는 듯했다. 그보다 더 아래쪽도 포티 패덤 그로토의 웅덩이처럼 어둡거나 음침한 녹색이 아닌 맑은 남보랏빛이었다. 마스크 너머로 프린슬루가 로프 끝에 웨이트 벨트를 묶고 물속으로 로프를 늘어뜨리는 게 보였다. 물속으로 늘어지는 로프가 마치 타임랩스로 찍은 나무의 성장 이미지처럼 보였다.

마셜도 잠수복을 입고 프린슬루에게로 헤엄쳐 갔다. 두 사람은 함께 잠수 호흡을 하고서 동시에 로프를 따라 내려갔다. 나도 잠수 호흡—하나, 마시고, 둘, 참고, 열까지 내뱉고, 둘 참고—을 하면서 두 눈을 감고 머리에 떠오르는 잡념들을 떨치고 몸의 긴장을 풀었다. 지난 몇 달 동안 연습한 호흡 정지 훈련 과정에 집중하고 3분 동안 쉽게 숨을 참았던 일을 떠올리며, 로프 끝까지 50피트 잠수했다가 돌아오는 1분 동안 숨을 참는 게 그보다 더 쉬울 거라고 나를 다독였다.

혼잣말을 너무 많이 하는 것 같았지만, 실제로 지금까지 나를 지도한 모든 코치도 이런 심리적인 격려가 매우 중요하다고 조언했다. 이번 잠수가 무척 쉽고 즐거울 것이라고 나 스스로를 확신시켜야 한다. 윌리엄 트루브리지의 말마따나, 프리다이빙은 정신력 싸움이니까.

몇 분 뒤 눈을 떴을 때는 여러 번의 심호흡으로 약간 어지럽고 현기증이 몰려올 것 같은 기분이 들었다. 로프 끝에서 빙글빙글 헤엄치고 있는 프린슬루와 마셜이 구름이 자욱한 하늘 위에서 날고 있는 작은 새처럼 보였다. 물속 어디를 봐도 해양 동물들이나 해저, 보트 바닥같이 위치를 가늠할 표지로 삼을 만한 게 보이지 않았다. 다행히 몇 달 동안의 훈련 덕분에 이런 방향감각 상실에는 이골이 나 있었다. 나는 긴장을 풀고 방향감각 상실을 순순히 받아들였다.

하나, 마시고, 둘 참고, 열까지 내뱉고, 둘, 참고……

마지막 열 번의 숨을 내뱉기 시작했다. 케이프타운에서 프린슬루와 훈련하던 때를 떠올렸다. 우리는 네 학생과 함께 바닷물이 아닌 담수 수영장에서 다이빙 연습을 하고 있었다. 나는 20피트 아래로는 번번이 실패했다. 30피트 잠수를 시도했다가 고통에 못 이겨 수면으로 올라왔을 때 부낭 반대쪽에 있던 프린슬루는 내게 다가와 다시 한번 눈을 감고 그날 최고 수심까지 도전해보라고 지시했다. 그냥 연습이니까 마음 놓으라고 그녀가 말했다. 나는 그녀를 믿어야 했고 동시에 나를 믿어야 했다. 머릿속에서는 멍청한 짓이라고 소리치고 있었지만, 입 밖으로 꺼내지는 않았다. 사실 아무 말도 하지 않았다. 나는 숨을 마시고 두 눈을 가늘게 뜨고서 잠수했다. 1분 뒤, 나는 내 생애 처음으로 가장 깊은 곳까지 가장 오래 숨을 참고 가장 편안하게 내려갔다가 수면으로 돌아왔다. 불쾌한 느낌 같은 것도 전혀 없이 40피트 잠수에 성공했던 것이다.

프린슬루와 마셜이 흐느적거리고 있는 건물 6층 높이의 푸르스름한 심연을 향해 잠수를 시작하면서, 나는 두 눈을 감고 잠수에 성공했을 때의 기분이 어땠는지를 떠올려보았다. 그러고 나서 마지막 숨을 들이마시고 하강했다.

왼손으로 로프를 잡아당겨 아래로 조금씩 내려가면서 나는 오른손으로 코를 꽉 쥐고 배 쪽에서 머리로 공기를 끌어올렸다. 그리고 다문 입으로 'T'를 발음하면서 후두개로 목구멍을 막았다. 포획한 공기를 목구멍 뒤에서 부비강으로 때려 박듯 밀어 넣었다. 처음으로 잠수하면서 프렌첼 기법을 써본 것이다. 대여섯 번 로프를 잡아당겨 20피트를 지나자, 하강 속도가 더 빨라졌다.

깊이 내려갈수록 로프 당기기가 더 수월해졌다. 로프를 쥔 손에 힘을 조금 빼니 엄지와 검지로만 로프를 쥐어도 충분히 당겨졌다. 잠시 후 나는 로프를 완전히 놓아버렸다. 킥을 하거나 로프를 당기지 않아도 내 몸은 계속 아래로 내려갔다. 중력 제로 지점을 통과한 것이다. 마침내 심해의 문이 열렸다. 나는 스카이다이버처럼 두 팔을 가지런히 몸에 붙이고 더 깊은 물속으로 떨어질 준비를 했다.

처음에는 잠수복이 꽉 조여졌다. 가슴이 압축 포장된 기분이 들었다. 폐가 목구멍 쪽으로 밀려 올라오고 위가 약간 수축되는 것 같았다. 심해의 압력이 바깥쪽에서 나를 죄어오기 시작한 것이다. 내 몸 안에서도 상황은 비슷했다. 블랙홀처럼 내 몸도 스스로를 빨아들이고 있었다.

수면에서 크게 들이마신 공기는 사라졌다. 계속 숨을 참고 있었으니 내뱉어서 사라진 게 아니었다. 수면에서 마신 공기는 폐와 목구멍의 부드러운 조직에서 끌어다 쓰기 좋게끔 부피가 반으로 압축되었다. 꽤 불편한 상태인 것처럼 들리지만 실제로는 그렇지 않았다. 뜻밖에도 누군가 내 몸에 담요를 둘러준 것마냥 포근한 기분이 들었다. 말초혈관수축, 즉 팔다리와 손발에서 산소가 풍부한 혈액이 내 몸의 중요한 기관으로 흘러가기 때문이었다.

방금 내 몸 안에서 마스터 스위치가 켜진 것이다.

몇 달 전 그리스에서 나는 한 프리다이버에게 물속 깊이 잠수해서 엄청난 압력이 몸을 누를 때 어떤 기분이 드느냐고 물었다. 그녀는 사이비 종교 교주 같은 말로 나를 놀라게 했다. 바다가 꽉 안아주는 기분이라고. 그런데 나도 바로 그 기분이, 이 행성에서 가장 큰 무언가의 넉넉한 품에 꼭 안기는 기분이 들었다.

나는 더 아래로 내려갔다. 귓속의 압력이 점점 더 높아지는 것 같았다. 예전에 경험했던 것보다 훨씬 더 큰 통증이 느껴졌다. 코를 꽉 움켜쥐고 이퀄라이징을 해보려고 했지만 뜻대로 되지 않았다. 부비강에 채웠던 공기의 부피가 내 몸의 나머지 부분처럼 절반으로 줄었기 때문이다. 폐도 완전히 텅 빈 것 같았지만, 이런 기분이 착각에 불과하다는 것은 테드 하티에게 훈련을 받을 때 이미 배웠다. 폐에는 아직 쥐어 짜낼 공기가 충분하다.

로프를 놓아버리긴 했지만 한순간도 로프 주위에서 벗어나지 않았다. 나는 다시 왼손으로 로프를 잡고 하강을 멈추었다. 그리고 부비강 안의 공기를 다시 팽창시켜서 귀의 통증을 조금 완화시키려고 몇 피트 후진했다. 다시 한번 코를 꽉 움켜쥐고서 폐에서 머리로 공기를 밀어올렸다. 삑 소리와 함께 귀가 열리면서 '펑', 이퀄라이징에 성공했다. 왼손으로 잡았던 로프를 놓고 나는 다시 한번 킥을 하고 아래로 더 깊이 내려갔다.

가슴과 다리, 발 그리고 핀이 차례로 로프 끝에 매달아놓았던 웨이트 벨트를 지날 때까지 하강했다. 공기 중에서 깃털이 떨어지는 것과 비슷한 속도로 하강하고 있었다. 이제 내 앞으로는 더 이상 로프가 보이지 않았다. 사방이 온통 네온 파랑 빛깔이었고, 그 빛깔은 무한정 계속될 것 같았다.

마음속에서 이 낯선 공간을 이대로 계속 탐험하고 싶다는 욕구가 일었다. 경련이 일어날 것 같은 징조도, 숨을 쉬어야 한다는 외침도 없었다. 오한도 없었고 심지어 물속에 있다는 자각마저 들지 않았다. 하지만 이 기분이 프리다이버에게 승부욕을 자극하는 유혹의 속삭임이라는 것을 나는 알고 있었다. 그 목소리는 내게 말하고 있었다. '더 내려가.' 하지만 나는 지금 승부욕 때문에 여기까지 내려온 것이 아니라는 사실도 알았다.

나는 무릎을 잡고 몸을 둥글게 말았다. 그리고 오른쪽 핀을 가볍게 튕겨서 천천히 공중제비를 돌 듯 몸의 방향을 틀었다. 세상은 거꾸로 뒤집혔고, 수면에서 느꼈던 현기증이 다시 느껴졌다.

마치 내가 지금까지 심해의 로프 끝에서 부유하던 게 아니라 하늘 높은 곳에 떠 있다가 땅으로 떨어질 채비를 하는 기분이 들었다. 나는 킥을 해서 몇 피트 위로 올라가 이번에는 오른손으로 웨이트 벨트를 붙잡고, 잠시 매달려 있었다.

처음 몇 번 로프를 당길 때는 힘이 좀 들었다. 9만 킬로그램의 물이 위에서 짓누르며 내 몸을 아래로 밀고 있으니 당연했다. 로프를 몇 번 힘껏 당기고 킥을 더 세게 몇 번 차면서 나는 다시 중력 제로 지점으로 돌아왔다. 그때부터는 로프를 당기기가 훨씬 더 수월해졌다. 로프 끝 수심에서 사라졌던 폐와 머릿속의 공기가 놀랍게도 회복되었다. 누군가 펌프로 내 가슴을 팽창시켜 준 것 같은 기분이 들었다. 상승할 때는 이퀄라이징이 필요 없다. 머릿속에서 팽창한 공기가 자동으로 이퀄라이징을 해주기 때문이다. 더욱 신기한 것은 내가 원하는 만큼 빠른 속도로 상승할 수 있다는 점이었다. 모든 인간과 대부분의 포유류의 몸이 그렇듯, 내 몸은 심해 잠수를 하는 동안 일어나는 산소와 질소의 치환을 처리하도록, 즉 마스터 스위치의 방아쇠를 당기도록 잘 적응되었다.

나는 두 손으로 로프를 당기면서 더 힘차게 핀을 찼다. 나를 심해로 당겼던 그 보이지 않는 손이 이번에는 나를 수면으로 밀어주고 있었다. 하강할 때보다 두 배나 빠르게 상승했다. 중력이 부력보다 더 강해진 지점을 지났다.

로프의 상단부 근처에 이르렀을 때 위쪽을 바라보니 수면이 어렴풋이 빛나고 있었다. 부낭과 보트 바닥까지 20피트도 남지 않았다. 폐 속의 공기는 또다시 세 배로 팽창했다. 폐 안에서 뭔가 살아 있는 생명체가 밖으로 나오려고 애 쓰는 기분이었다. 나는 입을 열고 목구멍의 후두개를 이완시켰다. 그러자 입에서 공기 방울 구름과 수증기가 흘러나왔다. 몇 초 뒤, 내 머리가 수면 위의 대기 속으로 솟아올랐다. 물을 뱉어내고 신선한 공기를 마신 뒤에 눈을 몇 번 깜빡거리자 알전구 같은 환한 아침 햇살이 두 눈 가득 들어왔다.

얼굴에 홍조도 없었고, 위가 떨리는 느낌도 없었다. 공기를 벌컥벌컥 마시고 싶은 욕구도, 귀의 통증도, 욱신거리는 두통도, 현기증도 없었다. 아무런 통증도 고통도 없었다.

마셜과 프린슬루는 내게서 몇 피트 떨어진 곳에 떠 있었다. 프린슬루는 내 잠수 과정을 빠짐없이 지켜보았다. 그녀는 아무 말도 하지 않았다. 내게 축하한다는 말도 얼마나 깊이 잠수했었느냐는 질문도 하지 않았다. 심지어 그녀는 자신이 나를 모니터링하고 있었다는 사실도 까먹은 듯했다. 우쭐거리게 할 박수 소리도 없었고 잠수를 평가할 심판도 없었다. 경기가 아니었으니까.

우리 셋은 아무 말도 하지 않고 숨을 쉬는 데 열중했다. 그리고 누가 먼저랄 것도 없이 몸을 돌려 심해의 문을 향해 다시 아래로 내려갔다.

-28700

수심 2만8700피트

우리가 연니軟泥가 되려면 아주 오랜 시간이 걸린다. 먼저 죽어서 무엇인가에게 먹혀야 한다. 그다음엔 그 무엇인가가 배설을 하고, 그 배설물을 또 다른 유기체가 먹고, 이 유기체가 배설한 것을 또 다른 유기체가 먹고, 배설하고, 먹고…… 이 사이클은 아마도 우리의 유해가 지구의 대양 위를 비추는 별들처럼 수백만 개의 분자로 나뉘어 퍼질 때까지 계속될 것이다. 그러고도 연니가 되려면 수천 년을 기다려야 한다.

그러나 어느 순간, 유해 중 아주 조그마한 조각이 먹이사슬에서 떨어져 나와 바다로 떨어질지도 모른다. 조각은 바닥으로 가라앉는 동안 주변에 있던 식물성플랑크톤의 먹이가 되어 더 작은 조각들로 분해될 것이다. 며칠 뒤 이 플랑크톤들이 죽으면 무엇이 됐든 우리 유해의 마지막 조각은 소량의 분자 덩어리이겠지만, 이 미세한 플랑크톤의 유골 속에 고이 간직될 것이다. 그리고 이 유골은 헤아릴 수 없이 많은 또 다른 미생물 유골과 함께 끝없이, 끝없이 눈송이처럼 바다 밑바닥으로 떨어질 것이다.

이런 파편들의 대부분은 수심 1만 피트에 이를 때까지 또 다른 먹이사슬 속에서 순환할 것이다. 그중 단 1퍼센트만이 2만 피트 아래의 해저에 닿는다. 너무 어둡고 음산해서 과학자들은 이곳을 지옥을 의미하는 그리스어 하데스Hades에서 이름을 따 '초심해대hadal zone'라고 부른다.

여기서부터는 더 고된 과정이 시작된다. 미세한 유골에 간직된 우리 유해의 마지막 잔해가 연니가 되려면 일단 심해의 바닥에 안착하고, 그 후로는 어떤 방해도 받지 않고 수백, 수천, 어쩌면 수백만 년 동안 단단하게 다져져야 한다.

이 미생물 유골들로 이루어진 연니는 대양 바닥의 절반 이상을 덮고 있다. 수십억 년 전, 대양은 이 행성을 덮고 있었고, 연니는 지금 우리가 땅이라고 부르는 부분들을 감싸고 있었다. 주변을 둘러보면 우리는 온 사방에서 그 유골들을 볼 수 있다.

기자의 피라미드들은 석회암으로 건설되었는데, 석회암은 연니로 이루어진 퇴적암이다. 런던의 국회의사당과 엠파이어스테이트 빌딩도 석회암으로 건축되었다. 여러분 집 앞의 콘크리트 인도도 연니로 가득 차 있다. 아, 그리고 어쩌면 오늘 아침에도 당신은 연니로 양치질을 했을지도 모르겠다.(치약의 흰색 물질은 탄산칼슘이 주성분인데, 백악질의 이 성분에는 고대 식물성플랑크톤 유골이 일부 섞여 있다.) 지금 이 글을 전자책 단말기로 읽고 있다면 바로 그 단말기에 전원을 공급하는 컴퓨터칩의 실리콘, 즉 규소도 수백만 년 전 해저에 퇴적된 규산질의 미생물 껍질들에서 얻은 것이다. 지금 우리의 세상은 미세한 생물들의 뼈 위에 건설된 셈이다.

더그 바틀릿은 연니에 대해서라면 모르는 게 없을 만큼 정통한 사람이다. 동그란 안경을 끼고 마른 체격에 눈매가 다정한 바틀릿은 내게 스테인리스 튜브 하나를 내밀었다. 고압으로 밀봉된 그 튜브에는 해수 시료가 들어 있었다. 캘리포니아주 라호이아의 스크립스 해양연구소의 해양미생물 유전학자인 바틀릿은 벌써 25년 째 연니를 연구하고 있다. 연니를 수집하는 데만 10년을 보냈다.

우리는 그의 사무실을 나와 복도 끝에 있는 냉장실로 들어갔다. 냉장실에는 전 세계 대양의 심해에서 채취한 해수 시료 수십 개가 튜브에 담겨 보관되어 있다. 튜브들 안에는 언젠가는 연니가 될 식물성플랑크톤과 미생물이 담겨 있다. 각각의 튜브는 시료 채취 장소와 비슷한 압력 상태에서 보관되는데, 그중에는 압력이 1만5000프사이 가까이 되는 것도 있다. 이런 고압의 조건 덕분에 바틀릿과 그의 팀은 미생물을 본래의 형태 그대로, 서식지와 동일한 환경에서 연구할 수 있다. 필요할 경우에는 미생물 배양조직을 만들기도 하는데, 내가 보기에는 심해 버전의 요구르트 같다.

"수백만 개의 별이 빛나는 하늘을 관찰하는 천문학자와 비슷하죠." 바틀릿이 말했다. "우리도 수십억 개의 대상을 관찰하거든요. 망원경 대신 현미경으로 말입니다." 그는 다른 형태의 생물들보다 미생물의 생물다양성이 훨씬 더 크다고 말한다. 그리고 우리 행성의 미생물 서식지 중에서도 심해는 그 다양성이 가장 큰 곳이라고 설명한다. 바로 이 다양한 미생물들을 연구함으로써 바틀릿과 그의 팀은 수십억 년 전에 지구가 어떻게 형성되었는지, 이 행성 최초의 생명은 어디서 시작되었는지, 또 가능하다면 모든 생명의 종착지가 어디인지까지 밝히고자 한다.

그들 앞에도 어려운 문제들이 있다. 그중에는 해답을 품고 있는 장소로 인해 더욱 풀기 어려운 문제도 있다. 수심 2만 피트에서 3만5814피트에 이르는 초심해층, 세상에서 가장 깊은 곳이자 바틀릿에게는 가장 귀중한 시료들이 모여 있는 곳이 바로 그 장소다. 이곳에 가기 위해서 바틀릿과 그의 팀은 무인 로봇 두 대를 제작했다. 착륙선이라고 부르는 이 로봇들이 해저로 내려가 고압 용기에 심해의 물을 빨아들이면서 시료를 채취한다. 가끔은 기상천외한 동물들이 포획될 때도 있다. 심해로 착륙선을 내려보내는 일은 비교적 쉽다. 그냥 떨어뜨리기만 하면 나머지는 중력이 알아서 한다. 하지만 착륙선을 회수하는 일은 얘기가 좀 다르다. ROV나 잠수구 또는 심해 연구 선박들과 달리, 착륙선은 본선本船과 밧줄로 연결되어 있지 않을 뿐 아니라 모터도 없다. 그 대신 착륙선은 웨이트와 에어 포켓으로 구성된 독특한 시스템을 이용한다.

바틀릿 팀의 엔지니어들이 곧 있을 탐사를 위해 제작 중인 착륙선은 바닥에 부착된 6킬로그램짜리 웨이트 플랫폼을 이용해 해저로 내려간다. 착륙선이 해저에 닿으면 엔지니어들은 갑판에 있는 장치(음파탐지기의 일종)로 착륙선에 해수를 흡입하여 고압 용기에 담으라는 음향 신호를 전송한다. 바틀릿은 착륙선이 해저의 어느 부분에 닿았는지 알지 못한다. 또한 착륙선을 회수하기 전에는 어떤 시료를 채취했는지도 알 수 없다. 말하자면 눈 먼 상태로 로봇을 작동하는 셈이다.

대략 한 시간쯤 시료를 채취하고 나면 엔지니어들은 웨이트 플랫폼을 제거하라는 신호를 착륙선에 보낸다. 웨이트 플랫폼을 제거한 후 수면으로 상승하는 동안 착륙선 옆에 부착된 전파 송신기가 본선으로 좌표를 전송하면, 본선은 좌표의 대략적인 위치를 파악해 물 밑을 주시하면서 이동한다. 밤이라면 착륙선에 부착된 표지등이 보일 테니 찾기가 좀 더 수월할 것이다.

하여튼 착륙선 샘플링은 이런 식으로 진행된다. 착륙선을 이용한 초심해층 연구는 비교적 최신 과학이고, 이 연구에 종사하는 사람도 전 세계를 통틀어 대여섯 명뿐이다. 일은 언제라도 틀어질 수 있다. 바틀릿이 심해 시료를 채취한 지난 10년 동안에도 착륙선이 부서진 적이 여러 번 있었고 고장이 나거나 유실된 경우도 있었다. 심지어 이 세 가지 사고가 동시에 일어난 적도 있었다.

초심해층 연구를 어렵게 만드는 또 한 가지 걸림돌은 세계에서 가장 깊은 곳으로 꼽히는 바다는 대부분 육지에서, 그것도 다른 나라의 해안에서 수백 킬로미터 떨어져 있다는 것이다. 수백 킬로그램의 심해 물질이 담긴 용기를 바다 건너 괌이나 멕시코의 작은 항구까지 수송하는 것은 그 자체로도 악몽이지만 비용 역시 어마어마하다. 물론 그 전에 그런 깊은 바다까지 도착하는 데에도 선박 대여비와 연료비를 포함해 수천 달러의 여행 경비가 든다.

이 모든 점을 감안하니, 비로소 초심해층 연구에 종사하는 과학자가 왜 그렇게 적은지, 아울러 이 분야의 프리랜서 연구자가 왜 전무한지도 이해가 된다. 시민 과학자들에게는 이런 규모의 자금이 없다. 대다수의 대학과 연구 단체도 사정은 별반 다르지 않다. 바틀릿은 세계에서 가장 명망 있고 존경받는 해양 미생물학자로 꼽힌다. 게다가 그는 세계 최고의 해양연구소에서 연구한다. 그럼에도 바틀릿과 그의 팀이 심해의 '실험실'로 연구하러 나가는 횟수는 1년에 한 번꼴이다. 그것도 운이 좋아야 말이다.

여섯 달 전에 초심해층 연구가 실제로 얼마나 어려운지를 살짝 엿볼 기회가 있었다. 전화로 인터뷰하던 중에 바틀릿은 귀항 길에 세계에서 가장 깊은 마리아나 해구, 거기서도 수심이 3만5000피트가 넘는 시레나 해연海淵에 들러보고 싶다는 말을 했다. 그러면서 내게 합류를 제안했다. 내가 그 탐사를 계획하는 데 도움을 줬으면 하는 눈치였다. 일단 우리는 그해 여름 중으로 대략적인 날짜를 정했고, 나는 전화를 돌리기 시작했다.

바틀릿의 설명에 따르면, 시레나 해연이 가진 장점은 괌 제도의 북태평양 섬에서 불과 145킬로미터 거리에 있다는 점이다. 캘리포니아의 우리 집에서 비행기로 '고작' 25시간 거리다. 하지만 그와 동시에 내가 알아낸 단점은 괌이 미국령이라는 점이다. 다시 말해서 그곳에 정박하는 모든 선박은 반드시 미국의 해양법과 규제를 준수해야 한다. 이는 연구용 선박을 임대하기가 불가능하다는 뜻이기도 했다. 일주일 만에 내게 꽤 긴 전화 요금 고지서가 날아왔다. 합법적으로 탐사 여행을 할 수 있는 선박을 수소문하기 위해 괌에 있는 모든 항만 관리자와 요트 클럽에 전화를 걸었으니 당연한 일이었다.

착륙선과 우리 다섯 팀원을 태울 만큼 규모가 큰 대부분의 어업용 선박들은 연료 적재력도 없고 편의시설도 갖추지 않았다. 극소수의 선박을 찾아냈으나 그마저 일반 시민을 태우고 해안에서 30여 킬로미터 이상 출항을 금지하는 미국의 해양법에 저촉되었다. 예인선 같은 상업용 선박들은 연료 적재력도 있고 허가도 받을 수 있지만, 그야말로 어마어마한 비용이 든다. 한 예인선 선장은 내게 이틀 임대료로 8만 달러, 바틀릿에게 허락된 예산의 열 배쯤 되는 금액을 요구했다.

돌파구를 찾지 못하고 헤매기를 몇 달, 마침내 성미 급한 한 남자와 연락이 닿았다. 노먼이라는 이름의 그 남자는 괌에서 북쪽으로 약 160킬로미터 떨어진 사이판섬에 살고 있었고, 길이 15미터가 조금 넘는 낚싯배 '슈퍼 에메랄드'를 소유하고 있었다. 노먼은 괌의 선장들이 따르는 규제들을 준수할 필요가 없었다. 아니 적어도 그의 말은 그랬다. 몇 천 달러의 착수금만 입금해주면 우리를 원하는 곳 어디로든 데려다주겠다고 했다.

다만, 한 가지 경고해둘 것이 있다고 했다. 슈퍼 에메랄드 호가 난파선이었다는 것이다. 선체는 비바람에 시달려 낡고 패였으며, 냉장시설은커녕 조리실도 침대도, 하다못해 의자도 없었다. 철제 마룻바닥에 누워 돌돌 만 수건을 베고 담요만 덮고 자야한다. 음식은 모두 차가운 채로, 화장실 앞에 있는 낡은 아이스박스 위에 올려놓고 책상다리를 하고 둘러앉아 먹어야 한다. "그 정도는 완전 기본이죠." 지지직거리는 수화기 너머로 노먼이 말했다. 마지막으로 노먼은 슈퍼 에메랄드가 우리의 여행을 충분히 감당할 수 있을 거라고 내게 자신 있게 못 박았다. 하루에 3500달러면 거의 헐값이었다. 나는 그 자리에서 슈퍼 에메랄드 호를 예약했다.

출발을 3주 정도 앞두었을 때, 바틀릿 팀의 수석 엔지니어가 느닷없이 스크립스 연구소를 그만두었다. 나중에 안 사실이지만, 그 엔지니어는 3년 전 시레나 해연을 탐사할 때 슈퍼 에메랄드 호를 타본 적이 있었다.(소문에 따르면 그는 목에 칼이 들어와도 그 배에 절대로 발을 올리지 않겠다고 맹세했다고 한다.) 엔지니어가 없으면 착륙선을 조종할 수 없고, 착륙선이 없으면 굳이 슈퍼 에메랄드 호에 우리 목숨을 맡길 이유도 없었다.

바틀릿이 엔지니어 한 명을 새로 구하면서 잠시나마 상황이 나아지는 것 같았다. 나는 9월로 바뀐 탐사 일정에 맞추어 슈퍼 에메랄드 호를 재계약했다. 북태평양의 가을은 태풍 시즌이기 때문에 자칫하면 바다에서 지옥의 한 달을 보낼 수도 있었지만, 겨울에 비하면 아무것도 아니다. 올해 안에 시레나 해연을 탐사하려면 그런 위험쯤은 감수해야 했다. 하지만 또다시 출발에 임박해서 바틀릿에게서 비보가 날아들었다. 스크립스 연구소의 재정이 바닥났다는 것이다. 이번 탐사는 물론이고, 다시는 탐사의 '탐' 자도 입에 올리지 못할 상황이 되었노라고 그는 설명했다.

그러다가 대반전이 벌어졌다. 마지막 메일을 주고받은 지 한 달쯤 되었을 때, 푸에르토리코 해구로 일주일간 탐사 여행을 계획하고 있던 세계 최고의 심해 연구 선박인 E/V 노틸러스 호의 연구팀이 바틀릿에게 합류를 제안한 것이다.

푸에르토리코 해구는 대서양에서 가장 깊은 해구로, 아이티에서 소앤틸리스 제도까지 동서로 800여 킬로미터에 걸쳐 구불구불 이어져 있고 제일 깊은 곳은 수심이 2만8700피트나 된다. 일반인은 노틸러스 호에 24시간 이상 승선할 수 없다는 규정이 있기 때문에 나는 왕복 항해를 포함한 열흘의 해구 탐사 일정 전부를 함께하는 것은 꿈도 꿀 수 없었다. 궁리 끝에 우리는 내가 따로 보트 한 척을 빌려서 세 시간가량을 달려가 푸에르토리코의 북서 해안에서 약 65킬로미터 떨어진 모나리프트 해구에서 바틀릿 일행과 노틸러스 호를 만나기로 했다. 적어도 나는 바틀릿과 그의 팀이 착륙선을 해저로 내려 보내고 회수하는 과정을 하루 종일 지켜볼 수 있을 것이다. 그러고 나면 다시 나 혼자 육지로 돌아올 계획이었다.

물론 이것이 최선의 시나리오는 아니었지만, 거의 1년에 걸친 노력 끝에 초심해층 연구가 진행되는 과정을 가장 가까이서 지켜볼 수 있는 절호의 기회인 것만은 분명했다.

3차원 지형도에서 높기로 이름 난 세계의 산들을 (고도의 차이를 확인하고 느끼면서) 보고 있다고 상상해보자. 모든 대륙에 산맥들이 누워 있는 것을 알 수 있을 것이다. 히말라야산맥에는 에베레스트와 K2가, 아프리카 대륙의 동부 해안에는 킬리만자로가, 프랑스의 알프스 산맥에는 몽블랑이, 알래스카 산맥에는 매킨리(현재는 디날리)라는 거대한 산이 솟아 있다. 자, 이번에는 이 높은 산들이 아래를 향하도록 지도를 거꾸로 뒤집어 보자. 앞에서 열거한 높은 봉우리들이 순식간에 가장 깊은 해구들로 둔갑할 것이다. 해저는 이처럼 거꾸로 뒤집은 지형도와 닮았다. 해저 곳곳에 깊게 패인 해구들은 바로 과학자들이 초심해층이라 부르는 곳이다.

초심해층 해구들은 지상의 높은 봉우리들과 마찬가지로 지구 전반에 흩어져 있으며, 짧게는 수백 킬로미터에서 길게는 수천 킬로미터까지 이어져 있다. 다시 말해서 초심해층은 연속해서 뻗어 있는 단일한 지역이 아니다. 이 비연속적 지역들을 초심해층이라는 하나의 명칭으로 부를 수 있는 까닭은 이 지역들이 모두 수심 2만 피트에서 3만5814피트 사이에 위치해 있다는 공통점 때문이다.

초심해층의 수압은 수면의 600배에서 1050배에 이른다. 그곳까지 헤엄쳐 내려간다면(절대 그럴 수 없지만) 대충 계산해도 머리 위에 에펠탑을 올려놓은 것 같은 압력을 느낄 것이다. 수압은 그렇다 치고, 빙점에 가까운 온도도 속수무책이다. 물론 이곳엔 빛도 없고 산소마저 희박하다.

생명의 기본 조건들인 햇빛과 산소와 열 중 어느 것 하나 만족스럽지 못한 곳이지만 이 깊은 물속에서도 생명은 끈질기게 살아가고 있다.

2011년, 바틀릿과 한 연구진은 조명등과 비디오카메라를 장착한 착륙선을 시레나 해연에서 수심 3만5000피트에 이르는 곳에 내려보냈다. 심해 새우나 퇴적암, 약간의 연니를 발견할 것으로 예상했지만, 실제로 그들이 발견한 것은 어른 주먹만 한 거대 아메바 군락들이었다. 아메바들은 1970년대에 유행한 턱시도 셔츠의 러플과 닮은 주름진 부속지附屬肢로 덮인 채 해저에 부착되어 있었다.

크세노피어포어라는 이름의 이 생명체는 폭이 10센티미터가 조금 넘는데, 그 각각이 모두 하나의 세포다. 크세노피어포어는 뇌나 신경계가 없지만 수백만 년 쌓인 암설층 위를 돌아다니면서 먹이를 잡아먹고 산다. 겉으로 보기에는 자신의 몸을 짓누르는 1만5000프사이의 압력에도 끄떡없는 것처럼 보인다. 더욱 기묘한 장면은 영상 중반 즈음에 해파리 한 마리가 한가롭게 헤엄치는 장면이었다. 중반이라고 했지만, 사실 그 수심도 지금까지 녹화된 가장 깊은 곳이었다.

바틀릿은 이 세상에서 가장 깊은 바다에 살고 있는 가장 커다란 단세포 동물을 발견한 것이었다.

그리고 1년 후인 2012년에는 스코틀랜드 애버딘대의 초심해층 연구팀이 세계에서 두 번째로 깊은 뉴질랜드 앞바다의 케르마데크 해구에서 수심 2만2000피트 아래로 금속 덫을 내려보냈다. 몇 시간 뒤에 건진 덫에는 집고양이만 한 알비노 새우 한 마리가 걸려 있었다.

이 연구팀은 2008년에도 수심 2만5000피트에서 30센티미터에 가까운 꼼치과의 물고기 떼를 발견했다. 새 날개처럼 생긴 지느러미를 지닌 이 물고기는 눈 대신 진동을 느끼는 머리 위의 감각기관을 이용해 진로를 감지한다.

아주 최근까지도 과학자들은 초심해층이 불모지라고 생각했다. 생물이 있다고 하더라도 그보다 수심이 얕은 물에 사는 생물들과 비슷한, 점착성을 띠거나 앙상하거나 작고 볼품없고 생기도 없는 극소수의 생물만이 존재할 것으로 생각했다. 하지만 꼼치과의 물고기들은 제법 통통했고 기쁜 듯한 표정으로 해저를 활발하게 헤엄쳐 다니면서 서로 가족처럼 상호작용하고 있었다.

그곳에 생명이 그토록 많을 줄은 아무도 예상하지 못했다. 그 깊은 심해를 본 사람이 아무도 없었으니 그럴 만도 했다. 바틀릿과 애버딘의 연구팀이 사용하는 기술은 최신 기술인 데다 착륙선도 초심해층 연구를 위해 특수하게 설계된 것이다.

이 글을 쓰고 있는 지금까지 과학자들은 초심해층에서 최소한 700여 종의 심해 동물을 발견했다. 그중 약 56퍼센트가 초심해층에서만 서식하는 종으로 알려졌다. 의미인즉, 바다의 다른 곳에서는 이것들을 찾아볼 수 없다는 것이다. 게다가 초심해층 고유종 가운데 3퍼센트만이 다른 지역의 초심해층에서도 발견되었다.

이것은 세계의 여러 대양이 품고 있는 초심해층들이 제각기 고유한 형태의 생명들을 보유하고 있다는 의미다. 더 나아가 그 각각의 생명들이 수백만 년 동안 독자적인 진화의 경로를 밟아왔다는 의미이기도 하다.

그것은 마치 검은 대양 8킬로미터 아래에 묻혀 있던 갈라파고스 제도가 세상의 나머지 부분들과 동떨어진 채 경이롭고 독자적인 방식으로 생명을 진화시킨 것과 같다. 그리고 갈라파고스 제도의 생명처럼, 초심해층 생명들도 우리가 조명을 비출 때까지 수백만 년을 그곳에서 기다리고 있었다.

이 '세상 안의 또 다른 세상 이론'의 가부가 밝혀지려면 좀더 광범위한 심해 연구가 이루어져야 한다. 하지만 애석하게도 이 분야에는 사람이 많지 않다. 바틀릿과 애버딘의 연구 팀을 빼면, 2만 피트 아래 살고 있는 생명을 탐험하기 위한 자원과 관심을 가진 연구자는 전 세계를 통틀어도 손가락에— 바틀릿은 정말로 한 손의 손가락으로 꼽으면서 이름을 댔다— 꼽을 정도다.

현재까지도 초심해층은 이 행성에서 연구의 손길이 닿지 않은 가장 먼 생태 서식지로 남아 있다.

바틀릿과 만나기 위해 임대한 배에 승선하기 이틀 전, 나는 푸에르토리코의 올드산후안 항구에서 출항 전에 프로모션 투어를 준비 중인 노틸러스 호를 기다리고 있었다. 갑판은 활기가 넘쳤다. 셔츠와 야구 모자를 파란색으로 맞춰 입은 구릿빛 피부의 남자들이 손발을 척척 맞춰 분주히 움직이고 있었다. 기름투성이의 엔지니어 한 명이 뭔지 모를 커다란 기계를 손보고 있었다. 선원 한 명은 아나콘다만큼이나 두툼한 로프를 한 치의 오차도 없이 동그랗게 말고 있었다.

프로모션 투어는 로드아일랜드대에서 온 해양학자이자 이번 푸에르토리코 해구 탐사의 책임자이기도 한 드와이트 콜먼이 이끌었다. 지난 몇 주 동안 이미 나는 콜먼과 여러 차례 메일을 주고받으면서, 육로로 100킬로미터를 넘게 달리고 항구에서도 40해리나 떨어진 모나리프트에서 노틸러스 호와 접선하기 위한 구체적인 계획을 세웠다.

여기까지의 진행 상황은 수포로 돌아간 시레나 해연 탐사 계획과 섬뜩할 만큼 비슷했다. 몇 주 전 내가 임대해놓은 배의 선장은 바다가 상당히 험악하고 모나리프트까지 가기에 자신의 배는 너무 작아서 위험하다면서 발을 뺐다. 차라리 없던 일로 해버릴까 고민하던 차에, 어젯밤 우연히 1200달러를 더 얹어주면 모나리프트까지 데려다주겠다는 또 다른 배의 선장을 만났다.

적지 않은 금액이었지만 이미 푸에르토리코까지 10시간을 날아왔고 이번이 아니면 내 평생 초심해층 탐사를 볼 기회가 없을 것 같아서 울며 겨자 먹기로 그 배를 예약했다.

우여곡절 끝에 여기까지 왔지만 다른 데서 또 문제가 터졌다. 며칠 동안 바틀릿에게서 아무런 소식도 없었고, 노틸러스 호에 승선하고 20분이 지나도록 바틀릿이 보이지 않았다, 하는 수 없이 콜먼에게 바틀릿이 어디에 있느냐고 물어봤다.

"바틀릿 씨요? 죄송해요. 배에 워낙 사람이 많아서 잘 모르겠네요." 콜먼은 고개를 뒤로 젖히더니 뭔가 생각난 듯 놀란 표정을 지었다. "성함이 더그라고 하셨죠? 더그 바틀릿?"

노틸러스 호에는 11명의 관리부원과 31명의 과학자 및 연구보조원들이 승선해 있었다. 바틀릿은 이번 탐사의 수석 연구원 중 한 명이었다. 콜먼이라면 그를 모를 리 없었다. 그런데 그가 바틀릿을 모르다니!

콜먼은 바틀릿을 모를 수밖에 없었다. 왜냐하면 바틀릿은 노틸러스에 승선하지 않았기 때문이다. 바틀릿은 결국 나타나지 않았다.(나중에야 알았지만 바틀릿은 강의 일정 때문에 올 수 없었다.) 대신에 바틀릿은 다른 연구원 두 명을 노틸러스 호로 파견했다. 콜먼은 노틸러스 호의 선원 모두 모나리프트에서 내가 합류할 것을 알고 있으며 최대한 나의 일정을 맞추겠노라고 나를 안심시켰다. 다소 안심이 되긴 했지만 불안이 완전히 가시지는 않았다. 5500킬로미터를 날아 왔는데 인터뷰하면서 탐사에 대한 설명을 듣기로 약속했던 당사자가 없다는 것은 대충 웃어넘길 문제가 아니었다. 왠지 이번 초심해층 탐사에도, 지난해에 시도했다가 어긋난 탐사 계획의 데자뷔인 것처럼 벌써부터 불길한 예감이 들기 시작했다.

프로모션 투어가 시작되었다. 콜먼은 지역 언론사에서 나온 네 명의 기자와 나를 데리고 트랩을 지나 노틸러스 호의 뒤쪽 갑판으로 올라갔다. 크기와 모양이 고철 덩어리로 만들려고 짜부라뜨린 자동차와 비슷한 가로세로 1.5미터 크기의 강철 덩어리 옆에서 우리는 걸음을 멈추었다. 노틸러스 호에 실린 두 대의 ROV 중 하나인 헤라클레스였다. 노틸러스 호가 푸에르토리코 해구를 따라 항해하는 동안 엔지니어들이 헤라클레스를 해저로 내려보낼 예정이다. 헤라클레스 정면에 위협적으로 돌출된 1미터 남짓한 기계손은 해저의 물체를 포획하고, 나중에 분석할 수 있도록 선체 내부의 용기에 저장할 것이다. 선체 외부에 장착된 대여섯 개의 카메라들은 고화질 영상을 녹화하고 수천 피트의 케이블을 통해서 노틸러스 호의 관제실로 전송한다. 우리가 곧 둘러볼 관제실은 관측 갑판 2층에 위치해 있었다.

"이곳에서는 정말 많은 활동이 이루어집니다." 벽 끝에서 끝까지 온갖 장비들로 채워진 두 평 남짓한 어두운 방으로 우리를 안내하면서 콜먼이 말했다. 우리 앞에 있는 열한 대의 커다란 모니터에서는 지난 몇 년 동안 헤라클레스의 카메라에 포착된 기괴한 심해 생물들의 영상이 흐르고 있었다. 모니터 아래로는 키보드 네 개, 조이스틱 세 개, 의자 세 개, 초 단위로 깜빡이는 큼지막한 LED 시계 그리고 이 방의 운영자인 창백한 얼굴의 엔지니어 두 명이 있었다. 이 엔지니어들 왼쪽으로 다시 아홉 대의 모니터와 키보드와 조이스틱이 몇 개 나란히 있었다. 또 다른 작업을 수행하는 이 책상에는 얼굴이 훨씬 더 창백한 엔지니어가 앉아 있었다. 몇 주간 지속될 이번 탐사에서 ROV가 배치되고 작업을 수행하는 동안 이 엔지니어들은 4시간마다 교대로 통기도 잘 안 되고 햇빛도 들지 않는 이 좁은 공간을 지켜야 한다. "완전히 진 빠지는 일이죠." 엔지니어 한 명이 말했다. 그는 잠시 미소를 짓고는 다시 컴컴한 구석 자리로 돌아가 앉았다.

이 관제실이 다른 심해 연구 선박의 관제실과 차별화된 점을 콜먼이 강조했다. 그의 설명에 따르면, 노틸러스의 관제실에는 위성 시스템이 갖춰져 있어서 전 세계 어느 곳으로든 고화질 영상과 오디오 파일을 전송할 수 있다. 탐사가 진행되는 동안 해저에 있는 ROV들로부터 전송받은 데이터뿐 아니라 관제실 엔지니어들 사이의 대화까지도 24시간 내내 노틸러스라이브 웹사이트NautilusLive.org에서 생중계된다.

"우리가 관제실에서 보고 듣는 모든 것을 누구나 온라인으로 보고 들을 수 있습니다." 콜먼이 말했다. 엔지니어들이 수면 부족에 대해 불평하는 소리나 이따금씩 "이럴 수가! 세상에 저거 봤어?"라고 외치는 소리도 들을 수 있겠다는 생각이 들었다.

우리는 노틸러스 호의 침실과 실험실들, (아무도 이용할 것 같지 않은) 체력 단련실과 식당을 차례로 둘러보고 갑판으로 돌아왔다. 프로모션 투어는 끝났다. 배에서 내리기 전에 나는 콜먼과 악수하고 이틀 후에 만나자고 말했다.

"그래야죠!" 콜먼은 우리를 데리고 트랩을 걸어 나와 다음번 투어 팀을 데리고 노틸러스 호로 돌아갔다.

'1970년대의 더그 바틀릿'은 심해 연구라는 과학 분야를 개척한 사람들 중 한 명인 오리건주립대의 해양지리학자 잭 콜리스였다.

1977년에 콜리스는 연구용 선박 한 척을 임대해 에콰도르 해안에서 320킬로미터 떨어진 갈라파고스 해구로 향했다. 지구의 용융한 핵으로부터 화학물질이 풍부한 초고온의 물과 용암을 게워내는 심해의 간헐온천인 열수 분출구를 찾기 위해 그는 바다 밑바닥을 샅샅이 훑기 시작했다. 콜리스는 열수 분출구들이 존재할 것으로 예측했으나 눈으로 확인한 적은 없었다. 사실 열수 분출구를 본 사람은 아무도 없었다. 콜리스는 최초의 발견자가 되고 싶었고, 갈라파고스 해구는 그에게 더 없이 훌륭한 출발점처럼 보였다.

열수 분출구 발견은 확실히 쉽지 않다. 열수 분출구들은 지구의 지각판이 뒤틀리면서 형성된 해저의 산맥들을 따라 여기저기 흩어져 있다. 해저 산맥들은 보통 7000킬러미터 이상 뻗어 있는데, 그 안에는 실로 엄청난 수의 열수 분출구가 있을 것이다. 열수 분출구들은 다닥다닥 붙어 있기도 하고 수십 킬로미터 이상 떨어져 있는 경우도 있다.

갈라파고스 해구에서의 첫날 아침, 콜리스의 선원들은 앵거스라는 이름의 ROV를 물속으로 내려뜨리고 첫 번째 잠수를 준비했다. 갑판에서 케이블이 풀리고 ROV가 가라앉기 시작하자 콜리스는 관측 갑판으로 걸음을 옮겼다. 앵거스가 1000, 2000, 3000피트를 지나는 동안 콜리스는 모니터에서 눈을 떼지 않았다. 수심 8000피트 가까이 이르자 온도계의 숫자가 급상승했다. 바다 아래에 뜨거운 물이 있다는 것은 열수 분출구가 가까이 있다는 의미이므로 좋은 신호였다.

엔지니어들은 앵거스에 장착된 카메라를 조종하여 일련의 사진들을 찍었다. 앵거스를 갑판으로 예인한 뒤에 엔지니어들은 수중 카메라에서 필름을 빼내어 임시로 만든 암실에서 곧바로 현상했다. 거친 흑백 사진에는 활발한 열수 분출구뿐만 아니라 게, 우리가 흔히 홍합이라고 부르는 말조개속의 생물들, 바닷가재들도 있었다. 납도 녹일 수 있는 400도에 가까운 바닷물 기둥 주변에 생명이, 그것도 엄청나게 많은 생명이 살고 있었다. 뜨거운 물줄기는 어마어마한 압력 때문에 수면에서처럼 수직으로 솟지 않았다. 앵거스가 찾아낸 것은 생명의 뜨거운 압력솥이었던 셈이다. 얼마 지나지 않아서 우즈홀 해양연구소에서 제작한 심해 잠수정 앨빈 호가 현장에 도착했다. 두 명의 조종사가 이 작은 잠수정에 탑승한 후 앵거스가 내려갔던 좌표를 따라 분출구를 향해 곧장 내려갔다. 수심 8000피트 지점에 이르자 역시나 온도계의 숫자가 가파르게 치솟았다. 조종사들은 개폐구 창을 내다보면서 부글거리며 증기를 내뿜는 흰색 암석의 노두를 향해 잠수정을 몰았다.

“심해가 사막과 비슷할 거라고 하지 않았나요?” 한 조종사가 지원 선박과 연결된 마이크에 대고 말했다.

“그랬죠.” 선원 한 명이 대답했다.

"글쎄요. 이곳엔 웬만한 해양 동물은 죄다 모여 있는걸요."[1] 조종사가 말했다.

앨빈 잠수정 정면에는 새우처럼 생긴 생물들을 비롯해서 알비노 게, 말조개, 바닷가재, 물고기, 말미잘과 조개가 우글거렸다. 모양은 막대사탕 같고 길이가 어른 손바닥만 한 이름 모를 줄무늬 벌레들이 들판에 자라는 밀처럼 해류에 이리저리 나부끼고 있었다. 콜리스는 이곳을 '에덴의 정원'이라고 불렀다.

육지의 과학자들은 콜리스의 보고서에 몹시 회의적인 태도를 보였다. 하지만 누가 그들을 탓할 수 있을까?

1977년까지만 해도 모든 생물은 햇빛이 없으면 안 된다는 게 정설이었다. 나무와 식물이 이산화탄소와 물을 생명활동에 필요한 연료로 전환하기 위해서는 태양에너지가 반드시 필요하다. 동물들은 바로 이 나무와 식물을 먹는다. 심지어 햇빛이 닿지 않는 땅속이나 바다 밑 수천 피트 아래에 서식하는 생물들도 위에 있는 태양에너지에 의해 생성된 영양분에 의지해서 살아간다. 그런데 콜리스의 보고서에 있는 생물들은 이 정설에 위배되었다. 콜리스와 그의 선원들은 새로운 종들을 찾아냈을 뿐 아니라 화학 작용에 의해 연료를 공급받는 완전히 새로운 생물계를 발견해낸 것이다. 과학자들은 이를 화학합성 생물이라고 불렀다.

에덴의 정원은 인류 역사에서 가장 의미심장한 과학적 발견의 하나로 인정받을 만했다.

화학합성 생물의 발견은 또 다른 매혹적인 발견을 이끌어냈다. 그것은 바로 열수 분출구가 이 생물들에게 임시 숙소에 불과하다는 사실이었다. 분출구들은 어느 시점이 되면 수명을 다해 꺼진다. 또 새로운 분출구들이 느닷없이 뚫리기도 한다. 화학합성 생물이 생존하기 위해서는 화학물질과 뜨거운 물이 반드시 필요하다. 새우와 같은 일부 생물들은 필요에 따라 광합성 환경과 화학합성 환경을 번갈아 이용할 수 있는 반면에, 말조개속과 같은 열수 생물들은 그럴 수 없다.(말조개는 거의 이동하지 않는다. 이들이 다른 열수 분출구를 찾아서 수백 또는 수천 킬로미터를 이동한다는 것은 절대 불가능하다. 아마 도중에 모두 죽을 것이다.)

그럼에도 어찌된 영문인지 새롭게 발견되는 분출구 마을마다 말조개들과 게, 서관충을 비롯한 열수 생물들이 계속 등장했다. 연구자들은 전 세계 대양의 해저를 따라 열수 분출구들이 못해도 수백 개는 있으며 그 대부분이 아직 우리에게 모습을 드러내지 않았다고 추산한다. 현재까지 진행된 극소수의 탐사에서도 과학자들은 600여 종의 화학합성 생물을 발견했다.

초심해층만 고유종 생물들을 보유한 것이 아니라 분출구들 역시 그렇다는 사실이 밝혀졌다. 바다는 수백 아니 수천 종의 새로운 생명을 품고 있는 작고 외딴 생물권들의 집합체처럼 보였다.

연구자들은 더 혹독한 환경일수록 더 많은 생명이 번성하고 있다는 사실을 알아냈다. 가령 분출구 주변에는 분출구의 열이 닿지 않는 곳보다 수만 배 많은 생물이 서식하고 있었다. 수심 1만3000피트에서 3만5000피트에 이르는 대양의 깊은 영토가 지구 전체를 통틀어 가장 거대하고 개체 수가 많은 동물 군집을 보유하고 있다는 사실은 그보다 훨씬 더 나중에 밝혀졌다.

그렇다면 과연 이 생물들은 모두 어디서 시작되었을까?

아무도 단언할 수 없지만, 분출구가 바로 그 출처임을 암시하는 증거들이 점점 더 늘어나고 있다. 지구상의 생명은 어쩌면 태양빛이 가득한 수면이 아니라 유독한 물이 끓고 있는 이 행성의 가장 깊은 바다에서 시작되었는지도 모른다.

모나리프트에서 노틸러스 호와 랑데부하기로 한 날을 하루 앞두고, 뜻하지 않은 재앙이 또다시 찾아왔다. 두 번째로 임대하기로 했던 배의 선장이 별안간 계약을 취소한 것이다. 모터에 문제가 있다는 말 같긴 했는데, GPS가 말썽이라는 건지 아니면 뭔가 다른 문제가 있다는 말인지 사실 정확히 알아듣기 어려웠다. 그의 영어가 나의 스페인어보다 형편없는 데다 휴대전화 수신 상태마저 좋지 않았기 때문이다. 항해를 취소해야겠다는 말 말고는 사실 한마디도 제대로 알아듣지 못했다. 배는 없고, 바틀릿의 착륙선의 활약에 대해 기사는 써야 하고. 이제 나에게는 산후안의 싸구려 호텔 방에서 노트북으로 노틸러스라이브 사이트에 들어가 생방송을 보며 기사를 쓰는 것 말고는 달리 선택의 여지가 없었다. 전혀 흥분되지 않았다. 이제는 이런 돌발 사고가 놀랍지도 않았다.

이래서 푸에르토리코 해구를 위한 플랜 B를 준비해 온 것이다.

1년 전에 이 프로젝트를 시작할 때만 해도 나의 목표는 가능한 한 심해 연구에 깊숙이 참여하는 것이었다. 어쨌거나 나는 인간과 바다의 연관성에 대해 글을 쓰고 있지 않은가! 내 스스로 그 연관성을 보거나 느끼지 않고 글을 쓰는 것은 양심도 허락하지 않을뿐더러 올바른 태도가 아닌 것 같았다. 모든 수심 권역에서의 연구가 불가능한 것은 아니었다. 가령 1만 피트쯤 되는 물속을 직접 보거나 느낄 수는 없지만 그런 수심에 사는 신기한 동물들이 수면 가까이로 올라오는 때를 맞추면 적어도 그 녀석들을 볼 수는 있을 것이다. 그리고 운이 좋다면 잠수해서 뼈를 울리는 반향정위 소리들로 나를 바라보는 녀석들의 시선을 느낄 수 있을지도 모른다.

하지만 초심해층이라면 이야기가 다르다. 초심해층 동물들은 수면으로 올라오는 법이 없다. 대개는 수심 1만 피트까지도 올라오지 않는다. 지금까지 앨빈 호와 제임스 캐머런의 딥시 챌린저 호 두 척만이 수심 2만 피트 아래로 잠수하는 데 성공했지만, 내게는 그 두 척의 잠수정 중 어느 것에도 승선할 기회가 허락되지 않았다.• 하지만 나는 무슨 수를 써서라도 초심해층을 경험해보겠다는 결심을 접을 수가 없었다. 가장 깊은 곳이 수심 2만8700피트에 이르는 푸에르토리코 해구를 내려다보면 해발 2만9000피트의 에베레스트를 올려다보는 것과 비슷한 기분이 든다. 나는 그런 깊은 물속 세상의 존재를 느끼고 싶었고, 실제로 어떤 모습인지 확인하고 싶었다. 특별한 운송 수단을 또다시 강구해야 했다.

산후안으로 오기 몇 주 전 사방팔방으로 전화를 돌리다가 제법 큰 낚싯배의 선장을 알게 되었다. 캡틴 호세라고 자신을 소개한 여든한 살의 노장은 평생을 바다에서 보냈고, 푸에르토리코 해구 가장자리까지 왕복

• 최근에 앨빈 호는 수심 2만1300피트까지 잠수할 수 있게끔 개조되었지만 누구도 앨빈 호를 타고서 그 깊이까지 내려갈 엄두를 내지 않았다. 2012년 3월에 영화감독 제임스 캐머런은 수심 3만5756피트까지, 즉 지구상에서 가장 깊은 천연의 지점까지 내려가는 데 성공했지만, 그의 잠수정 딥시 챌린저는 그 후에 곧바로 폐기되었다. 대양의 모든 수심 권역을 전부 훑은 사람은 1960년 (부력을 위해서) 가솔린으로 내부를 채운 강철 잠수정 트리에스테를 타고 잠수한 스위스의 엔지니어 자크 피카르와 미 해군 대위 돈 월시였다. 이들은 수심 3만5797피트까지 내려갔다.

32킬로미터의 지름길을 안다고 했다. 캡틴 호세는 나의 계획을 '특별 계획'이라고 불렀다. 호세 선장은 나를 해구까지 데려다주는 대신 자신의 회고록을 쓸 수 있도록 도와달라는 조건을 걸었다. 물론 연료비와 보조 선원 두 명의 임금도 내가 지불해야 한다. 또 하나, 도중에 황새치 떼를 만나면 낚시를 해야 한다는 조건도.

우리의 계약은 구속력이 없었다. 만일 캡틴 호세가 다른 누군가로부터 더 좋은 조건으로 낚시 제안을 받으면 그쪽을 택할 수 있었다. 또 만일 애초에 모나리프트까지 나를 데려다주기로 했던 배가 무사히 복구되면 나는 그쪽을 택하면 그만이었다. 하지만 둘 중 어떤 일도 일어나지 않았다.

모나리프트행 임대 선박으로부터 정식으로 취소 연락을 받자마자 나는 캡틴 호세에게 전화를 걸었다. 그는 이튿날 새벽 여섯 시 반에 산후안 베이 항구에 있는 시즐러 레스토랑 아래쪽에서 만나자고 말했다. 그리고 드라마민(멀미약의 일종—옮긴이)을 꼭 챙겨오라고 당부했다.

1980년대에 권터 배흐터스호이저가 처음으로 심해가 생명의 기원일 수 있다는 이론을 학술지에 실었을 때는 아무도 이를 거들떠보지 않았다. 배흐터스호이저는 해양학자도 아니었을뿐더러 전문 과학자도 아니었다. 그는 독일 뮌헨에서 국제 특허법을 다루는 변호사였다. 심지어 그의 주장을 반박하는 사람도 없었다. 배흐터스호이저는 지구상의 모든 생명이 두 가지 무기물, 철과 황 사이의 화학반응에서 시작되었다고 생각했다. 그의 주장인즉, 이 두 무기물이 반응하여 대사 과정을 촉발했고 여기서 하나의 분자가 탄생했다. 일단 이 과정이 순조롭게 진행되자, 더 복잡한 분자 덩어리들이 순차적으로 생겨났고 이것이 생명 형태로 발달하여 종국에는 우리에게까지 이른 것이다.

배흐터스호이저에 따르면 여러분과 나, 새와 벌, 덤불과 나무들은 모두 암석에서 탄생했다. 그리고 이 암석은 열수 분출구 곁의 어둡고 뜨거운 물에서 만들어졌다. 배흐터스호이저는 이 가설을 '철-황 세계' 이론이라고 불렀다.

배흐터스호이저의 이론이 얼마나 황당했는지 알려면, 당시에 생명의 기원에 대해 일반적으로 받아들여졌던 관점을 살펴봐야 한다. 1980년대 대다수의 과학자는 일종의 '수프 이론'에 대체로 동의했다. 아주 기본적인 개념만 소개하자면 수프 이론은 40억 년 전에 '수프'라고 할 수 있는 원시 바닷속에 화학물질들이 있었고, 그 화학물질들이 번개 같은 것에서 에너지를 얻어 반응하면서 최초의 유기화합물을 형성했다는 이론이다. 이 유기화합물들이 결국에는 더 복잡한 구조들을 형성했고 마침내 생명의 초기 형태로 발전했다는 것이다.

배흐터스호이저도 유기화학 분야에서 박사학위를 받은 바 있던 까닭에 한때는 학자로서의 명예를 걸고 수프 이론을 신봉했다. 법률가로 활동하면서도 그는 학문적 열정을 좇아 화학을 탐구했다. 그러던 중 수프 이론을 분석하는 과정에서 엄청난 허점을 발견했다.

예컨대 수프 이론은 화학물질들이 더 복잡한 분자로 결합하기 전에 물과 공기 속에 자유롭게 뒤섞여 있다고 가정한다. 바로 이 지점이 배흐터스호이저가 발견한 큰 허점이었다. 화학물질들은 3차원 환경에서 오랜 시간 자유롭게 부유하며 머물지 않는다. 하지만 바위 표면에서라면 화학물질들은 안정적이고, 서로 결합하여 더 복잡한 분자로 발달할 수 있다.

대부분의 수프 이론 모델은(실제로 수프 이론은 하나가 아니었다) 최초로 등장한 생명의 요소로 세포막을 꼽았다. 그렇다면 어떻게 '영양분'이 세포막을 통과해 세포 '안'으로 들어간다는 말인가? 영양분이 없으면 세포는 살아 있을 수가 없다. 배흐터스호이저는 '수프'에 강력한 펀치를 두 번 날린 셈이었다.

그의 반론에도 불구하고 여전히 아무도 철-황 이론에는 관심을 보이지 않았다. 열수 분출구에서 나오는 고압의 뜨거운 물속에서 철이나 황 같은 무기물이 형성되면, 그 무기물의 2차원적 표면에서 화학물질들이 더 빠르고 더 쉽게 반복적으로 결합할 수 있다.

배흐터스호이저는 몇 년 동안 자신의 가설을 구체화시키지 못했다. 그러다가 1997년, 그는 뮌헨 공과대학의 연구자 한 명과 함께 자신의 가설을 검증해보기로 결심했다. 두 사람은 심해의 분출구들에서 발견되는 기체를 철과 황화니켈에 결합시켰다. 결과는 모든 이를 놀라게 했다. 실험의 시료에서 탄소 원자 두 개가 결합되어야 만들어지는 '활성형 아세트산'이라는 유기혼합물이 생성된 것이다. 활성형 아세트산은 또 다른 화학물질들과도 결합할 수 있다. 다시 말해서 이 결합 반응이 생명 탄생의 첫 단계가 될 수도 있다는 의미였다. 이 실험의 결과는 1997년 『사이언스』 지 4월호에 실렸다.

2000년 4월에 워싱턴 카네기연구소의 지구물리학 실험실에서 철-황 이론을 한 걸음 더 나아가게 하는 실험이 실시되었다. 연구팀은 1997년에 배흐터스호이저가 이용한 열수 분출구의 기체들과 철 무기물을 결합시키는 데서 더 나아가 심해의 조건을 그대로 재현하기 위해 고압의 강철 통 안에서 실험을 실시했다.

"우리는 전혀 예상 밖의 결과를 얻었습니다." 이 연구를 이끈 조지 코디가 『뉴욕 타임스』와의 인터뷰에서 한 말이다. 고압의 혼합물에서 생성된 분자는 탄소 원자 세 개가 결합된 피루빈산이었다. 피루빈산은 살아 있는 세포의 핵심 성분일 뿐 아니라 복잡한 유기혼합물의 기본 성분이기도 하다.

배흐터스호이저는 그 실험에 대해 쓴 글에서 "언젠가는, 지구상에 최초로 생명이 등장한 순간을 재구성하고 그것을 이해할 날이 올 것이라는 희망이 점점 더 커지고 있다"라는 말로 승리감을 내비쳤다.

몇 년 뒤, 철-황 이론을 좀더 심도 있게 검증한 실험에서는 더욱더 놀라운 사실이 드러났다. 2003년 『왕립학회 철학 회보』 1월호에 실린 이 실험에 대한 논문에서 마이클 러셀과 윌리엄 마틴은 열수 분출구의 특별한 구조가 유기 분자 탄생의 완벽한 배양기 역할을 했다고 주장했다. 러셀은 이미 1997년에 열수 분출구의 기체들을 액화하고 거기에 철이 풍부한 용액을 첨가하는 실험을 통해 자신의 주장을 입증한 바 있었다. 두 성분을 혼합하자마자 1인치 높이로 벌집 모양의 구조가 형성되었다. 더욱 놀라웠던 것은 새롭게 형성된 이 구조의 막이 철의 농도에 따라 용액을 양분했고, 막 안팎으로 600밀리볼트의 전압 차를 발생시켰다는 점이다. 몇 시간 동안 지속된 이 전압 차는 일반적인 세포막 안팎의 전압 차와 동일했고, 복잡한 혼합물의 형성을 지탱하기에도 충분했다.

"이 대수롭지 않은 암석이 우리의 근원을 상기시켜준다"고 러셀은 말했다.

러셀의 말이 진짜라면, 철-황 세계 이론은 생명이 열수 분출구에서 시작된 것은 물론이고 '반드시' 그곳이어야 했다는 사실을 분명하게 보여준 것이다. 생명의 초기 형태의 토대가 될 수 있는 복잡한 유기혼합물을 생성할 만큼 충분한 압력과 화학 성분들을 안정적으로 보유한 곳은 열수 분출구 말고는 없었다. 분출구에서 변화가 일어나는 과정은 확실히 신뢰할 만했고, 수백에서 수천 개의 분출구에서 거의 동시에 생명 형태가 출현할 수 있을 만큼—지구의 핵에서 뿜어져 나오는 해저의 끓는 물속에서 수조 개의 다채로운 세포가 복제될 수 있을 만큼—일관성 있다.

인간은 이 세상 모든 대양의 소산인 셈이다.

"오, 샌프란시스코 양반!"

토요일 오전 6시 30분, 나는 푸에르토리코만의 부두에 정박한 캡틴 호세의 길이 8미터짜리 낚싯배 시프로Sea-Pro 옆에 서 있었다. 내 곁으로 다가온 캡틴 호세는 우악스럽게 악수하면서 10분 동안 무려 세 번이나 푸에르토리코에 온 걸 환영한다는 말을 반복했다. 작고 다부진 체격의 캡틴 호세는 회색 반바지에 흰색 테니스 양말과 검은색 구두를 신고 햇빛에 바랜 챙이 큰 야구 모자를 쓰고 있었다. 나에게 일방적으로 말을 쏟아놓거나 나와 대화하지 않을 때는 갑판 위의 두 젊은 현지인 선원들에게 휘파람으로 뭔가를 지시하거나 고함을 질러댔다.

"아시다시피, 다그치지 않으면 안 됩니다. 가르치려면 제대로 가르쳐야죠." 캡틴 호세가 말했다. 나는 배 후미로 잠수 장비들을 먼저 던져 올리고서 배에 올라탔다. 뒤따라 올라온 캡틴 호세는 조타륜 뒤로 가서 시동을 걸었다. 그리고 곧바로 북쪽의 망망대해를 향해 뱃머리를 돌렸다.

지난밤 산후안을 강타했던 폭풍우는 맑고 바람 한 점 없는 하늘과 유리처럼 빛나는 회색빛 바다를 남겨놓고, 즉 완벽한 항해 조건을 만들어주고 지나갔다. 캡틴 호세는 서너 시간이면 푸에르토리코 해구 가장자리에 도착할 것이라고 내게 말했다. "나보다 이 바다를 더 잘 아는 사람은 없을 게요. 캡틴 호세는 모르는 길이 없다오!"

출항한 지 3시간이 지나도록 캡틴 호세의 수다와 고함은 멈출 줄 몰랐다. 우리 뒤편으로는 산후안의 건물과 산이 수평선 위로 흐릿하게 그은 줄무늬처럼 멀어졌다. 앞쪽으로는 끝없이 펼쳐진 바다 말고는 아무것도 없었다. 앞으로 30킬로미터쯤만 더 가면 목적지라고 그가 말했다. 드디어 푸에르토리코 해구로 이어지는 해저 절벽 위를 통과한 것이다.

"샌프란시스코 양반, 준비됐소?"

캡틴 호세는 시동을 끄고 샌드위치를 집어 들고는 두 선원과 함께 뱃전에 앉았다. 세 사람은 내가 마스크와 웨이트 벨트, 핀, 무릎과 팔꿈치에 바르는 다제트앤램스델 사의 작고 하얀 플라스틱 강력 미백크림 통이 담긴 지퍼백을 꺼내는 걸 지켜보았다. 지퍼백 안에 있는 건 내가 초심해층에 내려가는 걸 기념하는 일종의 기념품이었다.

이틀 전, 심해 내구성 용기를 떠올리기 전까지 나는 팔꿈치 미백크림을 사용한 적도 없고 심지어 그런 제품이 있는 줄도 몰랐다. 딱 알맞게 작고 완전하게 밀폐되는 용기를 찾으려고 철물점을 몇 시간 동안 뒤졌지만 마음에 쏙 드는 걸 찾을 수 없었다. 그러다가 드럭스토어에 들러 화장품 코너를 둘러보던 중에 40그램들이 팔꿈치 미백크림 통을 발견했다. 미백크림이 담긴 그 이중 용기는 심해의 가공할 압력에도 끄떡없을 것처럼 완벽해 보였다. 또 메이블린 사의 컬러 타투 아이섀도가 담긴 유리병은 압력 내구성 용기로 쓰기에 아주 그만이었다.

나는 미백크림과 아이섀도를 사서 내용물을 비운 다음, 아이섀도 용기 안에 기념물을 넣고 그 용기를 다시 크림 통에 넣은 다음 실리콘오일로 가득 채운 뒤에 단단히 밀봉했다. 정말 완벽했다. 만에 하나 하강 여행 중에 미세한 공기 방울이라도 침투하면, 용기는 그대로 짜부라들 것이다. 실리콘오일은 공기를 완벽하게 제거해주고, 용기가 도달할 수심 2만8700피트의 가공할 압력에도 바스러지지 않도록 용기를 지탱해줄 것이다. 꼭 실리콘오일이어야 할 이유는 없다. 어떤 액체를 써도 무방한데, 내가 실리콘오일을 택한 이유는 용기 안에 담긴 섬세한 전자 제품을 보호하기 위해서다.

어쨌든, 그렇게 임시변통으로 만든 용기를 주섬주섬 챙겨 잠수복 안에 쑤셔 넣고 나는 배 옆구리로 가서 다리를 내려뜨린 후 물속으로 뛰어들었다. 반짝이며 일렁이는 바닷물은 오후의 하늘과 경쟁이라도 하듯 파랬다. 가시도는 200피트 정도, 아니 그보다 더 멀리까지도 보일 것 같았다. 지금까지 본 바닷물 중 최고로 투명했다.

2킬로그램이 조금 넘는 웨이트 벨트가 나를 더 깊이, 더 빠르게, 더 쉽게 내려가게 도와줬다. 약 10초 만에 나는 중력과 부력의 경계선을 넘어서 심해의 문을 지나 날아가듯이 가볍게 내려갔다.

오른손을 앞으로 뻗어 S자를 그려 물을 뒤로 밀면서 천천히 아래로 나아갔다. 모든 게 정지했다. 소리도, 움직임도 없었고, 아무것도 느껴지지 않았다. 폐에 있던 공기는 모두 사라졌다. 나는 거꾸로 선 채로 동작을 멈추고 아래의 공허를 향해 목을 길게 뺐다. 왼손으로 잠수복에 쑤셔 넣었던 크림 통을 꺼냈다. 머리 위로 손을 뻗어 해저를 향해, 크림 통을 떨어뜨렸다.

크림 통은 아주 천천히 나선을 그리며 조금씩 아래로 떨어졌고, 마침내 작고 하얀 반점으로 멀어지며 검푸른 심연 속으로 사라졌다. 바로 그 순간, 1년 6개월 전에는 몰랐던 사실을 나는 알고 있었다. 나를 둘러싸고 있는 이 공간은 전혀 빈 공간이 아니라는 사실을 말이다.

바다에는 우리가 알고 있는 우주의 다른 어떤 곳보다 더욱 다양하고 더욱 많은 생명이 살고 있다. 이번이 처음은 아니지만, 하늘 위에 떠 있는 인공위성처럼 대양의 해저 위에 머무는 동안, 우리가 빛 없는 바다의 심연으로 더 깊이 내려갈수록 우리의 기원에 대한, 물과 뭍을 넘나드는 우리의 유연성과 지금은 잊어버린 감각들, 그리고 우리가 시작된 곳에 대한 깨달음에 조금 더 가까이 다가갈 수 있다는 사실이 나를 압도했다.

내가 해저로 떨어뜨린 하얀 플라스틱 용기 안에는 지금 여러분이 읽고 있는 이 책의 전자 원고가 담겨 있다. 여러분이 읽고 있는 이 글자들이 대서양의 가장 깊은 수백 미터, 아니 햇빛이 비치는 수면에서 수 킬로미터 아래로 떨어지고 있었다. 하지만 아득히 먼 딴 세상으로 사라진 것은 아니다. 바다는 수십억 년 전에 모든 생명이 시작된 곳인 동시에, 생명이 있는 모든 것이 마지막에 돌아갈 곳이기 때문이다.

몇 시간 뒤, 캡틴 호세가 항구를 향해 키를 돌리는 동안 나는 상상했다. 그 미백크림 통이 빛이 없는 해저의 계곡과 언덕 위에 소리 없이 닿는 모습을. 그리고 어쩌면 끝없이 떨어져 언젠가는 미래의 지구를 덮어버릴 부드러운 미생물 유골의 파편들이 수천 년에 걸쳐 크림 통 위로 조금씩, 조금씩 쌓여가는 모습을.

시작할 때만큼이나 여행은 빨리 끝났다. 드디어 우리는 돌아왔다.

상승

수심 2만8700피트

더그 바틀릿의 착륙선은 초심해층까지 내려가지 못했다. 더 정확히 말하면 돌아오지 못했다고 하는 게 맞다. "참사였어요." 내가 푸에르토리코에서 돌아온 날 그는 메일에 그렇게 적었다. "당신이 그 자리에 없었던 게 다행이었는지도 모르겠습니다. 안 그랬다면 해양 기술에 완전히 실망했다는 기사를 쓸 수밖에 없었을 테니까요."

유리로 된 부력구가 내파하여 착륙선을 다시 해저로 떨어뜨렸을 수도 있고, 착륙선의 전파 표지 장치가 떨어져 나가서 못 찾았거나, 강한 해류에 떠밀려 착륙선이 아주 멀리 떠내려간 것인지도 모른다. 어쩌면 이런 일들이 한꺼번에 일어났는지도 모른다. 바틀릿은 정확한 원인이 무엇인지 모른다고 말했다. 아마 영원히 알 수 없을 것이라고 덧붙였다. 초심해층의 피해자는 바틀릿의 착륙선만이 아니었다. 수만 달러짜리 가격표가 붙은 굉장한 피해자도 있었다.

하지만 나쁜 소식만 있는 것은 아니었다. 바틀릿과 그의 팀은 전열을 재정비하고 초심해층에 재도전할 기회를 노리고 있었다. 목표 지점은 시레나 해연이 될 것이고, 이용할 선박은 아마도 슈퍼 에메랄드가 될 것이라고 했다. "당신의 차기 작품의 일환으로, 우리가 다음 프로젝트에서 이룰 승리를 취재하시는 것도 괜찮지 않을까 합니다." 바틀릿은 메일 끄트머리에 그렇게 적었다. 내 자리를 비워놓겠다는 의미였다. 화장실 앞에 있는 아이스박스 옆 차가운 강철 바닥 위의 한 자리를 말이다.

수심 1만 피트

파브리스 슈뇔러가 트링코말리에서 모터보트 가장자리에 몸을 숙이고서 녹음한 "굉장하고 중요한" 소리는 어쩌면 진짜 굉장하고 중요한 의미를 담고 있는 소리로 밝혀질 수도 있다. 슈뇔러는 자신이 결정적인 '총성'을, 향유고래의 발성음 중에서도 가장 희귀하고 의미심장한 소리를 발견했다고 믿었다.

과학자들은 그 소리가 향유고래의 사냥 기술과 연관이 있을 것이라고 생각한다. 수염고래와 달리, 향유고래의 아래턱에는 40여 개의 이빨이 있다. 포경업자들은 향유고래들이 먹이를 공격할 때 이빨을 쓴다고 생각하지만, 연구에 따르면 향유고래의 이빨은 다른 용도로 사용된다. 죽은 향유고래의 위들(향유고래는 위가 네 개다)을 해부한 결과, 이 녀석들은 먹이를 씹지 않는다는 사실이 드러났다. 향유고래의 주식인 대왕오징어는 시속 56킬로미터의 속력으로 빠르게 헤엄치고, 다 자라면 몸길이가 18미터가 넘는 것도 있다. 향유고래는 아무리 빨라도 시속 40킬로미터다. 그런 향유고래가 대왕오징어를 어떻게 잡을 수 있을까? 게다가 죽이는 건 고사하고 어떻게 씹지도 않고 삼켜버릴 수 있을까? 그리고 씹지도 않을 거면 이빨이 왜 필요할까?

슈뇔러를 비롯한 일부 연구자들은 향유고래가 홀로그램 의사소통을 위한 반향정위 능력을 확장하는 데 일종의 작은 안테나로서 이빨을 이용한다고 생각한다. 향유고래들은 사냥할 때, 필시 초강력 총성 클릭음을 발사하여 먹이를 기절시키거나 죽인 다음에 삼킬 것이다.

지금까지 향유고래의 이 '총성'이 녹음된 것은 단 두 번뿐이다. 1987년과 1999년, 두 번 다 스리랑카에서 동일한 연구진에 의해 녹음되었다. 슈뇔러는 자신이 파스타 체와 빗자루 그리고 수제 청음기로 녹음한 그 소리가 세 번째라고 생각한다. 그는 내게 보낸 이메일에 이렇게 적었다. "그 소리가 '총성'이라는 걸 저는 알아요. 이제 적절한 과학적 절차를 따라서 그것을 증명해보려고 합니다."

수심 2500피트

그 당시에 우리는 몰랐지만, 스탠 쿠차이와 내가 아이다벨 호를 타고 잠수했던 수심은 칼 스탠리가 시도한 잠수 중 두 번째로 깊은 수심이었다. 현재 로아탄에서 스탠리의 잠수함 관광업은 위기를 맞았다. 섬에서 철수하라는 지방정부의 압력은 이전부터 있어왔고, 여행사들도 고소당할 수 있다는 두려움 때문에 잠수함 상품을 더 이상 광고하지 않는다.

상황은 좋지 않지만, 로아탄 심해 탐험 연구소와 민간 심해잠수함 관광은 2013년 8월 현재까지도 운영 중이다.

수심 1000피트

꼬박 5년이라는 시간과 수천 달러의 사비를 들여 돌고래와 고래의 소리를 녹음하는 장치를 제작한 슈뇔러는 2013년 9월에 드디어 '클릭 리서치www.click-research.net'라는 새로운 기업을 창립했다. 이 기업에서는 시민 과학자들을 위한 DIY 연구 키트를 판매한다. 데어윈 팀의 엔지니어 마르쿠스 픽스와 공동으로 개발한 클릭 리서치의 제품에는 상어의 동향을 살필 수 있는 장치, 살아 있는 고래의 노래를 집 안에서 들을 수 있도록 해주는 송신기, 돌고래들이 저마다 고유하게 내는 휘슬음을 분석해주는 음성 분석 장치가 있다. 슈뇔러는 언젠가는 돌고래의 휘슬음을 영어로 번역해주는 고성능 음성 분석 장치를 개발하겠다는 꿈을 갖고 있다. "빠르면 1~2년 안에 가능할 겁니다. 물론 쉽진 않겠지만요." 그가 내게 말했다.

슈뇔러와 데어윈 팀은 2015년쯤 음성분석 장치가 완성되는 대로 39개의 스피커가 달린 홀로그램 커뮤니케이션 장비까지 챙겨서 오만의 아라비아주 연안으로 나가 2주 일정의 탐사를 계획하고 있다. 계획대로 진행된다면 그의 탐사는 이 분야에서 최초로 실시되는 홀로그램 커뮤니케이션 실험이 될 것이다.

"당신도 와야죠!" 지지직거리는 전화기 너머로 슈뇔러가 소리쳤다. "미치려면 제대로 미쳐야 합니다!"

수심 800피트

그리스 산토리니에서 무제한 잠수 세계 신기록을 위해 수심 800피트 잠수에 도전했다가 실패하고 1년이 지났지만, 헤르베르트 니치는 여전히 신경 질환으로 힘들어하고 있다. 니치는 이름들을 잘 기억하지 못했고 말하고 걷는 데에도 문제가 있었다. 목소리도 불안했고 오른팔의 운동 기능도 상당 부분 잃어버렸다. 날마다 꾸준히 좋아지고 있고, 무제한 잠수에 도전했을 때의 열정과 각오로 재활 훈련에 임하고 있노라고 그는 말했다. 심지어 프리다이빙도 재개했다고 말했다. 비록 10피트 남짓밖에는 잠수할 수 없지만 말이다.

니치는 현재 해양 보호활동에 많은 시간을 쏟고 있다. 그는 세계 서핑 챔피언 켈리 슬레이터, 전설적인 프리다이버 엔초 마이오르카와 함께 '시 셰퍼드 대양 보존 자문위원회Sea Shepherd's Ocean Advocacy Advisory Board' 회원으로서 야생동물 도살과 세계 대양의 파괴를 막는 일에 힘을 보태고 있다.

한 기자가 니치에게 무제한 프리다이빙 종목의 현재 신기록에 대해 어떻게 생각하느냐고 물었다. 그는 이렇게 대답했다. "솔직히 말씀드리면, 지금은 관심도 없습니다."

수심 650피트

2011년 12월 샤크프랜들리 추적 시스템이 성공한 뒤, 현지 기관들도 독자적으로 추적 장치 프로그램을 가동하기 시작했다. 이듬해까지 레위니옹 서부 연안에서 음성 추적 장치를 부착한 황소상어는 100마리가 넘는다. 이 프로그램 덕분에 황소상어의 이동을 추적하는 데는 성공했지만, 바닷가에서 수영하는 사람들에 대한 공격을 막지는 못했다. 2012년 1월부터 2013년 8월까지 레위니옹섬에서만 세 명이 상어에게 치명적인 부상을 입었다. 지역 정부는 레위니옹 해변을 폐쇄했고, 최근 보도에 따르면, 90마리의 황소상어를 사살할 계획을 세우고 있었다.

프레드 뷜르는 지역 정부의 이 조치가 상어의 공격을 부추기면 부추겼지 결코 도움이 되지 않는다고 생각한다. "서퍼들도 위험한 상황이라는 것을 뻔히 알지요. 하지만 막무가내로 바다로 나갑니다. 그래놓고 상어들만 욕하죠." 뷜르는 이어서 이렇게 말했다. "바다에 들어갔을 때는 자신이 야생 속에서 헤엄치고 있다는 걸 깨달아야 합니다. 지금 유일한 해결책은 교육입니다. 탁한 물에서는 헤엄치지 마라, 큰 비가 내린 뒤에는 헤엄치지 마라. 강 근처에서는 헤엄치지 마라. 숱하게 말해도 아무도 듣지를 않아요."

공교롭게도 레위니옹의 상어 문제에 대한 해결책은 뷜르와 슈뇔러가 아니라, 케이프타운에서 한리 프린슬루를 통해 처음 만났던 상어 연구자 장마리 지슬랭에게서 나왔다. 지슬랭은 2013년 9월에 사흘 일정으로 샌프란시스코를 방문해서 내게 자신의 해결책을 설명했다. 지슬랭은 아쿠아텍AquaTek이라는 벨기에 기업에서 상어 퇴치 시스템Shark Repelling Technology, SRT 개발을 도운 전력이 있었다. SRT는 자기장을 이용해 물을 교란시킴으로써 상어의 전기수용 감각을 훼방한다. 포획된 상어와 야생의 상어 모두를 대상으로 수십 번 테스트한 결과, 100퍼센트 성공률을 보였다. 대부분의 경우 상어들은 수십 미터 이상 달아났다. 지슬랭의 설명에 따르면, 이 시스템은 상어와 전기가오리 같은 전기수용 감각을 지닌 동물에게만 영향을 미치기 때문에 그 밖의 해양 생물들에게는 전혀 악영향을 미치지 않는다.

2014년에 아쿠아텍은 부캉카노와 생질을 포함하여 레위니옹 서부 해안의 해변에 SRT 시스템을 설치하는 내용으로 레위니옹 정부와 협상에 들어갔다. 지슬랭은 내게 말했다. "이 시스템은 상어에 대한 접근법의 패러다임을 완전히 바꿔놓을 수 있을 겁니다. 상어들의 목숨을 구하고 동시에 우리 스스로를 지킬 수 있는 기회가 될 겁니다."

수심 300피트

그리스 칼라마타에서 열린 월드 챔피언십 모노핀 프리다이빙에서 수심 335피트 도전을 완수한 직후 심장마비에 걸렸던 영국 선수 데이비드 킹은 아주 잘 지내고 있었다. 블랙아웃으로 인한 부작용도 전혀 없었다. 사고가 나고 몇 달 뒤에 쓴 글에서 그는 "나는 무모한 다이버가 아니다"라고 말했다. 그리스에서 겪은 블랙아웃은 10년 프리다이빙 경력에서 처음 있는 일이었다고 주장했다. 또한 자신의 업무 스케줄로 인해 다른 유능한 선수들만큼 훈련을 할 시간이 충분치 않았을 뿐만 아니라 경기 전에도 단 세 차례밖에 잠수할 시간이 없었다고 해명했다. "수심 102미터까지는 이퀄라이징에도 무리가 없었다. 문제는 수면에 도달할 즈음에 발생했다."

수심 60피트

2011년 6월, 그러니까 내가 키라고에 있는 아쿠아리우스의 사령실을 방문하고 한 달 뒤, 아쿠아리우스를 관리 감독하는 연방 기관 미국 해양

대기관리처NOAA는 아쿠아리우스 본부에 대한 자금 지원을 중단했고 예정된 모든 임무를 취소하도록 조치했다. 그러고 얼마 지나지 않아서 세계의 마지막 수중 거주 시설은 폐쇄되었다.

그리고 2013년 초 플로리다주립대 측이 NOAA와 협상 끝에 아쿠아리우스의 운영권을 인수했다. 2013년 9월에 마침내 아쿠아리우스는 재가동을 시작했고, 수면에서 60피트 아래에 있는 이 밀실로 돌아온 수중 탐사대원들은 여전히 반라의 상태로 싸늘하고 축축한 부엌에 둘러앉아 납작해진 오레오 쿠키를 먹으면서, 바다의 비밀과 우리 자신의 비밀을 파헤치고 있다.

에필로그

이 책의 원고 마감일을 닷새 앞둔 2013년 11월 17일에 나는 프레드 뷜르에게서 이메일을 한 통 받았다. "제임스 씨, 일전에 제가 프리다이빙 경기에서 누군가 사망하는 걸 볼지도 모르겠다고 말했던 거 기억하죠?" 뷜르는 이어서 이렇게 적었다. "오늘 그 사고가 벌어지고야 말았어요."

현지 시각으로 오후 1시 45분, 브루클린 출신의 서른두 살의 프리다이버 니컬러스 메볼리가 노핀 다이빙 종목에서 236피트 잠수를 완수하자마자 폐 손상으로 인한 합병증으로 사망했다. 프리다이버들의 성지로 꼽히는 바하마 제도의 딘스 블루홀에서 윌리엄 트루브리지의 사회로 열린 '버티컬 블루Virtical Blue' 연례 대회에서였다.

메볼리는 프리다이빙계에서 떠오르는 신예였다. 사망하기 불과 18개월 전에 모노핀 종목에서, 초보 선수로서는 엄두도 못 낼 300피트 잠수로 데뷔한 그는 이듬해에도 10여 개의 대회에 참가해 매번 더 깊은 수심에 도전했다. 메볼리는 블랙아웃을 자주 겪었다. 코와 입에서 피를 흘리며 수면으로 올라온 일도 빈번했다. 반복해서 자신의 폐에 상처를 입힌 것이다. 경기 후에 며칠씩 피를 토한 것도 폐 부상 때문이었다. 메볼리는 이런 경고 신호들을 무시했고 다이빙을 멈추지 않았다. 그리고 기록들을 경신하기 시작했다.

2013년 11월 16일 버티컬 블루 대회에서 메볼리는 FIM 종목에서 미국 국가 기록인 314피트 잠수를 시도했다. 수심 260피트까지 내려간 그는 갑자기 방향을 바꾸었다. 구조 다이버들이 의식이 없는 그의 몸을 수면으로 끌고 올라와야 했다. 메볼리의 몸이 수면에 올라왔을 때는 이미 그의 입에서 피가 흐르고 있었다. 그는 화가 난 듯 물을 세차게 때리고는 스스로에게 욕을 퍼부었다. "마치 바이러스처럼 숫자들이 내 머릿속을 감염시켰다. 성공해야 한다는 의지가 이제는 집착으로 변하고 있다. 집착은 죽음을 부를 수 있다." 경기가 있기 몇 달 전, 메볼리는 자신의 블로그에 이렇게 적었다. 메볼리는 자기 자신에게 했던 이 경고도 듣지 않은 셈이었다.

그리고 이튿날인 11월 17일, 블랙아웃의 후유증이 가시지 않았음에도 메볼리는 미국의 국가 기록을 또다시 경신하겠노라고 발표했다. 게다가 이번에는 프리다이빙 종목 중에서도 가장 위험하기로 이름난 노핀 종목이었다. 그가 도전할 목표 수심은 236피트였다. 낮 12시 30분, 메볼리는 고글을 끼고 마지막 숨을 크게 들이마신 뒤 맨발로 킥을 하며 가이드로프를 따라 내려갔다. 잠시 뒤 그의 모습은 심해의 어둠 속으로 사라졌다.

갑판에서는 심판이 그의 하강 수심을 고지했다. 50, 100, 150, 200피트, 메볼리는 빠르게 내려가고 있었다. 그러다가 목표 수심을 얼마 남겨두지 않은 223피트에서 메볼리는 갑자기 멈췄다. 시간은 흘렀고, 메볼리는 움직이지 않았다. 잠시 뒤, 상승하는가 싶더니 그는 다시 멈췄다. 그리고 몸을 돌려 가이드로프 끝에 매달린 플레이트를 향해 다시 내려가기 시작했다. 갑판에서 기다리던 열다섯 명의 프리다이버와 심판, 의료진은 경악하여 몸을 움찔했다. 그들은 메볼리의 결정이 얼마나 무모한지를 알고 있었다. 메볼리는 236피트 지점에 매달린 플레이트에서 티켓을 뜯고 로프를 따라 허겁지겁 올라오기 시작했다.

신기하게도 수면에 올라왔을 때 그는 의식이 있었다. 심지어 심판을 향해 오케이 사인을 보내고 수면 프로토콜을 완수하려고 했다. 그러나 그의 입에서는 "괜찮아요"라는 말이 나오지 않았다. 몇 초가 지나기도 전에 메볼리는 의식을 잃었다. 의료진은 의식을 잃은 메볼리의 몸을 다이빙 플랫폼으로 끌어올리고 신속하게 인공호흡을 시작했다. 메볼리는 입에서 연신 피를 쏟아냈다. 맥박은 희미하게 펄떡거리고 있었다. 15분 후, 메볼리의 맥박이 멎었다. 의료진은 황급히 그의 잠수복을 잘라서 벗기고 가슴을 세게 펌프질하기 시작했다. 아드레날린도 주사했다. 심폐소생은 거의 한 시간 반 동안 지속됐다. 의료진은 메볼리를 스테이션 웨건에 싣고 인근 병원으로 후송했고, 그곳에서도 그를 소생시키기 위해 의사들이 달려들었다. 한 의사는 메볼리의 폐에서 1리터나 되는 액체를 뽑아냈다. 그리고 잠시 뒤, 의사들은 메볼리가 사망했다고 발표했다.

국제 프리다이빙 협회가 인가한 프리다이빙 경기의 21년 역사상 첫 번째 사망 사고였다. 뷜르는 슬픔과 화를 삭이지 못했다. 메볼리의 사망 사고가 있은 후 뷜르는 자신의 홈페이지인 넥토스Nektos.net의 공개 게시판에 젊고 의욕적인 신세대 프리다이빙 선수들이 바다와 자기 자신 그리고 프리다이빙의 본질로부터 얼마나 단절되고 있는지를 개탄하는 글을 올렸다.

뷜르는 프리다이빙 경기에 입문한지 1년 반밖에 안 된 메볼리가 도전한 수심이 최소 10년 정도 꾸준한 훈련과 체력 단련이 필요한 잠수라고 언급했다. 신세대 선수들은 너무 빨리, 너무 깊이 내려가고 있을 뿐 아니라, "심해 잠수에서 생존하는 데 필요한 적응 단계"를 건너뛰고 있다. 스스로를 치명적인 위험으로 내몰고 있는 것이다. 뷜르는 "언제부턴가 매우 심각한 사고가 일어날 수 있다는 걱정이 들기 시작했다"고 적었다. 그리고 이어서 선수들이 "화를 자초하고 있다"고 적었다.

니컬러스 메볼리의 죽음은 전 세계 언론의 헤드라인을 장식했다. 뷜르에게 이메일을 받고 사흘 뒤에, 알자지라 TV는 내게 이 비극적 사건에 대한 논평을 부탁했다. 그 이튿날에는 미국 공영라디오NPR의 「위크엔드 에디션」 프로그램에 출현했다. 프리다이빙의 세계에 발을 들여놓은 지 두 해 만에, 어찌 된 영문인지 세간에선 내가 이 분야의 전문가로 알려지게 되었다. 기분은 우쭐해졌지만 사실 좀 지나친 것처럼 보였다. 지금까지 내가 참석한 프리다이빙 경기는 두 번뿐이었지만, 나보다 더 많이 프리다이빙 경기를 관전한 기자는 없었다. 또 어떤 견해를 갖거나 판단을 할 만큼 확실히 무언가를 보기도 했다. 다른 건 다 차치하고라도 나는 오해를 바로잡고 싶었다.

NPR과 알자지라, 다른 언론들과 부모님, 친구들 그리고 내게 전화나 편지로 문의를 해온 취미 삼아 프리다이빙을 하는 사람들을 향해서 한 주 내내 내가 한 말은—그리고 이 책에서 조금이라도 더 분명하게 설명하려고 애쓴 요점은— 경쟁을 염두에 둔 프리다이빙, 즉 프리다이빙 경기는 지금까지 내가 조사하고 훈련받은 프리다이빙과 완전히 다르다는 것이었다.

경쟁을 목표로 하는 대부분의 프리다이빙 선수는 맹목적이다. 바닷속 세상에 관심도 없고 무지하다. 그런 선수들은 몸의 본능에 저항하고 자신의 한계를 무시하며 오로지 기록을 깨기 위해 자기 몸이 갖고 있는 수륙 양용 반사신경을 착취한다. 오로지 옆 선수보다 더 깊이 내려가겠다는 일념뿐이다. 때로는 목표 수심에 도달하기도 하지만, 때로는 실패한다. 그리고 때로는 의식을 잃거나 마비된 채로 혹은 그보다 더 나쁜 상태로 수면으로 올라온다.

프린슬루와 뷜르, 슈뇔러와 가조, 일본의 해녀들에게서 내가 배운 프리다이빙은 자기중심적이고 숫자에 집착하는 프리다이빙과 완전히 다르다. 이들이 알려준 프리다이빙은 물속 세상과 관계를 맺는 것이다. 자신을 둘러싼 환경을 더 예민하게 바라보고, 자신의 기분과 본능에 집중하고, 스스로의 한계를 존중하면서— 이유를 불문하고 어떤 방향으로도 스스로를 몰아붙이지 않고— 바다의 품에 스스로를 내맡기는 것이다. 그들의 프리다이빙은, 지구의 은밀하고 깊은 공간의 경이로움을 탐험하기 위한 정신적인 활동이다. 여기서 몸은 그 정신을 담고 있는 그릇에 지나지 않는다.

프리다이빙은 목적이 아닌 도구였다. 프리다이빙은 아무도 가본 적 없는 바닷속으로 나의 스승들을 데려다준 도구였다. 그들은 이 도구를 이용해서 바다와 그곳의 거주자들에 대해 오랫동안 많은 이가 갖고 있던 오해를 풀고 있었다.(향유고래들은 우리를 잡아먹을 마음이 없었고, 돌고래들은 우리에게 말을 걸려고 했으며, 상어들은 우리가 녀석들의 방식으로 접근하면 금세 온순해지고 장난스러워졌다.) 나의 스승들이 이룬 이 위대한 발견들은 언젠가 지구의 생명과 그들 안에서 우리의 자리를 바라보는 관점에도 커다란 변화를 가져올 것이다.

그날은 언제이고 또 정확히 어떤 변화를 가져올까? 역사의 흐름상, 클릭음과 홀로그램 의사소통에 관한 슈뉠러의 이론이 옳거나 또는 그르다고 판명되려면 몇 년 아니 어쩌면 수십 년이 걸릴 수도 있다. 패러다임을 변화시킬 만한 중대한 과학적 발견들은 늘 그래왔다.

프리드리히 메르켈의 유럽울새 실험이 알려지고 20여 년이 지난 1980년대가 되어서야 과학자들은 자기수용 감각의 존재를 인정했다. 특허 변호사 귄터 배흐터스호이저 역시 자신의 철-황 세계 이론이 검증을 거쳐 과학적 지지와 관심을 얻기까지 10년이라는 세월을 무명으로 버텼다. 과학은 이런 식이다.

돌고래에게 말을 건다는 개념이나 향유고래가 자기네끼리 3차원의 이미지를 주고받는다는 개념이 지금은 미친 소리로 들린다는 것을 나도 안다. 이 프로젝트를 시작할 때는 분명히 내게도 정신 나간 소리로 들렸다. 심지어 지금도 이런 개념에 대해 잘 모르는 사람과 대화를 나눌 때면 나는 노트부터 펼쳐놓고 싶다. 그래야 '사실들'로 무장하고 설명해줄 수 있으니까.

하지만 현실은, 슈뇔러나 심해에 드나드는 사람들을 의심하기에는 우리에게 시간이 얼마 없다는 것이다. 바다는 변하고 있다. 해수면은 점점 더 높아지고 산호들은 죽어간다. 어쩌면 50년 안에 멸종할지도 모른다. 전 세계 대양은 기름 유출, 쓰레기, 소음 공해, 핵폐기물 등의 환경적 위험들로 몸살을 앓고 있으며, 이 모든 위험이 한꺼번에 또는 그중 일부가 가세하여 고래와 돌고래들 그리고 우리가 알지도 못하는 많은 종의 생명을 죽이고 있다. 해마다 전 세계 바다에서 1억 마리의 상어가 죽어가고 있다. 어쩌면 우리는 상어를 완벽히 이해할 기회를 얻기도 전에 녀석들의 멸종을 애도해야 할지도 모른다.

더욱 중요한 것은 우리가 상어에 대해 무엇을 알게 되든, 그 지식은 틀림없이 우리 자신에게도 해당된다는 점이다.

지난 2년 동안 내가 확실하게 깨달은 한 가지는 우리가 우리 자신에 대해 아직 잘 모른다는 것이다. 지금도 내 귀에서는 그 해답이 종소리처럼 끊임없이 울리고 있다.

그 종소리를 처음으로 매우 선명하게 들었던 건 스리랑카에서였다.

일정의 마지막 날 우리는 낡은 보트에 다 같이 올라탔다. 슈뇔러와 프린슬루는 새벽부터 사이가 안 좋았고 기온은 37도에 육박했다. 애써 품위를 지키고 있었지만 다들 화를 참고 있는 기색이 역력했다. 우리는 트링코말리 협곡의 깊은 물 위에 떠 있었고 정오까지만 고래를 기다려보기로 합의를 본 상태였다. 정오가 지났다. 고래는 없었다. 육지는 그림자도 보이지 않았다. 사방 어디를 둘러봐도 죽은 듯 고요한 바다와 태양뿐이었다.

나는 수영을 하자고 제안했다. 일정이나 계획, 전략 같은 것들은 물론이고 카메라 따위도 다 보트 갑판에 던져놓자고 했다. 그냥 이번 한 번만 오로지 즐기면서 함께 다이빙하자고 말이다. 모두가 동의했다. 우리는 서둘러 잠수복을 꿰어 입고 한 사람씩 물속으로 뛰어들었다. 잠시 뒤 모두 심해의 문을 지나 그 아래로 사라졌다.

나는 숨을 한 번 크게 마신 다음 코를 꽉 쥐고서 머리를 박고 일행과 합류하기 위해 잠수해 들어갔다. 기 가조가 먼저 눈에 띄었다. 가조는 마치 등받이 의자에서 낮잠이라도 자는 듯이 머리 뒤로 손을 깍지 낀 채 부력이 사라지는 지점 언저리를 지나고 있었다. 슈뇔러는 가조 옆에서 몸을 완전히 쫙 뻗고서 느긋하게 수평으로 원을 그리며 헤엄치고 있었다. 두 사람 아래쪽으로 건물 7층 깊이쯤 되는 곳에서는 프린슬루가 남자친구 마셜과 이중으로 나선을 그리면서 헤엄쳐 내려가고 있었다. 그렇게 내려가다가 모두 검푸른 어둠 속으로 사라졌다.

우리는 어떤 존재일까? 문득 생각했다. 한 번씩 숨을 꾹 참을 때마다 나는 여전히 궁금하다.

감사의 글

2년 전, 나는 어느 보트 뱃머리에 발을 늘어뜨리고 앉아서 프리다이빙 경기의 긴장감과 의기양양함, 공포와 난해함을 묘사할 만한 글귀를 찾으면서 조증 환자처럼 노트북 키보드를 두들겨대고 있었다. 첫날 경기가 끝날 무렵 내가 건진 것은 선수 몇 명의 이름과 잠수 시간 그리고 인용구 몇 개가 전부였다. '사실들'만 꼽으면 그렇다. 프리다이빙은 처음에는 완전히 할 말을 잃게 만들었고, 그다음에는 쓸 말을 잃게 만들었다.

그날 밤, 『아웃사이드』의 편집장 알렉스 허드는 진척 상황을 묻기 위해 내게 전화를 걸었다. "프리다이빙은 하늘에 있는 것 같은 착각을 불러일으켜요. 하지만 실제로는 물속에서 벌어지죠. 날고 있는 것 같지만 실제로는 잠수하고 있다는 말이에요. 최고의 스포츠이지만…… 최악의 스포츠인 것 같기도 하고…… 가장 피를 많이 보는 스포츠인데……"라고 중얼거렸던 게 기억난다. 모르긴 몰라도 알렉스는 내게 전화를 걸기 전보다 훨씬 더 혼란스러워진 상태로 전화를 끊었을 것이다. 하지만 그 후 몇 주 동안 알렉스는 내가 더 많은 말을 쏟아낼 수 있도록 도와줬다. 그렇게 탄생한 글은 2011년 3월호의 모험 특집 기사로 실렸고, 이 책의 도화선이 되었다. 이 자리를 빌어 프리다이빙에 문외한인 나에게 경기를 취재하라고 바다 건너 먼 곳까지, 무려 열흘 동안 취재를 보내준 알렉스를 비롯한『아웃사이드』편집진에게 감사를 전한다.

현장 연구는 어렵다. 바다가 그 현장이라면 더더욱 어렵다. 쥐꼬리만한 예산밖에 없는 자급자족형 연구자들이 저개발 국가의 해안에서도 수십 킬로미터 떨어진 바다까지 삐걱거리는 낡은 보트를 타고 나가서 날림으로 만든 장비들로 바다의 가장 거대한 포식자들을 연구하는 일은, 종종 자살 행위에 가깝다. 이 책을 쓰는 동안 단 한 사람도 치명적인 부상을 입지 않았다는 것은 1년 반이라는 시간을 나와 함께했던 사람들의 임기응변 능력이 얼마나 뛰어났는지를 보여주는 명백한 증거다. 아니면 그저 운이 억세게 좋았거나.

파브리스 슈뇔러, 한리 프린슬루, 프레드 뷜르, 당신들의 물의 세계로 나를 초대해줘서 고맙습니다. "평상시에 돌고래들은 온순해요. 하지만 가끔은 당신을 강간하려 들 수도 있어요"라고 말하고는 곧장 물속으로 들어가라고, 돌고래랑 헤엄치라고 소리쳐줘서, 정말 눈물 나게 고마워요. 우리가 잠수했던 해변에 상어는 한 마리도 없다고 거짓말해준 것도 고마워요. 내 팔을 잡아끌고 잠수해서 이빨고래들 때문에 뼛속까지 오싹하게 만들어준 것도 감사한 일이죠. 내 프랑스어 억양을 흉내 내면서 놀리기를 하루에 딱 세 번만 해준 것도 고맙고요. 여러분이 끈질기게 나를 다그치지 않았다면 아마 온몸을 물에 담그는 일은 내 평생 없었을 겁니다.

바닷가 근처에서 평생을 살았지만, 솔직히 나는 수면 아래에서 벌어지는 일들에 대해서는 완전히 문외한이었다. 친절하고 참을성 많고 멋진 십수 명의 과학자가 그 깊고 어두운 곳에 이르는 길에 빛을 비춰줬다. 그들은 나의 메일에 답장을 해줬고, 내게 다시 전화를 걸어줬고, 나 혼자였다면 이해하는 데 몇 달이 걸렸을 숱한 사실을 몇 시간 만에 설명해줬다. 게다가 그들은 "대단히 고맙습니다" "후아! 정말 끝내줍니다!" "기대 이상입니다. 굉장하네요!" 같은 나의 변변찮은 감사의 말 몇 마디로 그런 수고를 기꺼이 감내해줬다. 서던미시시피대의 스탠 쿠차이, 어드벤스드 다이빙 시스템의 솔 로서, 애버딘 대학의 앨런 제이미슨, 파리 대학의 파비엔 델푸르, 몬터레이베이 수족관 연구소의 로버트 브리즌후크, 캘리포니아 과학아카데미의 바트 셰퍼드, 서브멕스 사의 존 베번, 스크립스 해양연구소의 더그 바틀릿과 폴 폰가니스가 그들이다. 또 잊을 수 없는 사람은 오션센서 사의 명석하고 적극적인 킴 매코이다. 킴은 수십 년간 쌓은 자신의 해양 지식은 물론이고 관련자들의 명함이 담긴 두툼한 지갑을 수십 번이나 내게 빌려주기도 했다.(라호이아 번화가에 있는 카페에서 에스프레소 한 잔만 사면, 킴은 당신이 알고 싶은 모든 걸 말해줄 것이다. 그것도 거의 속사포처럼 말이다.)

편집과 다시 쓰기는 아슬아슬한 줄타기다. 운 좋게도 내게는 러빈 그린버그 출판 에이전시의 대니엘 스벳코프가 있었다. 그는 항상 꼭 필요한 순간마다 나 대신 그 줄을 타줬다. 제때 전화를 잘 받아주는 출판 에 이전트는 선물이다. 편집까지 잘한다면, 보물이다. 이튿날 편집자에게 넘겨야 할 초고 수십 쪽을 읽느라 새벽 3시까지 잠도 못 자는 사람, 그것도 한두 번이 아니라 무수한 밤을 꼴딱 새워준 은인을 뭐라고 불러야 할까? 그런 수고를 하면서도 한 번도 웃음을 잃지 않는 사람이라면? 게다가 '지금까지도' 전화 호출을 하면 바로 이튿날 응답해주는 사람이라면? 나라면 이렇게 답하겠다. 미친 거 아니냐고. 고마워요, 대니엘 스벳코프. 이제 제발 잠 좀 자요.

최근 20년간 출판된 책들 가운데 에이먼 돌런의 정곡을 찌르는 재치와 편집 역량 그리고 철학적 깊이가 더해져 찬사를 받은 책들의 '감사의 말'을 인쇄하는 데 들어간 잉크를 모두 모아서 신문지에 쏟은 뒤, 그 신문지들을 땅에 펼쳐놓으면 가이아나협동공화국을 덮는다는 소문이 있다.(지도를 펼쳐놓고 가이아나를 찾아보라. 꽤 넓다. 21만4970제곱킬로미터나 된다.) 그 소문이 맞았다. 에이먼 돌런은 한마디로 진짜 '거물'이다. 그의 집요하고 끈덕진 지원과 대가다운 조언은 내가 첫 줄을 쓸 때부터 마지막 줄을 쓰는 순간까지, 정신을 피폐하게 만든 그 암울한 인고의 시간 내내 한 치의 흔들림도 없었다. 그래서 나도 잉크를 보태야겠다. 예상은 했지만, 그래도 다시 한번 인정한다. 그런 소문이 괜히 나도는 게 아니었다.(에이먼, 감사해요. 약속할게요. 앞으로 어떤 글을 쓰더라도 '믿을 수 없을 만큼'이란 말과 '어마어마한'이란 수식어는 절대로 쓰지 않겠다고.)

수심 5000피트에서 보호 장비를 착용하지 않으면 눈에서 피가 뿜어져 나올까? 오리가 익사하는 데는 얼마나 걸릴까? 잠수복을 입은 채로 오줌을 싸면 어떻게 될까? 줄리 쿰베의 미결 서류함에는 거의 1년 내내 날마다 이런 고약한 질문들이 적힌 서류가 쌓인다. 줄리는 이 책에서 역사적 사실과 과학적 연구를 다루는 데 큰 도움을 줬다. 그것도 '눈 한 번 깜빡 않고 근면하게' 말이다.(그녀에게 이 문장을 손보라고 했다면 당연히 '정말 잘'이라는 말로 고쳤을 테지만.) 줄리는 내가 실수한 사실 관계들을 바로잡아줬는데, 너무 많아서 일일이 거론할 수 없을 정도다. 뛰어난 유머 감각과 더 뛰어난 업무 효율성을 보여준 줄리에게 감사한다.

그 밖에도 이 책이 탄생하기까지는 수많은 사람의 도움이 있었다. 이 책에 단역으로 등장한 사람도 있고, 자신의 개인 정보를 제공해준 사람도 있었다. 이따금씩 내게 맥주를 사주고 미국의 국제선 노선들이 선정한 후진 영화들에 대한 푸념을 들어준 사람도 있었다. 마르쿠스 (꿈 깨라) 픽스, 막스 랑드, 『브레솔로지Breathology』의 저자 스티그 세버린센, 버트런드 데니스, 캡틴 조스, MIT 미디어 랩의 스티븐 키팅, 오픈로브의 데이비드 랑, 트리톤 서브머린의 마크 데프, 태드 팬더와 애덤 피셔가 바로 그들이다. 프로파일 북스(영국)의 대니얼 크루는 처음에는 내게 차분하게 용기를 줬고 마지막에는 최고의 편집을 선사했다. 고마워요 대니얼.

스위스인 특유의 중립적인 직업정신으로 지원해준 이매뉴얼 본리, 그리고 고 프로젝트Go Project 영화사의 직원들에게도 감사를 전한다. 스리랑카에서의 향유고래 포착 작전으로 어지간히 손해를 봤지만 불평 한마디 하지 않았던 사람들이다. 또 한 사람, 지금까지 내가 본 최고의 수중 사진들을 찍은 당사자이자, 벨기에에서 현란한 외교 능력으로 침몰해가던 우리의 여행을 궤도로 올려놓은 장마리 지슬랭을 빼놓을 수 없다.

이 책의 첫머리에 삽입된 경이롭고 매혹적인 사진들은 프레드 뷜르, 장마리 지슬랭, 얀 울리아, 올리비에 보르데olivierborde.com, 안넬리 폼페annelipompe.com가 제공해줬다. 프랑스인, 벨기에인, 그리고 프랑스어를

쓰지 않는 이들까지 모든 훌륭한 이에게 감사 인사를 전한다!(이 문장은 프랑스어로 적혀 있다.—옮긴이)

위에 적은 웹사이트를 찾아보려거든 한리 프린슬루의 아이엠워터iamwater.co.za와 데어윈darewin.org도 부디 검색해보길 바란다. 이들 조직은 모두 해양 탐험과 해양 환경 보호활동을 직접 실천하고 있으며, 지금까지는 꽤 잘해내고 있다. 두 조직 모두 빈약한 예산으로 활동 중이다. 힘을 보태고 싶다면 연락해보길.

『맨스 저널Man's Journal』의 윌 코크럴은 수완이 어찌나 좋은지, 사장을 설득하여 한 번도 함께 일해본 적 없는 기자를 한 번도 들어본 적 없는 섬으로 보내 실패할 확률이 높은 어떤 프로젝트를 취재하게 해줬다. 그 프로젝트가 바로 『맨스 저널』 2012년 6월호의 특집 기사 「상어 밀고자The Shark Whisperer」에서 집중 조명된 '샤크프렌들리'였다. 윌이 아니었다면 레위니옹에 갈 수도 없었거니와 슈뇔러를 만날 일도 없었고, 지난 2년 동안 심해를 파고들 일도 결코 없었을 것이다. 승률 없는 게임에 기회를 준 윌 그리고 『맨스 저널』의 직원들, 감사합니다.(그리고 여담이지만, 번쩍번쩍 빛나는 장비나 간혹 고가의 가죽 제품을 광고했다가는 바보 취급을 받을 겁니다. 물론 그래도 『맨스 저널』이 최고의 잡지 반열에 든다는 사실은 변함없지만요.)

아직 잘 이해하지 못했을까봐 하는 말인데, 프리다이빙은 취미로 한다고 해도 굉장히 위험하고 치명적인 스포츠다. 많은 프리다이버가 이 사실을 부인하며 스스로를 기만한다. 결과적으로 해마다 충분히 방지할 수 있는 사고로 인해 많은 다이버가 목숨을 잃는다. PFI의 에릭 피넌과 이머전 프리다이빙Immersion Freediving의 테드 하티가 가르쳐준 끝내주는 진짜배기 잠수 기술은 나를 포함한 수천 명의 다이빙 초보자에게 생명줄이나 다름없다. 깊이 내려가고 싶다면, 일단 정상에서 시작해야 한다. 이 정상급 다이버들을 모델로 삼아야 한다는 의미다. 그리고 기억해야 한다. 자신의 한계를 분명히 알고, 절대 혼자 잠수하지 말 것. 항상 통제 범위 안에 머무를 것.

윌리엄 트루브리지라면 십중팔구 이 책에 동의하지 않을 것이다. 물론 나도 트루브리지의 프리다이빙 접근 방식에 순순히 동의하지 않는다. 하지만 그리스에서 다섯 시간에 걸쳐 나와 이야기를 나누고 내가 프리다이빙에 도전할 수 있도록 영감을 준 점에 대해서는 지금도 고맙게 생각한다.

두바이 공항에서 티셔츠로 얼굴을 덮은 채 벤치 밑에 대자로 뻗어서 열일곱 시간 체류하는 내내 잠을 자고 있던 꾀죄죄한 사람을 본 적이 있는지 모르겠다. 1년 하고도 6개월 동안 내 행색이 그랬다. 말할 필요도 없지만, 너무 오랫동안 집을 비웠다. 내가 떠나 있던 몇 달 동안 브렌트 존슨과 마일 시버트는 우리 개 페이스를 돌봐줬다. 몸 여기저기가 망가져 집에 돌아왔을 땐 어맨다 빌레키 몰러 침술원의 어맨다가 내 몸을 고쳐줬다. 서클 커뮤니티 침술원이 그 뒤를 이어 내 몸을 계속 손봐주고 있다.(젠, 데이비드, 멀리사 고마워요.)

몇 년 전 어머니는 절대 본업을 그만두지 말라고 내게 충고하셨다. 그 점에 대해서만큼은 틀렸지만, 다른 숱한 것에 대해서는 늘 어머니가 옳았다. 감사해요, 어머니. 어떤 여행을 하든지 '카약' 일정이 포함된 일정표는 무조건 어머니께 전송하겠다고 약속할게요.

이 책은 샌프란시스코 작가 집단 그로토San Francisco Writers' Grotto에서, 인버네스와 캘리포니아에서 임대한 작은 오두막들에서, 그리고 샌프란시스코 메카닉스 인스티튜트 도서관 2층 장식 예술 서가의 책상에서 쓰였다.

Ĉi tiu libro estas dediĉita al tiuj,
kiuj klaki la Majstro Switch.
마스터 스위치를 올린 이들에게 이 책을 바친다.

주

| 수심 60피트 |

1 1981년에 동시 산란이 처음 발견된 이래로, 산호는 과학자들을 당혹스럽게 만들었다. 빛이나 열을 감지하지 못하는 원시 동물임에도 불구하고 산호는 우리 인간보다 더 정교한 방식으로 서로 소통한다.

2007년, 호주와 이스라엘의 학자들로 구성된 한 연구진이 산호의 의사소통 방식을 파헤치는 데 도전했다. 이들은 산호가 CRY2라 불리는 유전자를 보유하고 있으며, 그로 인해 빛의 미묘한 변화를 구별할 수 있다는 사실을 발견했다. 인간을 포함해 많은 식물과 동물이 CRY2 유전자를 공유하는데, 이 유전자는 빛의 강도뿐 아니라 자기장에서 일어나는 미묘한 변화를 감지하는 능력과도 관련이 있다. 인간의 경우, CRY2 단백질은 생물학적 주기(24시간 주기)에 따른 수면 리듬을 결정하는 데 영향을 미치며, 우울증이나 기분장애와도 관련이 있을 것으로 추측된다. 산호는 이 유전자를 가장 원시적이고 가장 작은 '눈'으로 이용하고 있는 셈이다.

이 연구의 공동 연구자였던 빌 레갓은 2007년 10월 22일 『사이언스』에 실린 기사에서 "이 특별한 유전자로 인해 산호는 푸른빛을 감지하고 실제로 달의 변화를 파악한다"고 설명했다. 레갓과 함께 연구를 진행했던 과학자들은 산호가 CRY2 유전자를 이용해서 계절의 흐름을 감지하여 특정한 날, 특정한 강도의 빛이 비추는 시간에 일제히 산란할 수 있다고 믿는다. 텔레파시가 아니라, 하늘의 변화와 날짜의 흐름에서 단서를 얻는다는 것이다.
일각에서는 이런 주장을 놀라운 깨달음으로 여기기도 했지만, 레갓의 이론은 산호에 대한 기존의 많은 보고서나 논문과 배치되었다. 일례로 레갓의 보고서에는 빛이 없는 곳에서도 동시에 산란하는 산호에 대해서는 언급되지 않았다. 다시 말해서 자연적인 빛이 완벽하게 차단된 산호 종들이 수천 킬로미터 떨어진 수백 피트 심해에 서식하는 다른 산호 종과 동시에 산란하는 사실에 대해서는 언급을 회피한 것이다. 세계 각지의 아쿠아리움에서도 종종 이런 현상이 목격된다.
이론과 별개로, 2007년에는 산호가 CRY2 유전자를 보유하고 있다는 사실 하나만으로도 뉴스거리가 되었다. 레갓을 비롯한 여러 과학자에게 이 유전자는 바다뿐 아니라 그곳에 서식하는 가장 원시적인 동물과 인간의 유연관계를 보여주는 본보기였다.
"CRY2 유전자는 약 2억4000만 년 전에 진화한 산호들이 유전으로 대물림하기 이전에도 수억 년 동안 존재했을 뿐 아니라 오늘날 인간을 비롯한 많은 동물에게서도 발견되고 있다"고 레갓은 설명했다. 퀸즐랜드대에서 해양과학부를 총괄하는 오브 회굴드버그는 CRY2 유전자 발견에 대해 다음과 같이 논평했다. "이 유전자는 인간과 산호가 아득히 먼 과거에 조상을 공유했던 먼 친척임을 보여주는 하나의 지표다." 인간과 바다의 관계는 그 범위가 해저의 딱딱하고 하얀 암석 같은 덩어리들에까지 뻗어 있는 듯하다.

| 수심 300피트 |

1 동물의 수륙 양용 반사신경을 처음으로 실험대에 올린 사람은 프랑스의 생리학자 폴 베르였다. 1870년대에 베르는 오리와 닭을 물속에 넣고 익사하기까지 얼마나 걸리는지 시간을 쟀다. 오리들은 물속에서 7분에서 최대 16분까지 버틴 반면에 닭들은 3분 30초 만에 익사했다. 과학적 관점에서 이 결과는 이해하기 어려웠다. 일반적으로 닭과 오리는 생물학적으로 폐의 용적, 몸무게, 순환 시스템까지도 매우 유사하다. 그런데 물은 오리의 생명은 연장시키고 닭은 더 빨리 익사시키는 것처럼 보였다.
베르는 자칭 '밀폐된 공간에서의 죽음'이라는, 설명하기도 끔찍한 일련의 실험들을 진행하면서 그 해답을 계속 찾아갔다. 오리의 혈액을 일부러 빼서 닭의 혈액량과 동일하게 맞춘 다음 물속에 넣고 둘 중 어느 동물이 더 빨리 죽는지 관찰하기도 했다.(이번에도 닭이 오리보다 두세 배 더 빨리 죽었다.) 갓 태어난 새끼 고양이들을 종 모양의 단지에 쑤셔 넣고 단지를 밀봉한 뒤에 고양이들이 죽는 데 걸리는 시간을 잰 실험도 있었다.(새끼 고양이들은 다 자란 고양이가 교살될 때와 비슷한 시간을 버티다가 죽었다.) 개의 피를 빼서 죽인 다음 시체의 입과 항문에 전선을 연결해 감전시켜서 시체의 산소 농도에 변화가 있는지 관찰하는 실험도 했다.(물론 변화는 없었다.) 여러 개의 병에 오줌을 누고 병들을 각기 다른 압력하에 며칠씩 방치하는 실험도 수행했다. 그 결과는 베르의 말을 빌리면, "완전히 탁하고, 엄청나게 알칼리성을 띠었으며 지독하게 역겨웠다."

개, 참새, 쥐, 고양이, 새끼 고양이, 토끼, 닭, 오리를 수십 마리씩 죽이고, 몸소 화장실을 들락거리는 수고를 아끼지 않으면서 무려 650번의 실험을 진행했지만, 베르는 오리가 물속에서 닭을 비롯한 다른 동물들보다 더 오래 생존하는 까닭을 밝히는 데는 한 발짝도 다가서지 못했다. 하지만 결실이 전혀 없지는 않았다. 베르는 고농도의 산소를 호흡하면 산소 중독을 일으킬 수 있다는 사실을 발견했다.(훗날 이 발견은 '폴 베르 효과'라고 불린다.) 1050쪽에 달하는 베르의 책 『기압계의 압력: 생리적 실험에 관한 연구Barometric Pressure: Researches in Experimental Physiology』는 1878년에 출간되자마자 고전의 반열에 올랐고, 다음 세기에 스쿠버다이빙과 고도 비행이 출현하는 데 밑거름이 되었다. 오늘날 베르는 항공의학의 아버지로 평가된다.

2 1960년대 말에 이를 즈음, 잠수 동물의 생리학에 대한 연구는 나날이 더 기묘하고 괴기스러워졌다. 그 선봉에 해양동물생리학자 로버트 엘스너가 있었다. 엘스너가 실시했던 수많은 실험이 1969년 『예일 생물학 및 의학 저널Yale Journal of Biology and medicine』에 실렸는데, 그중에는 임신한 양의 배를 갈라서 열어놓고 어미와 태아의 질식 반응을 살핀 실험도 있었다. 또한 엘스너는 D. D. 하몬드, H. R. 파커와 함께 남극 대륙을 여행하면서 웨델바다표범을 대상으로 비슷한 실험을 실시했다. 이들이 발견한 사실은 양과 웨델바다표범의 태아가 질식에 동일한 방식으로 반응한다는 것이었다. 심장박동이 급격히 떨어지고 중요한 기관들로 혈액이 역행했다.

3 무거운 웨이트나 기계의 도움을 받아 매우 깊은 곳까지 내려가는 동안 또는 다이버가 몇 시간 간격으로 수심 100피트 아래로 연달아 잠수할 때는 질소 기체가 혈액 속에 축적된다. 고대 남태평양의 진주잡이들은 수심 140피트까지 하루에도 40회에서 60회가량 잠수를 하곤 했는데, '타라바나taravana'라 일컫는 극심한 통증을 겪기도 했다. 현기증, 마비, 착시와 같은 증상이 수반되는 이 통증은 나중에 감압병이라고 알려진 증상과 매우 유사했다. 1970년대에 에드워드 랜피어 박사는 비교적 얕은 수심까지 잠수하거나 잠수한 시간의 두 배만큼 수면 부근에서 머물면, 즉 몸이 혈액 속 질소 거품을 제거할 수 있도록 시간을 주면 감압병을 예방할 수 있음을 입증했다.(참고: http://www.skin-diver.com/departments/scubamed/FreedivingCauseDCS.asp.)

| 수심 650피트 |

1 지금까지 상어의 전자기 감지능력은 녀석들이 겨냥하는 표적에서 약 90센티미터 이내로 근접했을 때만 측정되었다. 연구자들은 상어가 표적에게 최후의 일격을 가할 때 이 전자기 감지능력을 발휘해 턱의 방향을 정확히 조준한다고 본다. 예컨대 백상아리는 표적 몇 미터 앞에서부터 눈동자를 두개골 안쪽으로 말아 넣어 보호하고 전자기 감지능력의 안내를 따른다(참고: http://science.howstuffworks.com/zoology/marine-life/electroreception1.htm).

2 Guy Deutscher, *Through the Language Glass*, Picador, 2011.(한국에는 기 도이처, 『그

곳은 소, 와인, 바다가 모두 빨갛다』, 윤영삼 옮김, 21세기북스, 2011로 번역되었다. — 옮긴이)

3 대조군에 속한 (자석을 묶지 않은) 학생 중에서는 77퍼센트의 학생이 75퍼센트의 정확도로 대학의 방향을 가리킨 반면, 자석을 묶은 학생 중에서는 단 50퍼센트만이 정확하게 대학의 방향을 가리켰다. 추가적인 실험에서도 결과는 같았다.(Robin Baker, *Human Navigation and the Sixth Sense*, Simon&Schuster, 1981, 52쪽 참조).

4 10여 년 전에 웨스턴온타리오대의 한 연구진이 뇌 안에 존재하는 저자기장의 효과에 대해 일련의 실험에 착수했다. 대부분의 실험 결과는 뇌의 저자기장이 무의식적 사고와 감각들을 처리하는 뇌의 영역에 지속적으로 영향을 미치고 있으며, 간혹 강력한 영향을 미칠 때도 있음을 보여주었다. 2009년에 실시된 실험에서는 실험에 자원한 31명의 피험자들에게서 저자기장의 효과가 관찰되기도 했다. 이 실험은 저자기장이 뇌의 어떤 부위와 어떤 기제에 영향을 미치는지를 밝히기 위해 설계된 실험이었다. 연구자들은 피험자들을 한 사람씩 자기공명 촬영 장치 안에 들어가게 한 뒤에 뜨거운 막대로 피험자들을 쿡쿡 찔렀다. 그리고 피험자들을 두 그룹으로 나누었다. 대조군과는 동일한 조건에서 동일한 실험을 반복했고, 다른 한 그룹은 200마이크로테슬라에 불과한 아주 약한 자기장에 노출시켰다.

대조군과 실험군 모두 두 번의 실험에서 가열된 막대로 찔렸을 때 느낀 고통에는 차이가 없었다. 하지만 자기장에 노출된 그룹의 자기공명 영상은 통증을 처리하는 뇌 영역(전측대상회, 뇌섬엽, 해마)에서 커다란 변화가 일어났음을 보여주었다. 저자기장에 노출된 그룹의 뇌는 통증 신호를 조금 덜 처리하고 있었다. 물론 이 그룹의 피험자들은 의식하지 못했지만 말이다.

이 연구의 결과는 저자기장의 효과가 눈에 띄게 분명한 것은 아니지만(즉, 의식적으로 감지되는 것은 아니지만) 잠재적으로 존재함을 암시한다. 다시 말해서 저자기장은 부지불식간에 우리의 뇌 기능에 영향을 미칠 수도 있다는 것이다.

지구의 자기장은 그 범위가 25마이크로테슬라에서 65마이크로테슬라 사이로, 실험에서 이용한 자기장보다 네 배 정도 약하다. 지구의 미묘한 자기장만으로도 인간의 뇌가 방향을 감지할 수 있는지는 아직 아무도 모른다. 하지만 위 실험 결과에 고무된 웨스턴온타리오대 연구진은 다음과 같이 논평했다. "자기수용 감각은, 어쩌면 지금 우리가 생각하는 것보다 훨씬 더 보편적인 것인지도 모른다."

| 수심 800피트 |

1 수많은 사람이 메스트르의 죽음에 대한 책임을 슬레드의 공기탱크를 채우지 않은 그녀의 남편 페레라스에게 돌린다. 메스트르와 막역한 친구이자 프리다이빙 파트너이기도 한 카를로스 세라는 페레라스가 아내의 성공을 몹시 시기했고 두 사람의 결혼생활은 파경에 이르렀다고 설명했다. 페레라스가 의도적으로 공기탱크를 채우지 않았을 것으로 의심하는 사람은 세라만이 아니었다. 당시 보트에 동승했던 몇몇 사람은 메스트르가 잠수

하기 전에 페레라스에게 공기탱크를 채웠는지 여러 차례 물었고, 그때마다 페레라스는 채웠다고 대답했다고 기억했다. 지금까지도 많은 다이버가 메스트르의 죽음에 대한 책임이 페레라스에게 있다고 믿는다. 물론 페레라스는 자신이 무고하다는 입장을 고수하고 있다. 도미니카공화국 당국은 페레라스에게 무죄를 선고했다. 메스트르가 사망하고 1년 뒤 페레라스는 무제한 프리다이빙에서 561피트로 개인 신기록을 달성했다.

2 로런스 어빙은 웨델바다표범이 깊은 물속에서 외려 산소를 획득하는 것처럼 보일 만큼 심해 잠수에 상당히 잘 적응했다는 사실을 알아냈다. "다양한 사례와 설명을 바탕으로 우리는 특정한 포유류들이 질식에 대해 인간을 훨씬 뛰어넘는 저항력을 갖고 있으며, 그 저항력은 그들의 산소 저장 능력에 근거해 우리가 예측할 수 있는 수준을 훨씬 능가한다."

3 20세기에 실시된 과학적 조사는 오히려 아마의 기록 주장에 대한 의혹만 가중시켰다. 일본 동남해 연안에서 노동 환경 실태를 조사하던 일본 직업과학연구소 소장인 데로우카 기토 박사는 해녀의 잠수 능력에 경악했다. 그는 한 아마가 수심 85피트 아래로 잠수하여 20여 분을 머물다 올라오는 광경을 직접 목격했다. 10도 안팎의 싸늘한 물속에서도 아마들은 얇은 무명 치마 한 장만 걸치고 있었다. 의학박사였던 데로우카에게는 도저히 믿기지 않는 광경이었다. 수중 85피트에서의 압력은 수면의 거의 네 배에 이른다. 몸속의 장기가 오그라들고 폐가 눌려 터질 만한 압력이다. 그 정도 온도의 물속에서는 한 시간 안에 저체온증이 찾아와야 마땅했다. 그런데 해녀들은 그러지 않았다. 날마다 몇 시간씩, 수십 년 동안 그들은 냉랭한 기온에도 아랑곳 않고 깊디깊은 수심까지 잠수했다. 해녀들은 잠수를 즐겼을 뿐 아니라 거의 대부분 완벽하게 건강했다. 몇몇 해녀는 70대에서 80대까지도 잠수했다. 데로우카는 아마 해녀를 대상으로 온갖 검사를 실시했다. 잠수 전후로 해녀들의 폐활량을 측정하는 등 데로우카는 해녀들이 지닌 명백한 수륙 양생 능력을 보여줄 단서를 찾기 위해 동원할 수 있는 모든 방법을 동원했다. 1932년에 독일어로 발표된 데로우카의 논문 「아마와 그들의 노동Die Ama und ihre Arbeit」은 무호흡 잠수에 대한 최초의 과학 보고서였다. 이 논문은 해답보다 의문점을 더 많이 내놓았다. 아마 해녀에 대한 수수께끼는 점점 더 커져만 갔다.

1940년대에 이르러, 데로우카의 연구에서 영감을 얻은 나치는 물속에서 인간의 몸이 적응할 수 있는 한계를 알아내기 위해 독자적인 실험을 실시했다. 해녀들의 일상적인 잠수 습관을 그대로 따라서 알몸의 희생자들을 얼음장처럼 차가운 물속에 몇 시간씩 강제로 집어넣고 희생자들의 몸에서 일어나는 분자적, 생리학적 변화와 행동의 변화를 관찰했다. 차가운 물속에서 꺼낸 희생자들을 곧바로 뜨거운 물속에 집어넣어서 회복에 걸리는 시간을 측정하기도 했다. 저체온증에 걸린 희생자를 극도로 뜨거운 열에 노출시키고 혈청을 주사하기도 했다. 희생자의 숨이 끊어질 때까지 산소를 고갈시키거나, 여러 기체가 혼합된 가스로 호흡하게 하거나 이산화탄소만으로 호흡하게 하는 등의 실험도 강행했다. 이런 괴기스러운 실험들에서 얻은 데이터의 대부분은 나중에 폐기되었다. 현재까지 남아 있는 극소수의 자료 중에도 결정적이라 할 만한 자료는 없다.

어쩌면 진짜 발견은 데로우카와 나치가 아무것도 밝혀내지 못했다는 점인지도 모른다.

그들은 아마가 평범한 여성들보다 폐가 조금 더 크고 차가운 물로부터 몸을 보호할 만큼 조금 더 통통하다는 점을 제외하고는 어떤 특별한 점도 발견하지 못했다. 또한 해녀들의 몸에서 어떤 유전적 특이점이나 수륙 양생의 특징들을 찾아내지도 못했다. 아마의 잠수 비결은 오늘날의 과학자들조차도 들춰내지 못한 채 완벽히 베일에 감춰져 있다.

| 수심 1000피트 |

1 1940년대 초에 이 연구에 대해 알게 된 플로리다주 생어거스틴 해양 공원의 큐레이터 아서 맥브라이드는 업무상 수도 없이 그 행동을 관찰했던 돌고래들에게도 반향정위 능력이 있는지 확인해보고 싶었다. 그는 무려 10년 동안 자신이 관찰한 바를 세밀하게 기록했지만, 안타깝게도 돌고래들에게 반향정위 능력이 있음을 명확하게 입증하지 못하고 1950년에 눈을 감았다.

미국의 심리학자 윈스럽 켈로그가 맥브라이드 연구의 맥을 이었다. 그는 돌고래 두 마리를 얻어서 풀에 풀어놓았다. 풀 한가운데에는 양쪽 가장자리에 돌고래 한 마리가 통과할 수 있을 만큼의 구멍이 뚫린 그물을 설치했다. 돌고래들은 구멍의 위치를 쉽게 찾아냈을 뿐 아니라 거침없이 구멍을 통과해 헤엄쳐 다녔다. 켈로그는 물속에서는 보이지 않는 투명한 플렉시 유리로 구멍을 임의대로 막아놓고 돌고래들의 행동을 관찰했다. 무작위로 유리의 위치를 바꾸었고, 물속에서는 유리가 보이지 않았기 때문에 돌고래들은 어느 쪽 구멍이 막혔는지 알 수 없었다. 그런데 돌고래들은 100번 중 98번이나 유리가 없는 구멍을 찾아냈다.

켈로그에게 이 실험들은 돌고래가 시각이 아닌 다른 감각을 이용하고 있음을 증명하는 명백한 증거였다. 그 다른 감각은 필시 반향정위일 가능성이 컸다. 하지만 돌고래들의 시력이 굉장히 좋아서 물속에서 반사된 플렉시 유리를 볼 수 있을지 모른다는 반론도 만만치 않았다. 1960년대에 로스앤젤레스 캘리포니아대의 동물학자 케네스 노리스가 돌고래의 반향정위 능력을 최종적으로 증명했다.

그는 풀 안에 몇 피트 간격으로 수직 파이프들을 세워 미로를 만들고, 돌고래 한 마리의 눈에 고무 컵을 씌웠다. 고무 컵은 돌고래의 시각을 완벽하게 차단하는 눈가리개 효과를 냈다. 그리고 노리스는 잠시 눈이 보이지 않게 된 돌고래를 풀에 풀어놓았다. 돌고래는 파이프들을 피해가며 쏜살같이 물속에서 헤엄쳤다. 이번에는 물고기 한 마리를 미로 속에 풀어놓았다. 그러자 돌고래는 파이프 사이를 요리조리 헤엄쳐 물고기를 찾아내 잡아먹었다. 58회에 걸쳐 실험을 거듭하는 동안 눈을 가린 돌고래는 단 한 번도 파이프에 부딪히지 않았다. 노리스는 돌고래에게 반향정위 능력이 존재한다는 사실뿐 아니라 그것이 놀라우리만치 정교하다는 사실도 증명했다.

2 릴리 박사는 이 실험에 대해 다음과 같이 설명했다. "돌고래들은 휘슬음 무리와 대화하면서 동시에 클릭음 무리와도 대화할 수 있다. 이때 휘슬음 무리와 클릭음 무리는 완벽하게 구별된다. 휘슬음 무리와 대화가 중단되는 막간의 침묵을 이용해 클릭음을 교환할

수 있고, 반대로 클릭음 무리와의 막간은 휘슬음으로 채울 수 있다."(릴리와 밀러, 「돌고래들의 음성 교환Vocal Exchanges Between Dolphins」 참고)

3 쿠차이는 나머지 회원들을 기다리면서 크루아상을 뜯어 먹는 동안 내게 돌고래 언어 연구의 흑역사를 들려주었다. 릴리 박사가 CRI를 설립할 즈음, 미 해군은 수중전 센터에서 인간의 말을 돌고래의 휘슬음으로 번역하고 그 역으로 해독하는 장치를 만들기 위해 세 과학자를 고용했다. 이름하여 인간-돌고래 커뮤니케이션 프로젝트였다. 1964년 즈음, 하버드대의 물리학자이자 기계공학자인 드와이트 W. 배토가 이끈 이 프로젝트 팀은 하와이의 비밀 실험실에서 푸카와 모이라는 이름의 돌고래 두 마리를 훈련시켰다. 인간-돌고래 번역기라 불리는 장치는 가령 배토가 마이크에 대고 영어 단어를 말하면, 청각 신호가 그 단어에 상당하는 돌고래의 휘슬음으로 번역되고 야외의 풀 속에 있는 수중 스피커를 통해 방송되는 식으로 작동했다. 푸카와 모이가 소리에 반응하면 번역기는 돌고래들의 휘슬음을 다시 그에 상당하는 영어 단어로 번역했다.

배토의 연구에 참여했던 과학자 중 한 명인 패트릭 플래너건은 인간-돌고래 번역기가 돌고래와 인간이 공동으로 사용하는 서른다섯 개의 단어를 성공적으로 번역할 수 있다고 주장했다. 플래너건은 10년 안에 인간과 돌고래가 500개의 공통 어휘를 갖게 될 것으로 예측했다. 1967년에 이 프로젝트 팀은 연구를 종료하고 최종 보고서를 작성하고 있었다. 보고서에는 프로젝트를 통해 인간과 돌고래의 음성 의사소통이 성공적으로 이루어졌다고 적혀 있었다. 배토는 프로젝트를 존속시켜서 공통 어휘를 더 확장해야 한다고 주장했다. 배토의 주장은 전국적인 화제가 되었고 하버드대는 배토에게 이 연구에 대한 강의를 해줄 것을 부탁했다. 하지만 안타깝게도 최종 보고서를 완성하기 전에 배토는 집 근처 해변에서 시신으로 발견되었다. 부검의의 보고서에 적힌 배토의 사인은 익사로 인한 질식이었다. 일부에서는 그의 죽음에 의혹을 품었다. 배토는 수영 실력도 뛰어난 데다 매우 건강했기 때문이었다. 미 해군의 수중전 센터는 인간-돌고래 커뮤니케이션 프로젝트를 중단했고 모든 기록을 기밀 정보로 분류했다. 이 프로젝트와 관련된 기록은 대부분 자취를 감추었다.

1961년에 『라이프』 지가 선정한 '가장 영향력 있는 100명의 미국인'에도 이름을 올렸던 패트릭 플래너건은 피라미드형 구조의 신비로운 힘에 관한 연구로 눈을 돌렸다. 현재 그는 결정 에너지라 불리는 물 첨가제와 로션을 판매하고 있는데, 그의 주장인즉 결정 에너지를 수돗물에 첨가하면 수돗물이 건강과 장수에 도움이 되는 묘약이 된다는 것이다. 플래너건의 유튜브 동영상은 조회수가 수만 건이 넘는다.

1980년대에 이르러 모스크바에 있는 러시아 과학아카데미 소속의 과학자 두 명은 돌고래와 공유하는 의사소통 단위를 30만 개 이상 찾아냈다고 주장했다. 이 연구를 이끈 블라디미르 I. 마르코프는 한 보고서에서 돌고래들이 매우 광범위한 청각 신호를 통해 정보를 교환하며 그 청각 신호가 중국 광둥어 같은 성조 언어와 유사하다고 기록했다. 돌고래들의 청각 신호에는 음소가 포함되며, 인간의 언어처럼 돌고래들이 이 음소를 체계적으로 조합하여 음절과 단어 그리고 최종적으로 문장까지 만든다는 것이다. 마르코프의 설명에 따르면, 돌고래들은 51개의 파형波形 음소로 구성된 자모와 9개의 자연 성조 휘슬음을 이용한다. 1990년에 발표한 마르코프의 논문 「병코돌고래*Tursiops truncatus Montagu* 의사소통 체계의 구조」는 거의 주목을 받지 못했다. 이듬해 소련이 해체되면서 마르코프의 의사소통 프로젝트에 대한 자금 지원도 끊겼다. 마르코프도 과학 역사의 지도에서 사라졌다.

지난 30여 년 동안 돌고래의 의사소통에 대한 연구는 이른바 뉴에이지 운동에 대부분 흡수되었다. 돌고래의 반향정위 클릭음으로 만성 질환이나 다운증후군을 호전시킬 수 있을 뿐 아니라 다양한 퇴행성 질병들을 치유할 수 있다는 등 사이비 주장들을 게시하는 웹사이트들도 있다. 돌고래와 헤엄치는 관광상품 시장은 수백만 달러 규모로 비대해졌고, 심지어 돌고래의 의사소통 연구마저 비주류 과학으로 전락하고 말았다.

그나마 얼마 안 되는 이 분야의 합법적인 연구자들도 학계나 정부기관으로부터 배척당하기 일쑤다. 결국은 연구 비용도 각자 부담해야 할 상황에 놓였다. 이런 불편함을 감수할 연구자는 많지 않다. 돌고래 연구에 20년을 바친 해양생물학자 데니스 헤르징이 바로 그 소수의 과학자 중 한 명이다. 그녀는 지난 15년 동안 매해 6개월씩 바하마 제도에서 새로운 돌고래-영어 번역기를 제작하고 있다. 2011년에 데니스는 조지아공대의 인공지능 연구팀에 합류했다. 일명 돌고래 번역기라고도 하는 CHAT(Cetacean Hearing and Telemetry) 시스템의 시험용 버전은 지금까지 실험실과 현장 시범에서 모두 이렇다 할 결과를 내놓지 못했다.(2014년에 마침내 CHAT는 돌고래의 휘슬음 중에서 해조류의 일종인 '모자반Sargassum'을 가리키는 휘슬음을 찾아내는 데 성공했다.—옮긴이)

4 2010년에 플로리다에 거주하는 프리랜서 돌고래 연구자 잭 카세위츠는 삼각형 모양의 물체를 표적으로 발성되는 돌고래의 반향정위 소리를 녹음하고 이 소리를 다른 돌고래에게 들려주는 방식으로 홀로그램 의사소통을 입증했다고 주장했다. 녹음한 소리를 들은 돌고래가 그 신호를 인지하고 해저에 있던 삼각형 모양의 물체를 가져왔다는 것이다. 하지만 카세위츠는 과학계에 자신의 실험의 세부적인 내용들을 아직까지 제출하지 않고 있다. 나와 이야기를 나눈 한 연구자는 "선의의 뉴에이지 몽상가"일 뿐이라고 카세위츠의 주장을 묵살했다.

| 수심 2500피트 |

1 실제로 대양과 지상에 거주하는 미지의 종이 얼마나 되는지에 대해서는 아직까지 의견이 분분하다. 이유는 간단하다. 아무도 모르기 때문이다. 내가 이 책에서 언급한 숫자는 클레르 누비앙이 쓴 『디프The Deep』와 몬터레이베이 수족관 연구소의 연구부소장 브루스 로비슨의 2012년 학술 발표 내용에서 발췌했다. 2011년 『PLOS 바이올러지』에 공개된 한 연구에서는 대양에 서식하는 미지의 종은 바이러스와 박테리아를 빼면 50만에서 100만 종에 불과하다고 주장했다.(바이러스와 박테리아는 그 수를 헤아리기가 거의 불가능하기 때문이다.) 해양생물 전수조사Census of Marine Life 학자들의 주장에 따르면 지구상에 서식하는 종은 650만 종에 이르며(그중 86퍼센트가 미지의 종), 수심 3000피트 아래에 서

식하는 종의 비율은 알 길이 없다고 한다. 왜냐하면 수심 3000피트 아래의 구역에서 인간이 조사한 구역은 1퍼센트가 채 안 되기 때문이다. 평균적으로 수심 3000피트 아래에서 건져 올린 표본의 50~90퍼센트는 일반인에게나 과학자에게나 미확인 종들이다.

| 수심 1만 피트 |

1 크기가 전부는 아니다. 지능에 영향을 미치는 요인은 피질의 복잡한 구조를 포함해 방추세포와 같은 특정한 뇌세포의 존재 여부 등 여러 가지가 있다. 동물의 뇌는 대부분의 영역이 신체 기능을 감독하는 역할을 한다는 점에서, 1960년대의 과학자들은 몸집에 대한 뇌의 비율이 지능의 정확한 척도라고 주장했다. 몸집이 큰 동물일수록 그 몸의 기능을 유지하기 위한 뇌도 더 클 수밖에 없고, 여기서 초과된 뇌 질량만큼 고차원적인 사고를 할 수 있을 것이라고, 즉 지능이 높을 것이라고 주장했다. 당시 과학자들은 몸집에 대한 뇌의 비율을 알아내기 위해 대뇌화 지수encephalization quotient, EQ를 개발했다. 예컨대 EQ가 1인 동물은 몸의 기능을 유지하는 데 딱 알맞은 평균적인 뇌 질량을 갖는다는 의미다. 인간의 EQ는 대략 7로 높다. 몸집에 비해 약 일곱 배 정도 뇌가 크다는 의미다. 우리의 사촌 격인 침팬지의 경우 EQ 지수는 약 2.5다. 개는 그보다 조금 낮은 1.7이다. 고양이의 EQ는 1로서 딱 기본적인 뇌를 보유하고 있다. 반면 병코돌고래는 모든 동물을 통틀어 두 번째로 높은 무려 4.2의 EQ를 자랑한다. 향유고래는 0.3으로 아주 민망한 수준의 EQ를 갖는다. 토끼와 비슷하다.
하지만 보다 최근의 연구는 뇌의 전체적인 크기와 동물의 뇌가 진화된 방식을 비교했을 때 EQ가 동물의 잠재적 지능을 정확히 측정하지 못한다고 주장한다. EQ를 비판하는 측에서는 고래상어와 같은 동물을 예로 든다. 고래상어는 다 자라면 길이가 12미터에 몸무게가 20톤이나 되지만 뇌 질량은 36그램에 불과하다. 이 수치만으로 EQ를 측정하면 고작 0.45다. 새는 뇌가 극단적으로 작지만 의사소통을 하고 도구를 사용하는 등 뛰어난 인지 기능을 갖고 있음이 입증되었다. 해파리 같이 뇌가 없는 동물들도 사냥이나 짝짓기는 물론이고 극한의 환경에서도 잘 살아간다.
스탠 쿠차이와 EQ에 관해 토론한 적이 있는데, 그때 쿠차이는 EQ를 이렇게 요약했다. "이런 공식들로 어떤 가정을 내놓을 만큼 뇌가 잘 작동하느냐, 지금 우리는 그 단순한 것조차 모릅니다."

2 www.newscientist.com/article/dn10661-whales-boast-the-brain-cells-that-make-ushuman.html.

3 클릭음은 보통 몇 킬로미터 이내의 단거리 반향정위에만 사용하는 반면, 규칙적인 반향정위와 사교적인 클릭음은 수백 또는 수천 킬로미터까지 포괄할 수 있다. 향유고래의 저주파 클릭음은 지구 한쪽에서 음속최소층sound fixing and ranging channel, SOFAR을 따라 반대쪽까지 퍼질 수도 있다.(음속최소층이란 수심 2000피트에서 4000피트에 해당하는 구역으로 이곳에서 소리는 분산되지 않고 엄청난 거리를 이동할 수 있다.) 두께가 얇은 캔 두

개를 줄로 연결해서 대화하는 것과 비슷한 효과를 낸다.

1950년대에 미 해군은 음속최소층에 청음기를 내려서 멀리 있는 적군 잠수함의 소리를 들었다. 엔지니어들이 잠수함의 소음 속에서 구슬프게 우는 것 같은 소리를 구별해냈고, 이세벨 몬스터라는 이름을 붙여주었다. 당시 해군이 시행 중이던 잠수함 감시 일급비밀 프로젝트에서 이름을 딴 것이다. 물론 소리의 주인공은 몬스터가 아니라 푸른긴수염고래였다. 아마도 이 고래들은 수백, 아니 어쩌면 수천 킬로미터 떨어진 동료에게 연락하기 위해 음속최소층을 이용했던 것으로 보인다.

1990년대에 이르러, 한 국제적인 과학자 집단이 거대한 망원경을 제작하여 프랑스의 툴롱 해안에서 멀리 떨어진 바다의 수심 8000피트 아래로 내려 보냈다. 안타레스Antares라는 이 거대 망원경은 당시 과학자들이 블랙홀과 암흑물질의 정체를 밝히는 데 중요한 단서로 믿고 있던 아원자 입자인 중성미자를 검출하기 위해 설계된 망원경이었다. 2008년, 해저에 설치된 안타레스가 처음으로 포착한 것은 중성미자가 아니라 고래의 노랫소리였다. 이로써 아원자 입자들이 수백만 킬로미터의 아득한 우주 공간을 가로질러 여행할 수 있게 해주는 초효율의 파장과 동일한 파장으로 고래들이 심해를 가로질러 소리를 전송하도록 진화했음이 밝혀졌다.

4 참고로 말하자면 몇 세기 전에 일어난 일이라는 허시의 전설은 역사적 사실과 일치하지 않는다. 역사가들은 당시 기록에 근거하여 크리스토퍼 허시가 여섯 살 아니면 사망한 지 20년쯤 되었을 것으로 추정한다. 따라서 허시의 전설은 크리스토퍼의 손자들 중 한 명이 겪은 일이었을 가능성이 높다고 생각한다. 하지만 사실의 진위 여부는 아무도 모른다.

5 Richard Ellis, *The Great Sperm Whale*, University Press of Kansas, 2011.

6 본문에서 언급한 숫자들은 2005년에 제작된 다큐멘터리 *A Life Among Whales*(IndiePix Films, 2009)에서 인용한 것이다.

| 수심 2만8700피트 |

1 Victoria A. Kaharl, *Water Baby: The Story of Alvin*, Oxford University Press, 1990.

참고문헌

Anderson, Kelly. "Inside Windfall Films' 'Sperm Whale.'" Realscreen.com, August 5, 2011. http://realscreen.com/2011/08/05/insidewindfall-films-sperm-whale/.

Ashcroft, Frances. *Life at the Extremes: The Science of Survival.* Berkeley: University of California Press, 2000.

_______. *The Spark of Life: Electricity in the Human Body.* New York: W. W. Norton, 2012.

Baker, Robin. "Human Navigation and Magnetoreception: The Manchester Experiments Do Replicate." *Animal Behaviour* 35, no. 3 (1987): 691–704.

_______. *Human Navigation and the Sixth Sense.* New York: Simon and Schuster, 1981.

Bartle, Elinor. "The Secrets of the Deep." *Mar-Eco.* Accessed 2013. http://www.mar-eco.no/learning-zone/backgrounders/chemistry/The_Secrets_of_the_Deep.

Begley, Sarah. "The Deepest Dive." *TheDailyBeast.com*, July 23, 2013. http://www.thedailybeast.com/witw/articles/2013/07/23/no-limitsespn-s-nine-for-ix-explores-the-tragic-tale-of-freediver-audreymestre.html.

Bert, Paul. *Barometric Pressure: Researches in Experimental Physiology.* Durham,

NC: Undersea Medical Society, 1978.

Bevan, John. *The Infernal Diver: The Lives of John and Charles Deane, Their Invention of the Diving Helmet, and Its First Application*. Hampshire, UK: Submex Ltd., 1996.

Boyle, Rebecca. "Divers Attempt to Communicate with Dolphins Using a Two-Way Translation Device." *Popular Science*, May 9, 2011. http://www.popsci.com/science/article/2011-05/dolphin-rosetta-stonecould-enable-two-way-communication-between-dolphins-andhumans.

Braconnier, Deborah. "Sperm Whales Have Individual Personalities." *PhysOrg.com*, March 16, 2011. http://phys.org/news/2011-03-spermwhales-individual-personalities.html.

Branch, John, Adam Skolnick, William Broad, and Mary Pillon. "A Diver's Rise, and Swift Death, at the Limits of a Growing Sport." *New York Times*, November 18, 2013.

Broad, William J . *The Universe Below: Discovering the Secrets of the Deep Sea*. New York: Touchstone, 1997.

Bryner, Jeanna. "Dolphins 'Talk' Like Humans, New Study Suggests." *Livescience.com*, September 7, 2011. http://www.livescience.com/15928-dolphins-whistles-talk-humans.html.

Bulbeck, Chilla. *Facing the Wild: Ecotourism, Conservation, and Animal Encounters*. New York: Routledge, 2004.

"Bull Shark (*Carcharhinus leucas*)." *Arkive*. http://www.arkive.org/bull-shark/carcharhinus-leucas/.

Clapham, Philip. "Mr. Melville's Whale." *AmericanScientist.org* (book review), 2011. http://www.americanscientist.org/bookshelf/pub/mr-melvilles-whale.

Connor, Steve. "A Million Species of Animals and Plants Live in the Ocean Say Scientists." *Independent.co.uk*, November 15, 2012. http://www.independent.co.uk/news/science/a-million-species-of-animalsand-plants-live-in-the-ocean-say-scientists-8320295.html.

Cranford, Ted. "Faculty Profile." San Diego State University — Biology. Accessed 2013. http://www.spermwhale.org/SDSU/cranford.html.

Cromie, William. "Meditation Changes Temperatures: Mind Controls Body in Extreme Experiments." *Harvard University Gazette Archives*, 2002. http://news.harvard.edu/gazette/2002/04.18/09-tummo.html.

Deutscher, Guy. *Through the Language Glass: Why the World Looks Different in Other Languages*. New York: Picador, 2011.

Discovery News article, quoting journal *Current Biology*/Marine Register people: http://news.discovery.com/animals/whales-dolphins/marine-species-unknown-121115.htm.

Dolin, Eric J. *Leviathan: The History of Whaling in America*. New York: W. W.

Norton, 2008.
"The Dominica Sperm Whale Project." *thespermwhaleproject.org*. Accessed 2013. http://www.thespermwhaleproject.org/.
Downey, Greg. "Getting Around by Sound: Human Echolocation." *PLOS Blogs: Neuroanthropology*, June 14, 2011. http://blogs.plos.org/neuroanthropology/2011/06/14/getting-around-by-sound-humanecholocation/.
Ellard, Colin. *You Are Here: Why We Can Find Our Way to the Moon but Get Lost in the Mall*. New York: Doubleday, 2009.
Ellis, Richard. *The Great Sperm Whale: A Natural History of the Ocean's Most Magnificent and Mysterious Creature*. St. Lawrence: University Press of Kansas, 2011.
Elsner, Robert. "Cardiovascular Defense Against Asphyxia." *Science* 153, no. 3739 (1966): 941–949.
______. "Circulatory Responses to Asphyxia in Pregnant and Fetal Animals: A Comparative Study of Weddell Seals and Sheep." *Yale Journal of Biology and Medicine* 42, nos. 3/4 (1969): 202–217.
______, and Brett Gooden. *Diving and Asphyxia*. New York: Cambridge University Press, 1983.
"Embryos Show All Animals Share Ancient Genes." *Discovery News*, 2013. http://news.discovery.com/animals/ancient-genes-embryos.html.
Ferretti, Guido. "Extreme Human Breath-Hold Diving." *European Journal of Applied Physiology* 84, no. 4 (2001): 254–271.
Finkel, Michael. "The Blind Man Who Taught Himself to See." *Mensjournal.com*, March 2011. http://www.mensjournal.com/magazine/the-blind-man-who-taught-himself-to-see-20120504.
Gambino, Megan. "A Coral Reef's Mass Spawning." *Smithsonian.com*, 2009. http://www.smithsonianmag.com/arts-culture/A-Coral-Reefs-Mass-Spawning.html#ixzz1sEz3mD7z.
"Giant Amoebas Discovered 6 Miles Deep." *CBS News — Our Amazing Planet*, 2011. http://www.cbsnews.com/8301-205_162-20124830/giant-amoebas-discovered-6-miles-deep/.
Goldenberg, Suzanne. "Planet Earth Is Home to 8.7 Million Species, Scientists Estimate." *TheGuardian.com*, August 23, 2011. http://www.theguardian.com/environment/2011/aug/23/species-earth-estimatescientists.
Gregg, Justin. "Dolphins Aren't As Smart As You Think." *Wall Street Journal Online — Life and Culture*, December 18, 2013. http://online.wsj.com/news/articles/SB10001424052702304866904579266183573854204.
Hagmann, Michael. "Profile: Gunter Wachterhauser Between a Rock and a Hard Place." *Science* 295 (2002): 2006–2007. http://www.nytimes.com/1997/04/22/science/amateur-shakes-up-ideas-on-recipe-forlife.

html?pagewanted=all&src=pm.

Hansford, Dave. "Moonlight Triggers Mass Coral 'Romance.'" *National Geographic News*, 2007. http://news.nationalgeographic.com/news/2007/10/071019-coral-spawning.html.

Herman, L. M. "Seeing Through Sound: Dolphins (*Tursiops Truncatus*) Perceive the Spatial Structure of Objects Through Echolocation." *Journal of Comparative Psychology* 112, no. 3 (1998): 292-305.

Hoare, Philip. "The Cultural Life of Whales ." *TheGuardian.com*, 2010. http://www.guardian.co.uk/science/2011/jan/30/whales-philiphoare-hal-whitehead.

______. *Leviathan or The Whale*. London: Fourth Estate, 2008.

Hughes, Howard C. *Sensory Exotica*. Cambridge, MA: MIT Press, 1999.

"Humans and Gills." *Ask a Scientist!* DOE Office of Science, 2012. http://www.newton.dep.anl.gov/askasci/bio99/bio99850.htm.

Irving, Laurence, and Scholander, P. F. "The Regulation of Arterial Blood Pressure in the Seal During Diving." *American Journal of Physiology* 135, no. 3 (1942): 557-566.

Johnsen, Sonke, and Kenneth Lohmann. "Magnetoreception in Animals." *Physics Today* (March 2008): 29-35.

Kaharl, Victoria. *Water Baby*. Oxford: Oxford University Press, 1990.

Kemp, Christopher. *Floating Gold: A Natural (and Unnatural) History of Ambergris*. Chicago: University of Chicago Press, 2012.

Klimley, Pete. "Electroreception in Fishes: The Sixth Sense." *Biotelemetry* UC Davis. Accessed 2013. http://biotelemetry.ucdavis.edu/papers/WFC121_Electroreception.pdf.

Lang, T. G., and H. A. P. Smith. "Communication Between Dolphins in Separate Tanks by Way of an Electronic Acoustic Link." *Science* 150, no. 3705 (1965): 1839-1844.

Langdon, J. H. "Umbrella Hypothesis and Parsimony in Human Evolution: A Critique of the Aquatic Ape Hypothesis." *Journal of Human Evolution* 33, no. 4 (1997): 479-494.

Layton, Julia. "How Does the Body Make Electricity — and How Does It Use It?" *Science.howstuffworks.com*. Accessed 2013. http://science.howstuff works.com/life/human-biology/human-body-makeelectricity1.htm.

Lilly, J. C., and A. M. Miller. "Vocal Exchanges Between Dolphins." *Science* 134 (1961): 1873-1876.

Lilly, John C. *Communication Between Man and Dolphin: The Possibilities of Talking with Other Species*. New York: Crown, 1978.

______. "Critical Brain Size and Language." *Perspectives in Biology and Medicine* 6 (1963): 246-255.

______. *Man and Dolphin*. New York: Doubleday, 1961.

______. *The Mind of the Dolphin: A Nonhuman Intelligence*. New York: Doubleday, 1967.

Lindholm, Peter, and Claes E. G. Lundgren. "The Physiology and Pathophysiology of Human Breath-Hold Diving." *Journal of Applied Physiology* 106 (2009): 284–292.

"The Living Sea." *Oceans Alive*. Accessed 2013. http://legacy.mos.org/oceans/life/index.html.

Martinez, Dolores. *Identity and Ritual in a Japanese Diving Village: The Making and Becoming of Person and Place*. Honolulu: University of Hawai'i Press, 2004.

Marx, Robert F. *Deep, Deeper, Deepest: Man's Exploration of the Sea*. Flagstaff: Best Publishing, 1998.

Matsen, Brad. *Descent: The Heroic Discovery of the Abyss*. New York: Vantage, 2005.

"Meet Jonathan Gordon." *Nature: Sperm Whales — the Real Moby Dick*. Accessed 2013. http://www.pbs.org/wnet/nature/spermwhales/html/gordon.html.

Milius, Susan. "Moonless Twilight May Cue Mass Spawning." *ScienceNews.org*, 2011. https://www.sciencenews.org/article/moonless-twilight-may-cue-mass-spawning.

Mind Matters. "Are Whales Smarter Than We Are?" *ScientificAmerican.com*, January 15, 2008. http://www.scientificamerican.com/blog/post.cfm?id=are-whales-smarter-than-we-are.

"Moby Dick's Boom Box: Sound Production in Sperm Whales." *Ocean Portal, Smithsonian Museum of Natural History* (video on website), 2013. http://ocean.si.edu/ocean-videos/moby-dicks-boom-boxsound-production-sperm-whales.

Mora, Camilo, and Derek P. Tittensor. "How Many Species Are There on Earth and in the Ocean?" *PLOS Biology*, August 23, 2011. http://www.plosbiology.org/article/info:doi/10.1371/journal.pbio.1001127.

Morelle, Rebecca. "'Supergiant' Crustacean Found in Deepest Ocean." *BBC News Science and Environment*, February 2, 2012. http://www.bbc.co.uk/news/science-environment-16834913.

Morgan, Elaine. "Elaine Morgan: I Believe We Evolved from Aquatic Apes." *TED.com* (TED Talk video), 2009. *http://www.ted.com/talks/elaine_morgan_says_we_evolved_from_aquatic_apes.html*.

Morgan, Kendall. "A Rocky Start: Fresh Take on Life's Oldest Theory." *Science News* 163, no. 17 (April 26, 2003): 264.

Mueller, Ron, and Arek Piątek. "Beyond the Possible: Herbert Nitsch." *Red Bulletin*, March 5, 2013. http://www.redbull.com/cs/Satellite/en_US/Article/Freediver-Herbert-Nitsch-featured-in-April-2013-Red-Bulletinmagazine-021243322097978.

"Muscular Problems in Children with Neonatal Diabetes Are Neurological, Study Finds." *Science Daily Science News*, July 4, 2010. http://www.sciencedaily.com/releases/2010/07/100701145525.htm.

Nouvian, Claire. *The Deep*. Chicago: University of Chicago Press, 2007.

Ocean Register. November 2012. http://www.independent.co.uk/news/science/a-million-species-of-animals-and-plants-live-in-the-oceansay-scientists-8320295.html.

O'Hanlon, Larry. "Giant Whale-Eating Whale Found." *Discovery News* — Dinosaurs, June 30, 2010. http://news.discovery.com/animals/giantwhale-fossil.html.

Palmer, Jason. "Human Eye Protein Senses Earth's Magnetism." *BBC News Science and Environment*, June 2011. http://www.bbc.co.uk/news/science-environment-13809144.

Pellizari, Umberto, and Stefano Tovaglieri. *Manual of Freediving*. Naples, Italy: Idelson-Gnocchi, 2004.

Peralta, Eyder. "Researchers Find That Dolphins Call Each Other by 'Name.'" *The Two-Way: Breaking News from NPR* (Blog), February 20, 2013. http://www.npr.org/blogs/thetwoway/2013/02/20/172538036/researchers-find-that-dolphins-call-each-other-byname.

Prager, Ellen. *Chasing Science at Sea*. Chicago: University of Chicago Press, 2008.

______. *Sex, Drugs, and Sea Slime*. Chicago: University of Chicago Press, 2011.

Rahn, H., and Tetsuro Yokoyama. *Physiology of Breath-Hold Diving and the Ama of Japan*. Washington, DC: Office of Naval Research, 1965.

Ravillous, Kate. "Humans Can Learn to 'See' with Sound, Study Says." Nationalgeographic.com, July 6, 2009. http://news.nationalgeographic.com/news/pf/35464597.html.

Reynolds, V., and Machteld Roede. *Aquatic Ape: Factor Fiction? : Proceedings from the Valkenburg Conference*. London: Souvenir Press, 1991.

Rich, Nathaniel. "Diving Deep into Danger." *New York Review of Books*, February 2013. *http://www.nybooks.com/articles/archives/2013/feb/07/diving-deep-danger/?pagination=false*.

Robertson, John A. "Low-Frequency Pulsed Electromagnetic Field Exposure Can Alter Neuroprocessing in Humans." *Journal of the Royal Society Interface* 7, no. 44 (2010): 467–473.

Rosenbaum, Martin. "A Hunt for the Mysterious Beasts of the Deep (audio podcast)." *NPR Books: All Things Considered Author Interviews,* February 21, 2010. http://www.npr.org/templates/story/story.php?storyId=123898001.

Schmidt-Nielsen, Knut. *A Biographical Memoir: Per Scholander, 1905–1980*. Washington, DC: National Academy of Sciences, 1987.

Scholander, P. F. "The Master Switch of Life." *Scientific American* 209, no. 6 (1963): 92–106.

Seedhouse, Erik. *Ocean Outpost: The Future of Humans Living Underwater*. New York: Springer Praxis Books, 2010.

Severinsen, Stig Avail. *Breatheology*. Naples, Italy: Idelson-Gnocchi, 2010.

Shaefer, K. E. "Pulmonary and Circulatory Adjustments Determining the Limits of Depths in Breath-Hold Diving." *Science* 162, no. 3857 (1969): 1020–1023.

Shubin, Neil. *Your Inner Fish: A Journey into the 3.5-Billion-Year History of the Human Body*. Vantage: New York, 2008.

______. *"Your Inner Fish" Lecture*. University of Chicago. Accessed 2013. http://tiktaalik.uchicago.edu/downloads/YourInnerFishLecture.ppt.pdf.

Siebert, Charles. "Watching Whales Watching Us." *New York Times Magazine*, 2009.

Skolnick, Adam. "A Deep-Water Diver from Brooklyn Dies after Trying for a Record." *New York Times*, November 17, 2013.

Smith, Hugh M. "The Pearl Fisheries of Ceylon." *National Geographic* 23, no. 1 (1912): 173–194.

Staaf, Daana. "Whales & Squid: Three Million Battles a Day." *Science 2.0: Squid a Day*, July 21, 2013. http://www.science20.com/squid_day/whales_squid_three_million_battles_day-116823.

Stromberg, Joseph. "How Human Echolocation Allows People to See Without Using Their Eyes." *Smithsonianmag.com*, 2013. http://blogs.smithsonianmag.com/science/2013/08/how-human-echolocationallows-people-to-see-without-using-their-eyes/.

Summers, Becky. "Science Gets a Grip on Wrinkly Fingers." *Nature.com*, January 9, 2013. http://www.nature.com/news/science-gets-a-gripon-wrinkly-fingers-1.12175.

3-D Human Body, First American Edition. New York: DK Children, 2011.

Touroka, Gito. "Die Ama und ihre Arbeit." *Arbeitsphysiologie* 5 (1932): 239–251.

"Two-Thirds Marine Species Remain Unknown." *Discovery News*, December 13, 2012. http://news.discovery.com/animals/whalesdolphins/marine-species-unknown-121115.htm.

"Underwater Exploration Timeline." *University of Wisconsin Sea Grant Institute*, 2001. http://www.seagrant.wisc.edu/madisonjason11/timeline/index_4500BC.html.

Verhoeven, Daan. "Freediving: Breaching the Surface of the Body's Capabilities." *Guardian*, September 16, 2013.

Viegas, Jennifer. "Dolphins: Second-Smartest Animals?" *Discovery News*, 2010. http://news.discovery.com/animals/whales-dolphins/dolphinssmarter-brain-function.htm.

______. "Dolphins Talk Like Humans." *Discovery News*, September 6, 2011. http://news.discovery.com/animals/dolphin-talk-communicationhumans-110906.html.

Wade, Nicholas. "Amateur Shakes Up Ideas on Recipe for Life." *New York Times*, April 22, 1997. http://www.nytimes.com/1997/04/22/science/amateur-shakes-up-ideas-on-recipe-for-life.html?pagewanted=all&src=pm.

______. "Experiment Backs Up Novel Theory on Origin of Life." *New York Times*, August 25, 2000. http://www.nytimes.com/2000/08/25/us/experiment-backs-novel-theory-on-origin-of-life.html.

Wagner, Eric. "The Sperm Whale's Deadly Call." *Smithsonianmag.com*, December 2011. http://www.smithsonianmag.com/science-nature/The-Sperm-Whales-Deadly-Call.html.

"The Water in You." *USGS Water Science School*. Last modified August 9, 2013. http://ga.water.usgs.gov/edu/propertyyou.html.

"Whale Shark Specialty Student Manual SPC 641." *Georgia Aquarium* (June 2013): 10.

Whitlow, W. L. *The Sonar of Dolphins*. New York: Springer, 1993.

Yong, Ed. "Humans Have a Magnetic Sensor in Our Eyes, but Can We Detect Magnetic Fields?" *DiscoverMagazine.com*, June 21, 2011. http://blogs.discovermagazine.com/notrocketscience/2011/06/21/humans-have-a-magnetic-sensor-in-our-eyes-but-can-we-seemagnetic-fields/#.Usy2S2RDvxq.

Yopak, K. E., and L. R. Frank. "Brain size and Brain Organization of the Whale Shark, *Rhincodon typus*, Using Magnetic Resonance Imaging." *Brain, Behavior, and Evolution* 74, no. 2 (2009): 121 – 142.

찾아보기

| ㄹ |

| ㅁ |

| ㅂ |

| ㅌ |

| ㅍ |

| ㅎ |

깊은 바다, 프리다이버

지구 가장 깊은 곳에서 만난 미지의 세계

1판 1쇄 2019년 8월 12일
1판 3쇄 2020년 8월 25일

지은이 제임스 네스터
옮긴이 김학영
펴낸이 강성민
편집장 이은혜
편집 박은아
마케팅 정민호 김도윤 고희수
홍보 김희숙 김상만 지문희 우상희 김현지
독자모니터링 황치영

펴낸곳 (주)글항아리 | 출판등록 2009년 1월 19일 제406-2009-000002호

주소 10881 경기도 파주시 회동길 210
전자우편 bookpot@hanmail.net
전화번호 031-955-2663(편집부) 031-955-8891(마케팅)
팩스 031-955-2557

ISBN 978-89-6735-655-2 03400

글항아리는 (주)문학동네의 계열사입니다.

이 도서의 국립중앙도서관 출판예정도서목록(CIP)은 서지정보유통지원시스템 홈페이지(http://seoji.nl.go.kr)와 국가자료종합목록 구축시스템(http://kolis-net.nl.go.kr)에서 이용하실 수 있습니다. (CIP제어번호 : CIP2019030042)

잘못된 책은 구입하신 서점에서 교환해드립니다.
기타 교환 문의 031-955-2661, 3580

geulhangari.com